U0828441

施工现场水电气暖一本通

刘奎武 编著

北 京
冶 金 工 业 出 版 社
2010

内 容 提 要

本书从建筑施工现场实际操作角度出发，并依据国家有关施工规范要求，详细讲解了建筑工地除土建工程以外的各种专业实用知识，包括材料及设备的选择使用、操作技能要点和疑难问题的解决办法。

本书共分10章，分别为金属管道、塑料管道、采暖、通风、消防、给排水、制冷、天然气、电梯、电工。本书是作者从事施工现场实践经验的总结与提炼，注重施工现场操作方法的说明以及施工现场难点的解疑释惑。

本书可供从事民用住宅、写字楼、工业厂房等建筑工程现场施工的技术人员、项目经理和监理工程师阅读，也可供高等学校相关专业教师、学生参考。

图书在版编目(CIP)数据

施工现场水电气暖一本通/刘奎武编著．—北京：冶金工业出版社，2010.8

ISBN 978-7-5024-5341-1

Ⅰ.①施… Ⅱ.①刘… Ⅲ.①建筑工程—施工现场—房屋建筑设备—给排水系统 ②建筑工程—施工现场—房屋建筑设备：电气设备 ③建筑工程—施工现场—燃气设备 ④建筑工程—施工现场—采暖设备 Ⅳ.①TU8

中国版本图书馆CIP数据核字（2010）第155360号

出版人 曹胜利

地 址 北京北河沿大街嵩祝院北巷39号，邮编100009

电 话 (010)64027926 电子信箱 yjcbs@cnmip.com.cn

责任编辑 张 晶 张 卫 美术编辑 李 新 版式设计 孙跃红

责任校对 刘 倩 责任印制 张祺鑫

ISBN 978-7-5024-5341-1

北京兴华印刷厂印刷；冶金工业出版社发行；各地新华书店经销

2010年8月第1版，2010年8月第1次印刷

169mm×239mm；17印张；331千字；253页

45.00元

冶金工业出版社发行部 电话：(010)64044283 传真：(010)64027893

冶金书店 地址：北京东四西大街46号(100010) 电话：(010)65289081(兼传真)

（本书如有印装质量问题，本社发行部负责退换）

前　言

职场用人，特别是建筑施工企业用人都企盼被聘者知识面宽同时又具备丰富的能解决现场问题的实践经验；为确保建筑工程的高质量，监理工程师要监查施工、验收质量，项目经理要想得心应手地驾驭整体工程项目，只懂土建是不能很好地履行职责的；目前忙碌在全国各地各类施工现场的年轻技术人员更急需拓宽实践阅历。

正是看到目前建筑施工安装现场操作中存在的各类问题以及有关人员技术方面的缺憾和需求，笔者产生了撰写一本能具体指导、解答、解决包括管道、暖通、消防、给排水等工程现场常见疑难问题的小册子的想法。为此，笔者基于四十多年的从业经验，将个人在施工现场实践的做法和记录总结的实用数据整理成表，结合理论归纳成章。本书共十章，虽然篇幅不大，但每章都涵盖一个专业内容，以满足读者需求。

实用技术性著作应该使读者“既知其然，又知其所以然”；使读者从中历练基本功、了解新信息、掌握“标准”、“规范”；应该简单明了、易读易懂，成为读者从业的有力工具，增强读者职场竞争力。

本书力求成为相关专业的施工规范备忘录和解惑答疑书。

本书遵循着上面宗旨完成。

第一章金属管道。因为制冷空调、消防、给排水等工程都离不开管道，管道工程必须先行，管道工程质量是这些工程的灵魂。本章详细介绍了金属管道的材质性能、强度计算，以及传统的承插连接技术、最新的柔性连接和沟槽连接技术等；介绍了不锈钢规范及焊接工艺；同时解答了焊缝探伤和管道防静电等诸多工艺问题；介绍了各种阀门及使用场合；给出了立体相贯图做法及穿墙管做法。

第二章塑料管道。本章同样详细介绍了工程上常用的PP-R管、PB管、PE-RT管及铝塑管的性能优劣指标、寿命指标、根据施工标准如何选用，以及具体的施工操作要点。对转换接头做了分析，客观地指出了塑管（铝塑管）的优点及不足。同时，对选用塑料管道时什么是S值，使用50年的根据是什么做了论述。

第三章采暖。本章从水箱支管的选用、水箱容积的计算等方面分析了供暖流程，提供了设备选用的依据；介绍了热损失及节能手段；介绍了地板采暖的做法及风机盘管的安装调试方法；提供了设备安装验收标准及操作要点。

第四章通风。本章介绍了通风理论、风机安装，以及各种材质的风管规范、风管法兰及垫；介绍了风管安装连接、消声器安装操作等规范；净化杀菌部分除了传统净化设备外，还介绍了“蜂巢型电子过滤器”及“纳米触媒净化杀菌器”；同时介绍了电子设备在系统里的安装工艺要点。

第五章消防。消防工程关系到人民生命财产安全，选材、选设备要慎之又慎。本章对消火栓系统、自动喷水灭火系统做了详细介绍，其中，对泵房、水泵、水池、水箱提出了具体的安装达标要求及操作要点。介绍了消防排烟系统的特殊性；介绍了消防供水模式。讨论了各式喷头的功能原理及应用场合。介绍了氧指数的概念、防火涂料的检测标准、灭火剂的种类等。

第六章给排水。本章按GB 5749—1985国标提供了饮用水标准。对室内外管道安装提出了规范要求、操作步骤及验收标准。也介绍了塑料管的特殊性；对供水模式、排污设施做了介绍并提出相应的规范。对卫生器具安装规范及验收标准也做了介绍。

本章对给排水工程的介绍做到了“施工有规范，操作有步骤，验收有依据”。

第七章制冷。本章讲解了制冷循环及相应设备选型安装技术要点，介绍了制冷剂、臭氧层等相关问题。

本章重点阐述了从业者十分关注的几个问题：能效比、管径计算、加氟量确定、对数平均温差与算术平均温差、系统抽空打压、氟系统存油弯，并有侧重地介绍了螺杆压缩机。

笔者本着节能减排的理念，在本章中还专门对可充分开发、绿色环保地热资源——地源热泵进行了分析。

第八章天然气。笔者认为有了管道施工技能，再晓以天然气理论实践和规范，完成天然气工程会更加得心应手。本章详细介绍了天然气管道室外、室内工程细节，同时提供了有关计算方法。

天然气工程必须遵循规范，这是施工之本，书中每个环节都渗透着这一观念。

第九章电梯。笔者想以此章内容弥补施工现场存在的缺憾。目前，施工过程中电梯内容有时不大容易获取。本章阐述了电梯作为国家规定的特种设备的方方面面：首先介绍了相关规范；其次介绍了有关型号电梯的参数及机房参数，对机房供电特殊要求做了介绍；最后详尽地介绍了电梯的结构、各部分功能及验收规范。

第十章电工。本章重点讲解了新建民宅布线安全应注意的问题。提供了铜、铝导线载流能力（尽管铝线目前已很少用）；提供了计算电流的方法和一些经验数据。重点强调了五线制，这是国家强制性或者说执令性的要求。阐述了漏电保护“对号入座”的特点，不是“有了漏保就管用”。

本书所介绍的各类施工工程的操作经验是完全依照建筑施工规范的，但施工规范只是条文，虽要求明确，文字准确，但内容不够生动，不利于从业人员理解。读者读了本书可以更加深刻地掌握规范、运用规范。

本书涵盖了建筑工地除土建专业以外的各专业知识技能，读者可以有选择性地阅读，如能“举一反三”效果更佳。

书中不足之处，敬请读者指正。

刘奎武

二零一零年于北京

目　录

第一章

金 属 管 道

金属管道是目前各类建筑不可缺少的附件，其材质性能优劣与其产品应用领域的合理选择、其连接工艺的合理选择与连接的操作技术都关系到建筑的质量，作为一名建筑工程现场的技术工人、项目经理以及监理工程师都应真正掌握这些知识并应用。

第一节　金属管道分类

对管道进行分类、分级是人们研究和应用管道的一种条理认识，在一定阶段内是人们的共识，这样便于技术交流和提高产品质量。

一、分类

金属管道可分为工业管道和卫生管道，而卫生管道含采暖、生活供排水管道等。

二、按压力分类

金属管道可按耐压（p_N）值来分类。耐压 p_N 是指某种材质的金属管道在一定温度下应用时允许的最大工作压力。

（1）高压管道　　$10MPa < p_N < 100MPa$

（2）超高压管道　　$p_N > 100MPa$

（3）中压管道　　$1.6MPa < p_N < 10MPa$

（4）低压管道　　$0 < p_N < 1.6MPa$

三、按温度分类

金属管道按使用温度可分为三类：

（1）高温管道。使用温度在200℃以上。

（2）常温管道。使用温度在－20～200℃。

（3）低温管道。使用温度在－20℃以下。

四、安全分级

按 TCGD 0001—2005 压力管道安全技术监察规程分级分为 GC_1、GC_2、GC_3，其中 GC_1 等级最高，GC_3 等级最低。

实际上，以上分级是根据美国 ANSI/ASME B31. 3 结合中国情况定的标准，以管内流体的温度、压力、毒性分级如下。

GC_1：毒性极强，$p_N > 4.0$MPa，设计压力 10MPa 以上，温度大于 400℃；

GC_2：比上面参数稍低，压力温度低于上述数值即属 GC_2，p_N 允许 10MPa；

GC_3：无毒，不可燃，$p_N < 10$MPa，温度在 −20～185℃之间。

五、按施工规范分类

据 GB 50235—1997，按施工规范分为 A、B、C、D 四个级别。

A 级，高压介质。

B 级，中压和剧毒介质。

C 级，有毒和甲乙类可燃气体。

甲类可燃气体。指该种可燃气体与空气混合时爆炸极限小于 10%（容积比）。乙类可燃气体，指该可燃气体与空气混合时，爆炸极限大于 10%（容积比）。

D 级，非可燃介质，无毒低压。

六、有毒介质分类

极度危害：汞及化合物、砷及化合物、重铬酸、氰化物。

高度危害：CCl_4、H_2S、甲醛。

中度危害：甲醇、硝酸、硫酸、盐酸。

轻度危害：丙酮、NaOH、四氟乙烯。

七、天然气管道分类

高压管道：A 类，$2.5\text{MPa} < p_N \leqslant 4.0\text{MPa}$；

B 类，$1.6\text{MPa} < p_N \leqslant 2.5\text{MPa}$。

次高压管道：A 类，$0.8\text{MPa} < p_N \leqslant 1.6\text{MPa}$；

B 类，$0.4\text{MPa} < p_N \leqslant 0.8\text{MPa}$。

中压管道：A 类，$0.2\text{MPa} < p_N \leqslant 0.4\text{MPa}$；

B 类，$0.01\text{MPa} < p_N \leqslant 0.2\text{MPa}$。

低压管道：$p_N < 0.01\text{MPa}$。

八、管标

管标即管道颜色，规定中需给不同管路加不同色环，见表1-1。然而很多施工中只是涂色，而不画色环。

表 1-1　不同管道的色环颜色

名　称	底　色	色　环	备　注
生活饮用水管	绿		
工业用水管	绿		
消防用水管	绿	红蓝	很多场合直接涂红色
饱和水蒸气管	红	—	过热加黄环
排水管道	黑	—	
锅炉排污管	黑	—	
天然气管	灰	白	
废蒸汽管	红	绿	
凝结水管	绿	红	
软化水管	绿	白	凝结水也为绿白
热水供水管	绿	黄	
热水回水管	绿	褐	
锅炉供水	绿	红	
锅炉回水	绿	—	
中水管	绿	—	
油　管	橙	—	
疏水管	绿	黑	
液化石油气管	黄	绿	旧规范为灰、红
氧气管	浅蓝	—	
氮气管	深蓝	黄	
氢气管	深蓝	白	
氦气管	棕	—	
乙炔管	白	红	
压缩空气管	浅蓝	—	旧规范浅蓝、黄
净化压缩空气管	浅蓝	黄	旧规范浅蓝、白
酸　管	紫	—	旧规范橘黄、褐
碱　管	紫	—	旧规范橘黄、黑
排气管	红	—	压机出口管
氨　管			旧规范只标橘黄，在氨系统里吸气管蓝，排气管红，氨液管黄。对应盐水，出水管绿、回水管褐；对应水系、出水蓝、回水紫

第二节 常用金属管材

建筑中常用的金属管材包括焊接管、无缝管和紫铜管等。

一、焊接管

旧的叫法“水煤气管”，现在多称为焊接管，就是常用的镀锌管或黑管。公称直径既不是内径，也不是外径，偶尔巧合也不是规律，一般用于 1.6MPa 以下压力环境。常用管型及其参数见表 1-2。

表 1-2 常用焊接管管型

管 型	外径/mm	一般管壁厚/mm	每米重量/kg·m^{-1}	加厚管壁厚/mm	每米重量/kg·m^{-1}
6	10	2	0.39	2.5	0.46
8	13.5	2.25	0.62	2.75	0.73
10	17	2.25	0.82	2.75	0.97
15	21.25	2.75	1.25	3.25	1.44
20	26.75	2.75	1.63	3.5	2.01
25	33.50	3.25	2.42	4.0	2.91
32	42.25	3.25	3.13	4.0	3.77
40	48	3.5	3.81	4.25	4.58
50	60	3.5	4.88	4.5	6.16
70	75.5	3.75	6.64	4.5	7.88
80	88.5	4.00	8.34	4.75	9.81
100	114.0	4.00	10.85	5.00	13.44
125	114.0	4.50	15.04	5.50	18.24
150	165	4.50	17.81	5.50	21.63

二、无缝管

普通无缝管标记均写成外径×壁厚，表 1-3 给出了常用无缝管的规格尺寸。

表 1-3　常用无缝管规格

管径/mm \ 每米重量/$kg \cdot m^{-1}$ \ 壁厚/mm	2.5	3.0	3.5	4.0	4.5	5.0	6.0	7.0	8.0	9.0	10.0	12.0
12	0.586	0.666	0.734	0.789								
14	0.709	0.87	0.910	0.99								
18	0.956	1.11	1.25	1.38	1.5	1.6						
20	1.08	1.26	1.42	1.58	1.72	1.85	2.07					
25	1.39	1.63	1.86	2.07	2.28	2.47	2.81	3.11				
32	1.76	2.15	2.46	2.76	3.05	3.73	3.85	4.32	4.74			
38	2.19	2.59	2.98	3.35	3.72	4.07	4.74	5.35	5.95			
42	2.44	2.89	3.35	3.75	4.16	4.56	5.33	6.04	6.71	7.32		
45	2.62	3.11	3.58	4.04	4.49	4.93	5.77	6.56	7.30	7.99		
57	3.36	4.00	4.62	5.23	5.83	6.41	7.55	8.63	9.67	10.65		
60	3.55	4.22	4.88	5.52	6.16	6.78	7.99	9.15	10.26	11.32		
73	4.35	5.18	6.00	6.81	7.60	8.98	9.91	11.39	12.82	14.21		
76	4.53	5.40	6.26	7.10	7.93	8.75	10.36	11.91	13.12	14.37		
89	5.33	6.36	7.38	8.38	9.38	10.36	12.28	14.16	15.98	17.76		
102	6.13	7.32	8.50	9.67	10.82	11.96	14.21	16.40	18.55	20.64		
108	6.50	7.77	9.02	10.26	11.49	12.70	15.09	17.44	19.73	21.97		
114				10.48	12.15	13.44	15.98	18.47	20.91	23.31	25.65	30.19
133				12.73	14.26	15.78	18.79	21.75	24.66	27.52	30.33	35.81
140				13.42	15.04	16.65	19.83	22.96	26.04	29.08	32.06	37.88
159					17.15	18.99	22.64	26.24	29.79	33.29	36.75	43.50
168						20.10	23.97	22.79	31.57	35.29	38.87	46.17
219							31.52	36.60	41.63	46.61	51.54	61.26
245								41.09	46.76	52.38	57.95	68.95
273								45.92	52.28	58.60	64.86	77.24
325									62.54	70.14	77.68	92.63
377										81.68	90.51	108.02
426										92.55	102.59	122.52
480										104.54	115.9	139.49
530										115.62	128.23	154.29
560										122.28	135.63	163.16
600										131.17	145.50	175.00
630										137.81	152.89	163.88

三、紫铜管及黄铜管

铜管在制冷行业中用的较多。常用管型参数见表1-4。

表1-4 常用铜管规格

外径×壁厚/mm×mm	内径/mm	每米重量/kg·m^{-1}	外径×壁厚/mm×mm	内径/mm	每米重量/kg·m^{-1}
4×1	2	0.084	16×1	14	0.419
6×1	4	0.14	19×1.5	16	0.734
8×1	6	0.196	22×1.5	19	0.859
10×1	8	0.252	25×1.5	22	0.985
12×1	10	0.307	28×2	24	1.453

铜管连接可采用专用接头或焊接，当管径小于22mm时宜采用承插或套管焊接，承口应迎介质流向安装；当管径大于或等于22mm时宜采用对口焊接。

不同尺寸铜管应用时管道支架的最大间距有所不同，见表1-5。

表1-5 铜管管道支架的最大间距

公称直径/mm		15	20	25	32	40	50	65	80	100	125	150	200
支架的最大间距/m	垂直管	1.8	2.4	2.4	3.0	3.0	3.0	3.5	3.5	3.5	3.5	4.0	4.0
	水平管	1.2	1.8	1.8	2.4	2.4	2.4	3.0	3.0	3.0	3.0	3.5	3.5

拉制黄铜管的规格见表1-6。

表1-6 拉制黄铜管规格

管外径/mm	3~4	5~10	11~13	14~19	20~23	24~30	31~40	41~50	51~60	61~70
壁厚/mm	0.5	0.5~2.0	0.5~3.0	0.5~4.5	1.0~6.0	1.0~7.0	1.0~7.0	1.0~7.0	1.0~7.0	1.0~7.0

第三节 管材承压能力计算

建筑中要铺设或安装各类管材，而管材的选取关系到建筑整体或装饰质量。管材承压能力计算是选择合格管材的基础和关键。

以图1-1所示管材为例，其径向承压能力计算式为：

$$\sigma = \frac{pR}{S} \tag{1-1}$$

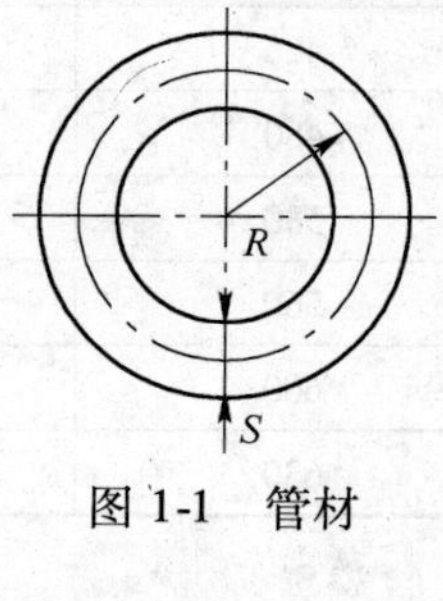

图1-1 管材

式中 p——管内运行压力，MPa；

S——壁厚，mm；

R——管材中心半径，mm；

σ——对管材产生的径向力，MPa。

σ 值不应超过允许值，允许值（许用应力）有资料可查。

常用钢材的力学性能如表 1-7 所示。

表 1-7　常用钢材的力学性能

名　称	强度极限 σ_b /kgf·cm^{-2}	屈服极限 σ_s /kgf·cm^{-2}	不同温度选用许用应力/kgf·cm^{-2}		
			≤20℃	100℃	150℃
10 号钢管	3200	1900	1130	1130	1000
20 号钢管	3800	2300	1270	1270	1270
A3 板	3800	2400	1270	1270	1270
20 号锅炉板	4100	2500	1370	1370	1370

下面举例说明管材强度的计算方法。

［例］　选用 10 号钢 18×2 无缝管，预计管内压力 120kgf/cm²，在 100℃ 下使用可否？

先计算管材承压能力：$\sigma=\dfrac{p\cdot R}{S}$，其中 $R=16\text{mm}=1.6\text{cm}$，$S=2\text{mm}=0.2\text{cm}$，$p=120\text{kgf/cm}^2$，故 $\sigma=\dfrac{120\times1.6}{0.2}=960\text{kgf/cm}^2$。

计算结果管材径向应力为 960kgf/cm²，管材在 100℃ 时许用应力为 1130kgf/cm²，实际产生的应力远小于许用应力，是可行的。

对上述内容做几点说明：用上面公式做计算，只要单位统一就可以。至于许用应力可按对应材料的屈服极限缩小 1.5～2 倍即可，因为一般材料手册很容易查到屈服极限，如遇到塑管，不同材质不同温度均给出许用应力值。

第四节　管材管件连接方式

一、丝扣连接

按规范 d_n50 以下管材可用丝扣连接，这里提出一个值得重视的问题，管子套丝时，螺纹长度一定要达标，否则极易发生渗漏。见表 1-8 不同管径对应的丝扣长度。

表 1-8　不同管径对应的丝扣长度

管径/mm	15	20	25	32	40	50	65	75	90	100	125	150
丝扣长度/mm	16	19	22	25	25	28	32	35	38	41	44	51

质量高的丝扣，不加麻和铅油可承受0.4MPa压力。铅油就是白厚漆，可加机油调稀。生料带是聚四氟乙烯树脂加助剂后混合碾压而成，因不经烧结故而叫生料带，其厚度0.1mm，耐酸碱，可耐温250℃。

二、承插连接

承插连接在上下水管上都有采用。在承插口间隙处打入油麻和石棉水泥。油麻的制做：线麻在混合液内浸泡晾干后的成品。混合液由5%的3号或4号石油沥青加上95%2号汽油混合而成。石棉水泥组成：大于4级的石棉占30%；400号以上水泥占70%，用硅酸盐水泥或矿渣硅酸盐水泥均可，后者抗腐蚀能力强，但硬化慢。用水均匀拌和，手捏“团而不散”即可。在上水管中用胶圈代替油麻。胶圈接管允许一定偏转角。

承插连接时相关重要参数见表1-9～表1-11。

表1-9 铸铁管承插捻口的环型间隙

管径/mm	标准环型间隙/mm	允许偏差/mm	管径/mm	标准环型间隙/mm	允许偏差/mm
75～200	10	$^{+3}_{-2}$	500	12	$^{+4}_{-2}$
250～450	11	$^{+4}_{-2}$			

表1-10 铸铁管承插捻口的对口最大间隙

管径/mm	沿直线敷设/mm	沿曲线敷设/mm	管径/mm	沿直线敷设/mm	沿曲线敷设/mm
75	4	5	300～500	6	14～22
100～250	5	7～13			

表1-11 橡胶圈接口最大允许偏转角

公称直径/mm	100	125	150	200	250	300	350	400
允许偏转角度/(°)	5	5	5	5	4	4	4	3

三、法兰连接

众所周知，法兰连接中法兰厚度和螺栓孔数标识着法兰承压能力。

焊接法兰时一定要保障法兰面与管材轴线垂直。压力大或管内流体渗透力强的情况下，要双面焊。

法兰垫的材质要符合要求，对于螺栓穿过的情况，必须保障垫无任何裂纹。现代生产许多场合不再自制垫，然而购垫和存放时要做到“无折伤”，上垫时要仔细观察。

法兰的加工面和水线不允许有划、碰痕。经验证明，上螺栓时，不宜“过紧”。铅粉（石墨粉）用机油搅拌涂于垫上可增强密封性，换垫时亦方便。

国际法兰体系有德国（欧洲）DIN 体系（苏联属该体系），美国（美洲）ANSI 体系，以此二者为主流，还有日本 JIS 体系。

中国对以上二体系均有选用，详细数据见表 1-12。

表 1-12　法兰尺寸

公称直径/mm	公称压力/MPa	管子 外径/mm	管子 壁厚/mm	法兰外径/mm	法兰螺栓孔中心圈直径/mm	法兰连接突出部分直径/mm	法兰连接突出部分高度/mm	法兰厚度/mm	法兰栓孔直径/mm	法兰重量/kg	穿钉栓数	穿钉规格
50	0.6	57	3.5	140	110	90	3	16	14	1.348	4	M12×50
	1.0	57	3.5	160	125	102	3	18	18	2.09	4	M16×55
	1.6	57	3.5	160	125	102	3	22	18	2.6	4	M16×65
70	0.6	76	4	160	130	110	3	16	14	1.67	4	M12×50
	1.0	76	4	180	145	122	3	20	18	2.84	4	M16×60
	1.6	76	4	180	145	122	3	24	18	3.45	4	M16×70
80	0.6	89	4	185	150	128	3	18	18	2.48	4	M16×55
	1.0	89	4	195	160	138	3	20	18	3.24	4	M16×60
	1.6	89	4	195	160	138	3	24	18	3.71	8	M16×70
100	0.6	108	4	205	170	148	3	18	18	2.89	4	M16×55
	1.0	108	4	215	180	158	3	22	18	4.01	8	M16×65
	1.6	108	4	215	180	158	3	26	18	4.8	8	M16×70
125	0.6	133	4	235	200	178	3	20	18	3.94	8	M16×60
	1.0	133	4	245	210	188	3	24	18	5.40	8	M16×70
	1.6	133	4	245	210	188	3	28	18	6.47	8	M16×75
150	0.6	159	4.5	260	225	202	3	20	18	4.47	8	M16×60
	1.0	159	4.5	280	240	212	3	24	23	6.12	8	M16×70
	1.6	159	4.5	280	240	212	3	28	23	7.92	8	M20×80
200	0.6	219	6	315	280	258	3	22	18	6.07	8	M16×65
	1.0	219	6	335	295	268	3	24	23	8.24	8	M20×70
	1.6	219	6	335	295	268	4	30	23	10.1	12	M20×85
225	0.6	245	7	340	305	282	3	22	18	6.6	8	M16×65
	1.0	245	7	365	325	295	3	24	23	9.3	8	M20×70
	1.6	245	7	365	325	295	4	30	23	11.7	12	M20×85
250	0.6	273	8	370	335	312	3	24	18	8.03	12	M16×70
	1.0	273	8	390	350	320	3	26	23	10.7	12	M20×75
	1.6	273	8	405	355	320	3	32	25	15.7	12	M22×90
350	0.6	377	9	485	445	415	4	26	23	12.59	12	M20×75
	1.0	377	9	500	460	430	4	28	23	15.9	16	M20×80
	1.6	377	9	520	470	438	4	34	25	23.3	16	M22×95
600	0.6	630	9	755	705	670	5	30	25	26.57	20	M22×85
	1.0	630	9	780	725	685	5	36	30	39.4	20	M27×105
	1.6	630	9	840	770	720	5	50	41	80.3	20	M30×140

四、气焊连接

（一）原材料

1. 氧气：强助燃气体，由空气分离或电解水获得。

2. 乙炔：碳氢化合物（C_2H_2），93% 为 C，7% 为 H，有少量其他成分。含硫化氢和有毒的磷化氢，有刺鼻的异味。自身不能完全燃烧。老式用电石（碳化钙）放入水中也能产生氢化碳。

3. 石油液化气：成分为丙烷丙烯、丁烷丁烯等碳氢化合物。在 0.78～1.47MPa 压力下可液化。

（二）氧、乙炔组合

1. 碳化焰（图 1-2）。$\frac{O_2}{C_2H_2}<1$，此种情况是氧量少于乙炔量，火焰中有未燃乙炔。焰心白色：内焰淡白，外焰橙黄色，只有最外围略有蓝色。火焰长而柔，适于铜材与钢材结合，其温度可达 2700℃左右。

2. 中性焰（图 1-3）。$\frac{O_2}{C_2H_2}=1\sim1.2$，氧量与乙炔量适中，乙炔可充分燃烧。焰心尖锥形，白色明亮；内焰蓝色（稍白），杏核形；外焰由里向外逐渐由淡紫色变为橙黄色。适于铜与铜、钢与钢的结合，温度可达 3100℃左右。

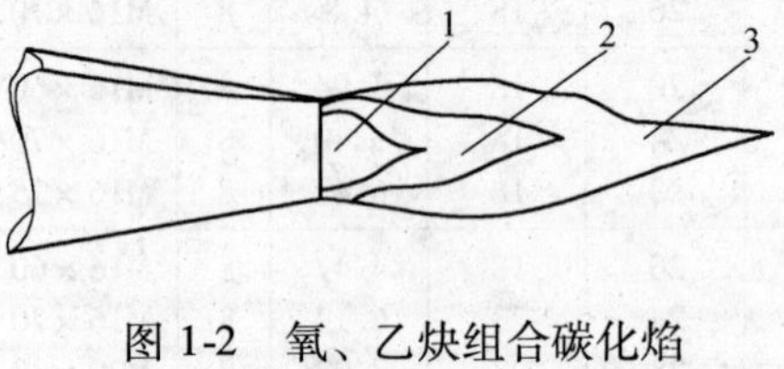

图 1-2 氧、乙炔组合碳化焰

1—焰心；2—内焰；3—外焰

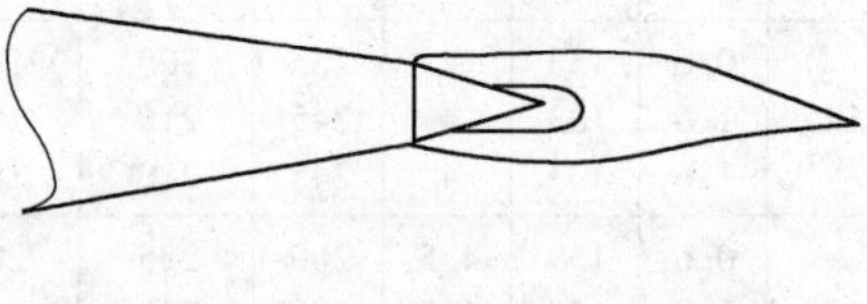

图 1-3 氧、乙炔组合中性焰

3. 氧化焰（图 1-4）。$\frac{O_2}{C_2H_2}>1.2$，氧量超过乙炔，火焰两层，焰心短而尖，呈青白色；外焰短，略紫，火焰挺而直。火焰氧化性很强，温度可达 3500℃左右，适于气割金属材料。

（三）氧与液化石油气结合

1. 碳化焰（图 1-5）。氧量少于石油气。焰心白色，内焰略白（淡白），外焰

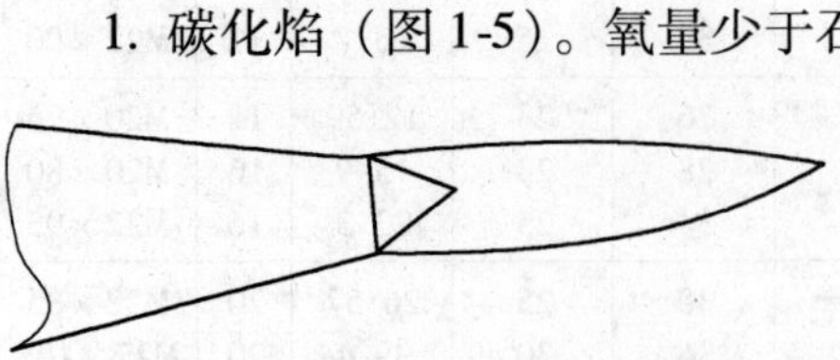

图 1-4 氧、乙炔组合氧化焰

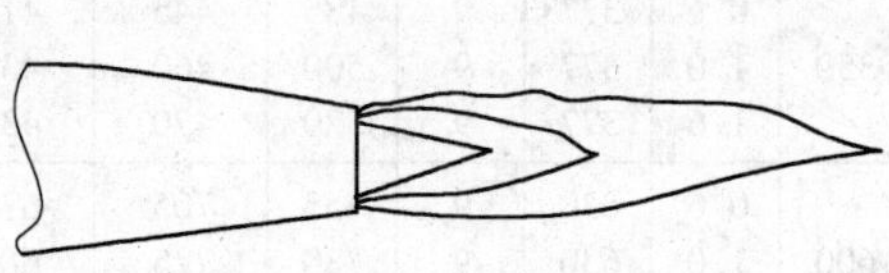

图 1-5 氧、液化石油气组合碳化焰

橙黄色，石油气越多，火焰越长，温度可达2500℃左右，适于钢和铜结合。

2. 氧化焰（图1-6）。氧量大于石油气量，焰心尖形，青白色，外焰淡白色，温度可达2900℃。适宜铜与铜、钢与钢结合。

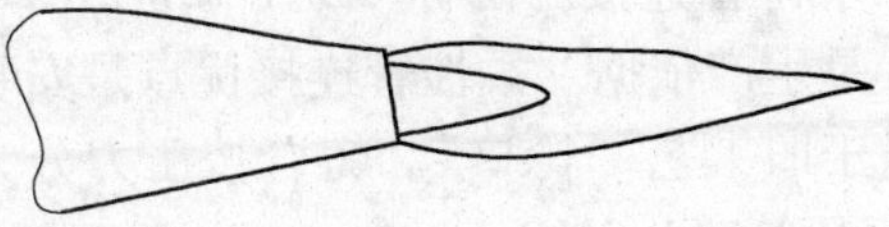

图1-6 氧、液化石油气组合氧化焰

以上情况可在实践中检验。

五、气焊安全问题及三种灭火器

乙炔与空气混合，乙炔达7%～13%，乙炔与氧混合，乙炔达30%时均易发生爆炸，因此气焊工艺要时时注意安全。

重申以下几点。

焊接前，检查工地操作现场周围有无易燃、易爆物，应清除或隔离后方可施焊。现场应配备灭火器材，要有专人监护。

凡有压力或装有易燃、易爆、有毒物质的管道、容器严禁直接作业。做完排空清洗并验收合格后方可施焊（割）。

严格遵守《焊工一般安全规程》和有关压力调节器、橡胶软管、氧气瓶、乙炔气瓶的安全使用规则及焊（割）的安全操作规程。

禁止用易产生火花的工具开氧气瓶、乙炔瓶。

压力容器及压力表、安全阀，必须按规范定期校验。

软管一般应为10～20m，不得过长或过短，接头必须用专用卡子。

氧气瓶要留0.1MPa残压；开氧气瓶要用专用扳手，同时观察压力变化情况。

暂停工作时，不得将焊具放在通风不良场所，以防漏气造成火灾。

工作结束时，应检查工作场所有无火源（电源开关状态），仔细查看所有气体阀门。

下面介绍三种灭火器。

CO_2灭火器：CO_2相对于空气的密度为1.529，在20℃、6MPa压力下喷出，体积扩大400～600倍，形成干冰，附着在被喷物件上。

干粉灭火器：Na或K的碳酸盐加滑石粉，此物质隔热、吸热，使被燃物件与空气隔绝。

以上两种灭火器可用于电气灭火。

泡沫灭火器：碳酸氢钠、硫酸铝溶液为灭火剂。此种物料不适于电气灭火，其他形式火灾可用。

六、柔性连接

柔性连接常用于下水铸管连接。国标 GB/T 12772—2008《排水用柔性接口铸铁管、管件及附件》是生产依据。柔性管连接优点是安装简便、快速，有自我对中性，抗地震能力强于旧工艺“捻口”。铸管按压力分为低压管（0.45MPa）、中压管（0.75MPa）、高压管（1.0MPa）。

（一）W 型连接

W 型无承口连接安装图见图 1-7，常用管箍如图 1-8、图 1-9 所示。

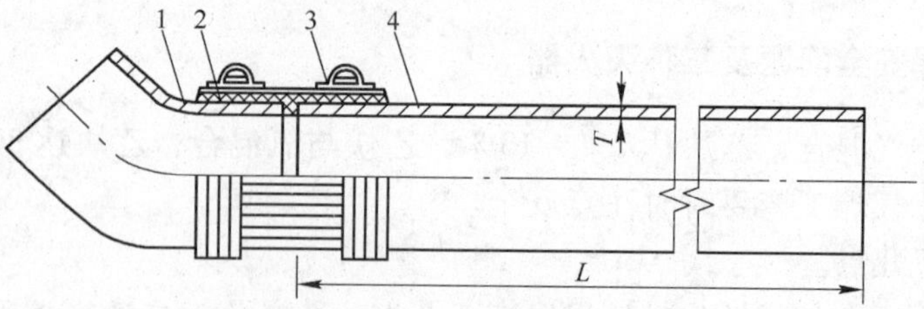

图 1-7 W 型无承口（管箍式）安装图

1—无承口管件；2—密封橡胶套；3—不锈钢管箍；4—无承口直管

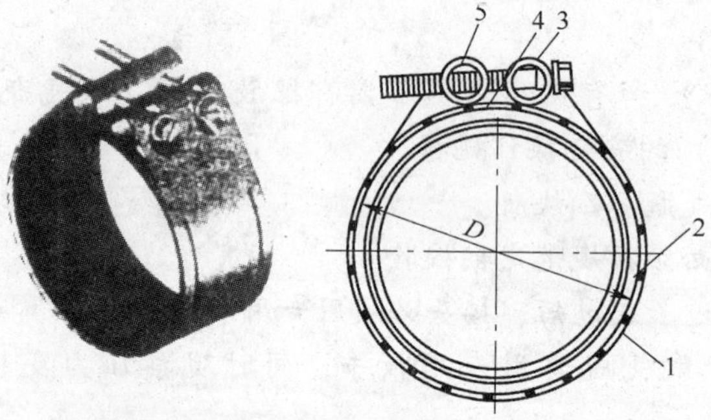

图 1-8 加强型不锈钢管箍

1—不锈钢箍圈；2—橡胶密封圈；3—镀锌碳钢紧固有内扣套管；4—不锈钢箍圈封口片；5—镀锌碳钢螺栓

图 1-9 碳钢镀锌加强抱箍

这种连接无承插结构，用特制胶管套住管件，管子被连接后用箍抱紧。所谓加强型是为了强化连接处的刚性，碳钢箍的锯齿不会咬透胶圈。强化结构用于公称管径 50 以上的管、件连接。

全不锈钢管箍用于小管径管子与管件，管子与管子之间的连接类似“大喉箍”。大口径管，被连接管外径可达 300mm。

提供一幅安装程序图（图 1-10）供参考。

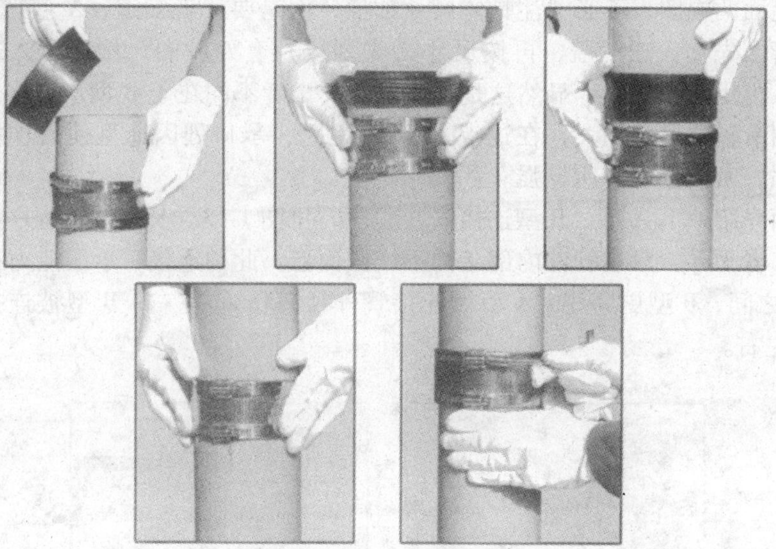

图 1-10　W 型柔性管连接程序

（注：1. 安装时应确保铸管断面垂直、光滑、无飞边毛刺，以免划伤橡胶密封圈；2. 用扭力扳手松开卡箍螺栓，取出胶圈，套入管件一端，使胶圈内中间凸缘与铸管断面完全接触为止；3. 将一端套入管件的胶圈另一端完全下翻，使胶圈中间凸缘平面完全暴露；4. 将另一管件垂直放在胶圈凸缘平面上，将下翻的胶圈复位，将两个管件移正至同一轴线上；5. 上移卡箍至橡胶密封圈的部位，使之与胶圈端面平齐；6. 用扭力扳手逐次交替紧固卡箍螺栓，切忌将一边螺栓一次紧固到位，造成卡箍扭曲变形。也不要用力过大，造成螺栓打滑。其中一句“另一端完全下翻，使胶圈中间凸缘平面完全暴露”的话应引起操作者注意。此种连接通常管箍密封性可达0. 35MPa，加强型承压能力为0. 4MPa，这些数值对“无压流”而言符合要求。）

（二）A 型连接与 B 型连接

A 型管件和 B 型管件形状分别如图 1-11、图 1-12 所示。

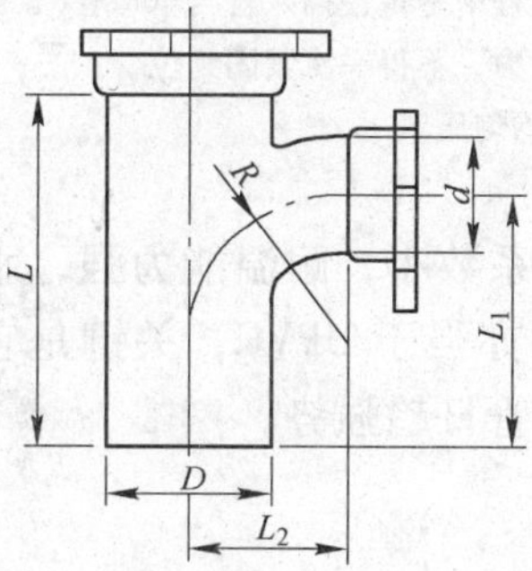

图 1-11　A 型管件

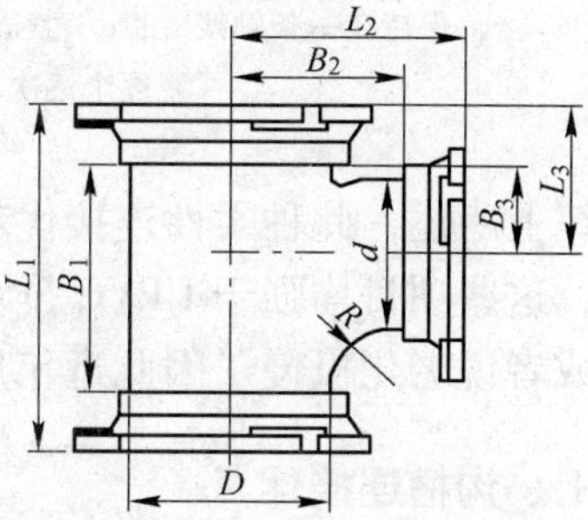

图 1-12　B 型管件

对上面两幅图，不必关注具体尺寸数值，而是要读者知道，A 型、B 型连接都在直管上先套入法兰盖，再按尺寸（先划线）套好胶圈，然后压入有承口的管件上，再用螺栓拧紧。显然这是柔性连接。二者不同在于 B 型承口多出一个台阶。胶圈沿轴向尺寸加大，在这点上又像 W 型，承口处因造型使得连接强度又得以加强，密封性也有所加强。

下面介绍一下 A 型、B 型连接安装程序，见图 1-13。其实二者程序相似，从外观看二者无异，只是管件内部结构不一样而已。此种连接，承压能力在 0.35 ~ 0.4MPa 之间，B 型更高些。A 型被连接管外径 200mm 左右；B 型被连接管外径 300mm 左右。

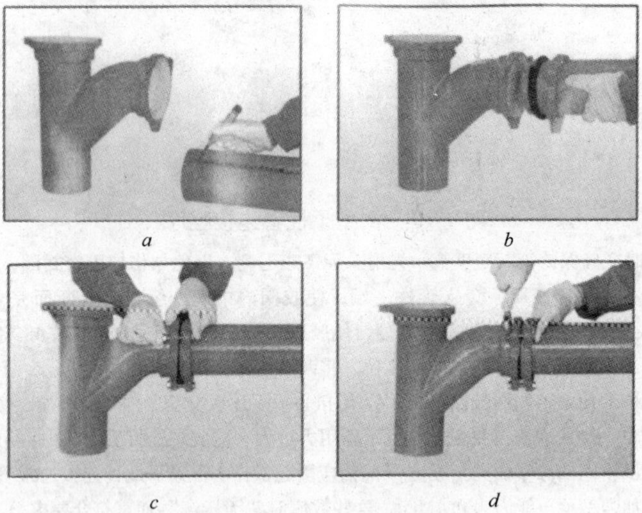

图 1-13 A（B）型柔性管连接程序

a—在插口上面画好安装线，承插口端部间隙取 5 ~ 10mm，安装线所在平面应与管轴线垂直；*b*—在插口端先套入法兰压盖，再套入密封胶圈，胶圈边缘与安装线对齐；*c*—将插口端插入承口内，为保持胶圈在承口内深度相同，在推进过程中尽量使插入管与承口管保持在一条轴线上；*d*—紧固螺栓应确保胶圈均匀受力，不得一次紧固到位，要逐个逐次均匀紧固，直至将胶圈均匀压紧

综上所述，此种柔性连接优势不少。铸管线胀系数小，耐温能力强，水流噪声小，这些项目均强于 UPVC 排水管，耐腐蚀能力亦强于 UPVC，关键是它不老化；或者说老化极慢。因此近年用柔性铸管做下水管日趋强势。

七、沟槽连接件

沟槽式管件是金属管道连接件，又称“快速接头”，由球墨铸铁件、橡胶密封件及螺栓三位一体组成。特点是连接快速，挠性接口有柔性，允许少量错位，刚性连接亦可实现。目前，该件已经标准化、系列化，广泛用于供水系统、消防系统等场合。被连接管为钢管，承压能力属中压。

（一）刚性接头

刚性接头及其连接形式见图 1-14、图 1-15。

图 1-14　刚性接头

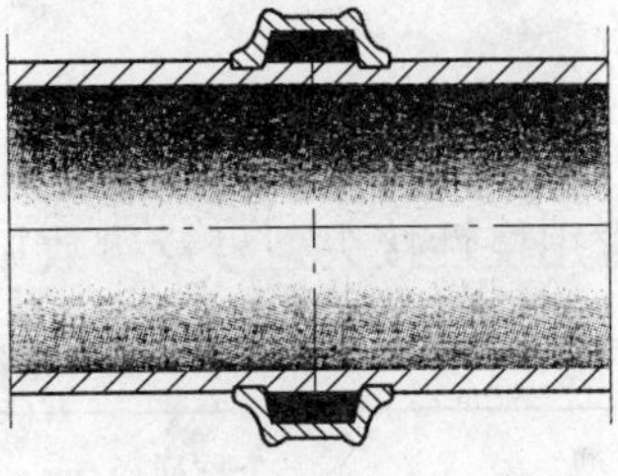

图 1-15　刚性接头连接

此种接头将两根管端连接起来，拧紧两颗螺栓后，保障不漏。这在两根管端滚槽时，尺寸上保障两端金属对正，均匀接触，螺栓只是径向压紧橡胶垫。常用刚性接头型号及参数见表 1-13。

表 1-13　常用刚性接头型号及参数

型　号	公称通径/mm	钢管外径/mm	承压能力/MPa	螺栓螺母
XGQT1-32-2. 5	25	32	2. 5	2-M8 ×50
XGQT1-42-2. 5	32	42	2. 5	2-M8 ×50
XGQT1-48-2. 5	40	48	2. 5	2-M8 ×50
XGQT1-60-2. 5	50	60	2. 5	2-M10 ×55
XGQT1-76-2. 5	65	76	2. 5	2-M10 ×65
XGQT1-89-2. 5	80	89	2. 5	2-M10 ×65
XGQT1-114-2. 5	100	114	2. 5	2-M10 ×65
XGQT1-140-2. 5	125	140	2. 5	2-M12 ×75
XGQT1-165-2. 5	150	165	2. 5	2-M12 ×75
XGQT1-219-2. 5	200	219	2. 5	2-M16 ×90

（二）挠性接头

挠性接头在橡胶圈内壁有一凸缘，两根管端被插入接头后，两个金属端面被凸缘隔开，其它操作同前，见图 1-16、图 1-17。这种接头使得两根被接管有柔性，允许有一定挠度。

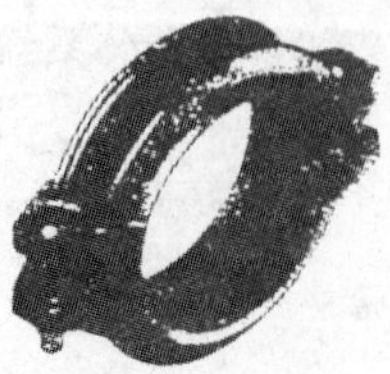

图 1-16 挠性接头

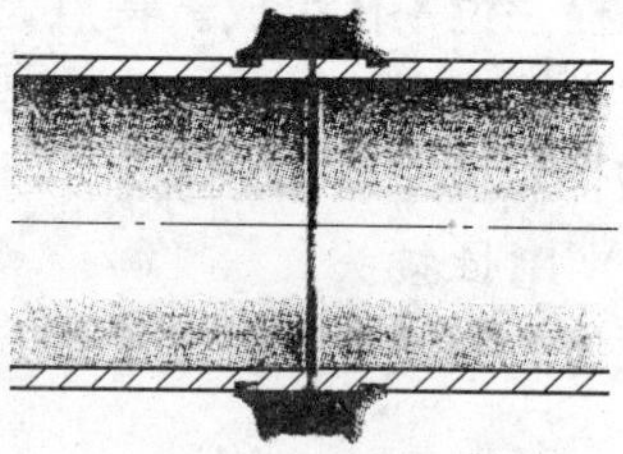

图 1-17 挠性接头连接

常用挠性接头型号及参数见表 1-14。

表 1-14 常用挠性接头型号及参数

型 号	公称通径/mm	钢管外径/mm	承压能力/MPa	螺栓螺母
XGQT2-60-2. 5	50	60	2. 5	2-M12 ×55
XGQT2-76-2. 5	65	76	2. 5	2-M12 ×75
XGQT2-89-2. 5	80	89	2.5	2-M12 ×75
XGQT2-114-2. 5	100	114	2. 5	2-M12 ×75
XGQT2-140-2. 5	125	140	2. 5	2-M16 ×85
XGQT2-165-2. 5	150	165	2. 5	2-M16 ×85
XGQT2-219-2. 5	200	219	2. 5	2-M20 ×110

（三）沟槽式四通管件

沟槽式四通管件即主管上下开口，支管再与此件上下沟槽连接形成四通，如图 1-18 所示，常用型号及参数见表 1-15。

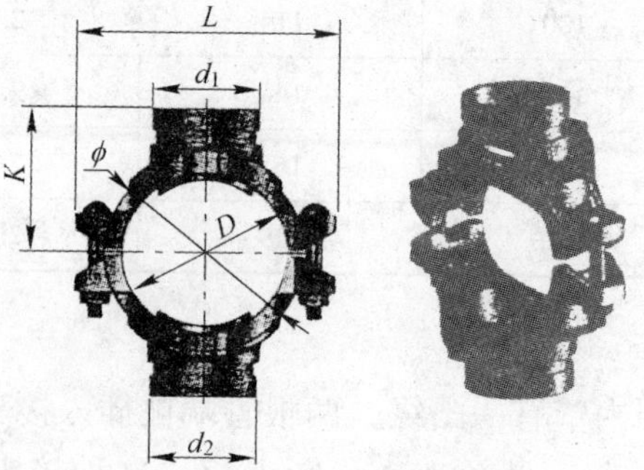

图 1-18 沟槽式四通管件

表 1-15　常用沟槽式四通管件型号及参数

型　号	公称通径/mm	钢管外径/mm	公称压力/MPa	螺栓螺母
XGQT4-114×60×60-2.5	100×65×65	114×60×60	2.5	2-M12×75
XGQT4-114×76×76-2.5	100×65×65	114×76×76	2.5	2-M12×75
XGQT4-140×60×60-2.5	125×50×50	140×60×60	2.5	2-M16×100
XGQT4-140×76×76-2.5	125×65×65	140×76×76	2.5	2-M16×100
XGQT4-140×89×89-2.5	125×80×80	140×89×89	2.5	2-M16×100
XGQT4-165×60×60-2.5	150×50×50	165×60×60	2.5	2-M16×100
XGQT4-165×76×76-2.5	150×65×65	165×76×76	2.5	2-M16×100
XGQT4-165×89×89-2.5	150×80×80	165×89×89	2.5	2-M16×100
XGQT4-165×114×114-2.5	150×100×100	165×114×114	2.5	2-M16×100
XGQT4-219×60×60-2.5	200×50×50	219×60×60	2.5	2-M16×100
XGQT4-219×76×76-2.5	200×65×65	219×76×76	2.5	2-M16×100
XGQT4-219×89×89-2.5	200×80×80	219×89×89	2.5	2-M16×100
XGQT4-219×114×114-2.5	200×100×100	219×114×114	2.5	2-M16×100
XGQT4-219×140×140-2.5	200×125×125	219×140×140	2.5	2-M16×100

型号说明：XGQT4-114×60×60-2.5，XG 指消防沟槽式接头，QT 为球墨铸铁代号，4 代表四通，114 为大管外径，60 为支管外径，2.5 表示公称压力 2.5MPa。

（四）螺纹式四通管件

螺纹式四通管件自身上下分别有内丝连接件，支管套丝后与此件连接，主管开口，用橡胶垫密封，再用螺栓螺母拧紧，如图 1-19 所示。常用螺纹式四通管件型号及参数见表 1-16。

图 1-19　螺纹式四通管件

表 1-16 常用螺纹式四通管件型号及参数

型 号	公称通径/mm	管螺纹	公称压力/MPa	螺栓螺母
XGQT4s-76 × 32 × 32-1. 6	65 × 25s × 25s	76 × G1 × G1	1. 6	2-M12 × 75
XGQT4s-76 × 42 × 42-1. 6	65 × 32s × 32s	76 × G1 1/4 × G1 1/4	1. 6	2-M12 × 75
XGQT4s-89 × 32 × 32-1. 6	80 × 25s × 25s	89 × G1 × G1	1. 6	2-M12 × 75
XGQT4s-89 × 42 × 42-1. 6	80 × 32s × 32s	89 × G1 1/4 × G1 1/4	1. 6	2-M12 × 75
XGQT4s-89 × 48 × 48-1. 6	80 × 40s × 40s	89 × G1 1/2 × G1 1/2	1. 6	2-M12 × 75
XGQT4s-114 × 32 × 32-1. 6	100 × 25s × 25s	114 × G1 × G1	1. 6	2-M12 × 75
XGQT4s-114 × 42 × 42-1. 6	100 × 32s × 32s	114 × G1 1/4 × G1 1/4	1. 6	2-M12 × 75
XGQT4s-114 × 48 × 48-1. 6	100 × 40s × 40s	114 × G1 1/2 × G1 1/2	1. 6	2-M12 × 75
XGQT4s-114 × 60 × 60-1. 6	100 × 50s × 50s	114 × G2 × G2	1. 6	2-M12 × 75
XGQT4s-140 × 32 × 32-1. 6	125 × 25s × 25s	140 × G1 × G1	1. 6	2-M16 × 100
XGQT4s-140 × 42 × 42-1. 6	125 × 32s × 32s	140 × G1 1/4 × G1 1/4	1. 6	2-M16 × 100
XGQT4s-140 × 48 × 48-1. 6	125 × 40s × 40s	140 × G1 1/2 × G1 1/2	1. 6	2-M16 × 100
XGQT4s-140 × 60 × 60-1. 6	125 × 50s × 50s	140 × G2 × G2	1. 6	2-M16 × 100
XGQT4s-140 × 76 × 76-1. 6	125 × 65s × 65s	140 × G2 1/2 × G2 1/2	1. 6	2-M16 × 100
XGQT4s-165 × 32 × 32-1. 6	150 × 25s × 25s	165 × G1 × G1	1. 6	2-M16 × 100
XGQT4s-165 × 42 × 42-1. 6	150 × 32s × 32s	165 × G1 1/4 × G1 1/4	1. 6	2-M16 × 100
XGQT4s-165 × 48 × 48-1. 6	150 × 40s × 40s	165 × G1 1/2 × G1 1/2	1. 6	2-M16 × 100
XGQT4s-165 × 60 × 60-1. 6	150 × 50s × 50s	165 × G2 × G2	1. 6	2-M16 × 100
XGQT4s-165 × 76 × 76-1. 6	150 × 65s × 65s	165 × G2 1/2 × G2 1/2	1. 6	2-M16 × 100
XGQT4s-165 × 89 × 89-1. 6	150 × 80s × 80s	165 × G3 × G3	1. 6	2-M16 × 100
XGQT4s-219 × 32 × 32-1. 6	200 × 25s × 25s	219 × G1 × G1	1. 6	2-M16 × 110
XGQT4s-219 × 42 × 42-1. 6	200 × 32s × 32s	219 × G1 1/4 × G1 1/4	1. 6	2-M16 × 110
XGQT4s-219 × 48 × 48-1. 6	200 × 40s × 40s	219 × G1 1/2 × G1 1/2	1. 6	2-M16 × 110
XGQT4s-219 × 60 × 60-1. 6	200 × 50s × 50s	219 × G2 × G2	1. 6	2-M16 × 110
XGQT4s-219 × 76 × 76-1. 6	200 × 65s × 65s	219 × G2 1/2 × G2 1/2	1. 6	2-M16 × 110
XGQT4s-219 × 89 × 89-1. 6	200 × 80s × 80s	219 × G3 × G3	1. 6	2-M16 × 110

型号说明：其中 s 表示螺纹式，其它内容同前。

以上四种管件提供了快速安装条件；要同时对相应管材进行加工，用切割机切管，保障管端面与轴线垂直；用开孔机给管子开孔；用滚槽机在管子端头滚槽。

(五) 沟槽连接图例

各种沟槽连接示例见图 1-20。

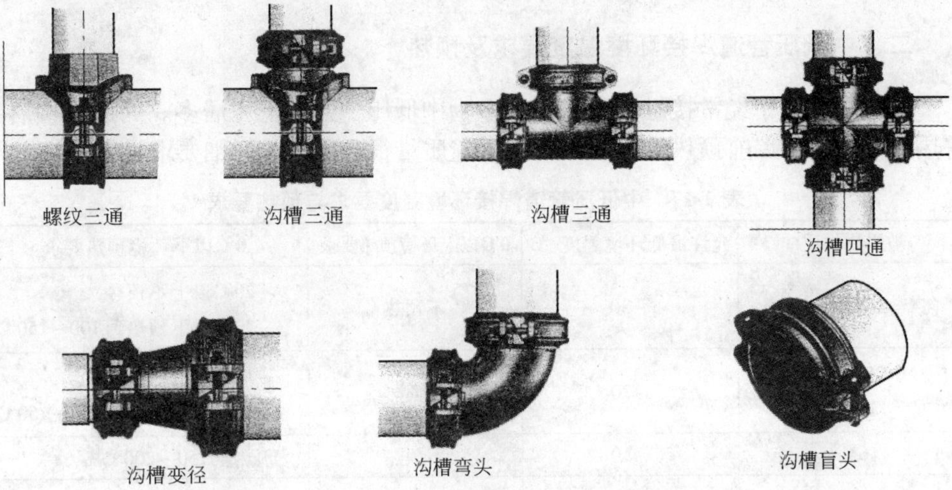

图 1-20 沟槽连接例图

第五节 碳钢、合金钢、不锈钢焊接工艺

一、概念

1. 碳钢。铁碳元素为主及其他元素合成之钢材，如 A3、10 号、20 号、45 号钢等；有的有特殊标记，如 20g 即 20 号锅炉钢。

2. 合金钢。钢材中加入其他金属元素，如 16Mn，ZG20Mn，W18Cr4V（钨 18 铬 4 钒钢，此种钢可做切削合金钢的刀具和钻头）。

3. 不锈钢。钢中加入铬镍及其他金属元素，到了一定量后，金属内部发生变化，外表形成一层致密的氧化膜（又称钝化膜），耐腐蚀，成为不锈钢。实际上不锈钢也属于合金钢范畴。

对铬镍有数量要求。对于铬，含量要求高于 11.7%，一般情况平均值为 13%；再加入 8% ~25% 的镍，这种钢材金相组织属纯奥氏体，被称为奥氏体不锈钢，无磁性。

其他型式金相组织如铁素体、马氏体、铁素体 + 马氏体、马氏体 + 碳化物等也是不锈钢，但有磁性。

奥氏体不锈钢应用广泛。为了防止晶间腐蚀加入钛（Ti）、铌（Nb）；为了增加抗硫酸、盐酸能力又加入钼（Mo）、铜（Cu）。为了节省稀有金属镍，用锰或氮代替镍，从而产生了铬锰氮系列不锈钢。

奥氏体不锈钢急速冷却后并不硬化，反而硬度下降，可塑性增强；其线胀系数比非奥氏体不锈钢大。

二、中低压管道焊接环境温度要求及预热

我们在工程中经常接触的工作压力多为中低压，而且低压居多。因此焊接后无需热处理。但对焊前预热有要求，否则焊缝质量很难保障，详细要求见表1-17。

表 1-17 中低压管道焊接环境温度要求与预热要求

被焊物材质	允许最低环境温度/℃	0℃以上环境预热要求	0℃以下环境预热要求
含 C≤0.2%的碳钢	-30	不预热	-20℃以上不预热 -20℃以下预热到100~150℃
含 C 0.2%~0.3%的碳钢	-20	不预热	-10℃以上不预热 -10℃以下预热至100~150℃
16Mn	-10	不预热	预热至150~200℃
12Mo 12CrMo 15CrMo	-10	150~200℃ 200~250℃ 250~300℃	150~200℃ 200~250℃ 250~300℃
1Cr18Ni9Ti 新标 06Cr18Ni9Ti	-5	不预热	不预热，壁厚大于16mm管子可预热至80~100℃
Cr5Mo	0	300~400℃	300~400℃
铝及铝合金	0	150~200℃	150~200℃
铜及铜合金	0	350~550℃	350~550℃

钢管管道焊口允许偏差和检验方法如表1-18所示。

表 1-18 钢管管道焊口允许偏差和检验方法

<table>
<tr><th>项次</th><th colspan="3">项目</th><th>允许偏差</th><th>检验方法</th></tr>
<tr><td>1</td><td>焊口平直度</td><td colspan="2">管壁厚10mm以内</td><td>管壁厚1/4</td><td rowspan="3">焊接检验尺和游标卡尺检查</td></tr>
<tr><td rowspan="2">2</td><td rowspan="2">焊缝加强面</td><td colspan="2">高度</td><td rowspan="2">+1mm</td></tr>
<tr><td colspan="2">宽度</td></tr>
<tr><td rowspan="3">3</td><td rowspan="3">咬边</td><td colspan="2">深度</td><td>小于0.5mm</td><td rowspan="3">直尺检查</td></tr>
<tr><td rowspan="2">长度</td><td>连续长度</td><td>25mm</td></tr>
<tr><td>总长度（两侧）</td><td>小于焊缝长度的10%</td></tr>
</table>

三、管道脱脂处理

某些介质在生产、运输、贮存过程中接触少量油就会燃爆，有的情况因油而

影响产品质量。因此，有些输运管道要求必须脱脂处理。脱脂处理的实质是化学清洗，此项工作在预热前实施。

（一）脱脂剂

1. 工业二氯乙烷（$C_2H_2Cl_2$）适合金属壁脱脂；

2. 四氯化碳（CCl_4）适合清洗黑色金属、铜及非金属件；

3. 工业三氯乙烯（C_2HCl_3）适于为金属件脱脂；

4. 工业酒精（C_2H_5OH）适宜清洗要求不高的零部件，酒精浓度应在95%以上。

四氯化碳、三氯乙烯、二氯乙烷均有毒，每立方米空气中允许含量50mg以下，操作人员要在上风头作业。二氯乙烷、酒精易燃易爆，现场不允许吸烟和进行电气焊操作。四氯化碳不燃烧，遇火后会产生光气，对人有毒害。浓硝酸（98%以上）可用来清洗耐酸管与瓷环等。

人们常用的脱脂剂是四氯化碳、丙酮及碱液。

（二）管道及管件脱脂

1. 冲洗管内部，自然干或用棉纱团“拉擦”干净。

2. 密封一头，放入脱脂剂，占总空间容积15%～20%即可，堵住末端，每15min转动一次，浸泡1～1.5h；

3. 放掉脱脂剂，仍用棉纱团“拉擦”干净，或用压缩空气（氮气）吹干。

4. 管件要求在脱脂液中浸泡1～1.5h，然后吹干，保存好。

5. 工作过程中要求对所用工具脱脂，工作服手套无油。

6. 必要时通过化验方法验证脱脂效果。将脱脂后的管子放入脱脂剂，脱脂剂内就会出现微量油脂，油脂量应小于0.03%。

四、焊接

根据使用场合要求，脱脂、预热后可以施焊了；无脱脂预热要求的管道系统对每根管道也须擦拭干净后方可焊接。可用手工焊或氩弧焊等手段，就目前现状而言手工焊居多。

一般情况不允许碳钢与不锈钢焊接，特殊情况要选用不锈钢焊条和奥氏体焊条302（Cr25Ni3）、307（Cr23Ni12Mo2）。

五、不锈钢焊后特殊要求

不锈钢焊后一般无须热处理。但焊接会破坏其表面氧化膜，个别点可能附着碳钢颗粒，会引起局部腐蚀，因此要做酸洗与钝化处理。

工艺上，有的采取酸洗液/钝化液（表1-19）循环流动或浸泡管子，做起来很困难，一种简单的方法是分段焊分段处理，最后一个口或几个口单独处理一次。

工艺流程：去油（脱脂）→酸洗→冷水冲洗→钝化→冷水冲洗→吹干

表 1-19 酸洗液/钝化液配方

名 称	硝酸 (HNO_3)	氯化钠 (NaCl)	氟化钠 (NaF)	重铬酸钾 ($K_2Cr_2O_7$)	水 (H_2O)	温度	处理时间/h
酸洗液	20%	2%	2%	—	余量	室温	1～2
钝化液	5mL	—	—	1g	5mL	室温	1

实际操作可以变通方式。按配方配好液体，根据现场情况，对有一个以上焊口的管段进行洗刷，最后将组成系统的一个或多个合拢处进行处理，对几个合拢口也只能处理焊缝外表，因此合拢口越少越好。

六、打压试验

按规范或按设计要求做。各篇章都有具体要求，请留意各篇章打压章节。

七、管道吹除

管道吹除属最后一道工序。用氮气（或压缩空气）先吹扫一下，然后封口，打到工作压力，找最畅通处，突然开放，将污物带出。使用前再用同质气体吹除，如氧气管道，进口处接氧气源，出口处排至室外，距地面 2.5m 以上距离，要求远离火源；对天然气管道，同质气体吹除后要化验成分后再投入使用；对氢气管道，同质气体吹除后，化验成分时，允许含氮，不允许有其他成分。

八、防静电

煤气、天然气、氧气、氢气、石油等管道必须有防静电措施，使此种管道形成一个连续电路最终和接地装置连接。要求接地总电阻小于 10Ω；跨接电阻不大于 0.03Ω。

防静电措施还须注意以下几点：控制管内流体流速，防止金属撞击；橡胶类管子内衬钢丝也要接地；有爆炸危险的厂房，宜用三角皮带传动。在传动带上涂导电润滑膏（鱼胶 100mL，甘油 80mL，炭黑 82g 和 2% 氢氧化钠 20mL）；在输送管道上涂润滑膏（18% 炭黑，82% 含油酒精或以四氟化碳为溶剂的清漆）；增大房间相对湿度，以相对湿度 65% ～70% 以上为宜。

九、焊缝等级及探伤要求

管道在一定压力和温度条件下工作，对各种不同材质的管道，人为地分了等级，见表 1-20。不同等级的焊缝，探伤比例数要求不一样。

表 1-20　依据工作温度、压力的管道分类

材　质	工作温度/℃	工作压力/MPa				
		Ⅰ	Ⅱ	Ⅲ	Ⅳ	Ⅴ
碳素钢	≤370	32	10～32	4～10	1.6～4	<1.6
	>370	>10	4～10	1.6～4	≤1.6	—
合金钢	≤-70 或≥350	任意	—	—	—	—
不锈钢	-70～450	>10	4～10	1.6～4	≤1.6	—
铝及铝合金	任　意	—	—	—	≤1.6	—
铜及铜合金	任　意	>10	4～10	1.6～4	≤1.6	—

根据各类管道不同位置的焊口，将焊缝分成若干等级，不同等级焊缝探伤比例见表 1-21。

表 1-21　各级焊缝探伤比例

焊缝等级		探伤数/%	说　明
Ⅰ		100	高于Ⅱ级焊缝质量要求的焊缝
Ⅱ	A	100	Ⅰ类管道及Ⅱ类管道固定焊口
	B	15	Ⅲ类管道及Ⅱ类管道转动焊口，Ⅲ类管道固定焊口要探伤 40%
Ⅲ	A	10	Ⅳ类管道固定焊口
	B	5	Ⅳ类管道转动焊口
Ⅳ	A	5	Ⅳ类铝及铝合金管道焊口，其中固定焊口要探伤 15%
	B	≤1	Ⅴ类管道焊口

注：1. 剧毒介质管道列入Ⅰ类管道；
　　2. 有毒介质、甲、乙类火灾危险物质管道升格一级。

第六节　曲率半径与攻丝套丝

当今做管道，转弯时多用不同角度的压制弯头。然而有时也需弯管。一般地说，金属管材弯曲时存在着曲率半径允许值问题，见表 1-22。

表 1-22　钢管曲率半径

管　型	曲率半径 R	管　型	曲率半径 R
D_N 108 以下	$R=3.5D_N$	D_N 219～273	$R=5D_N$
D_N 133～159	$R=4D_N$	D_N 273 以上	$R=6D_N$

注：紫铜管 $R=3D_N$ 即可，不锈钢管 $R=3.5D_N$ 即可。

一、套丝时对棒料外径的要求

套丝时螺纹规格与棒料直径的关系见表1-23。

表 1-23 螺纹规格与棒料直径对应关系

粗牙普通螺纹				英制螺纹		
螺纹规格/mm	螺距/mm	棒料直径/mm		螺纹规格/英寸	棒料直径/mm	
		最小	最大		最小	最大
M6	1	5.80	5.90	1/4（二分）	5.90	6.00
M8	1.25	7.80	7.90	5/16（二分半）	7.40	7.60
M10	1.50	9.75	9.85	3/8（三分）	9.00	9.70
M12	1.75	11.75	11.90	1/2（四分）	12.00	12.20

注：举例，套 M6×1，棒料外径最大 ϕ5.9；最小 ϕ5.8。

二、不同材质板材攻丝时打孔尺寸表（与公制外丝配合）

与公制外丝配合，不同板材攻丝时打孔尺寸见表1-24。

表 1-24 不同板材攻丝时打孔尺寸（配合公制外丝）

螺纹直径与螺距		M3×0.5	M4×0.7	M5×0.8	M6×1.0	M7×1.25	M8×1.0	M10×1.5	M10×1.25	M10×1.0	M12×1.75	M12×2.0	M14×2.0	M16×2.0	M18×2.5
铸铁、青铜	孔径 *d* /mm	2.5	3.3	4.1	4.9	6.6	6.9	8.4	8.6	8.9	10.1	10.4	11.8	13.8	15.3
黄铜、钢		2.5	3.7	4.2	5.0	6.7	7.0	8.5	8.7	9.0	10.2	10.5	11.9	13.9	15.4

注：举例攻丝 M4×0.7，青铜板打孔 ϕ3.3，钢板打孔 ϕ3.7。

三、不同材质板材攻丝时打孔尺寸表（与英制外丝配合）

与英制外丝配合，不同板材打孔做英制内丝时打孔尺寸见表1-25。

表 1-25 不同板材攻丝时打孔尺寸（配合英制外丝）

所配英制外丝		3/16 一分半	1/4 二分	5/16 二分半	3/8 三分	1/2 四分	5/8 五分	3/4 六分	7/8 七分
铸铁青铜黄铜	孔径 *d* /mm	3.8	5.0	6.5	8.0	10.6	13.6	16.6	22.3
钢可锻铸铁		3.9	5.1	6.7	8.1	10.7	13.8	19.7	22.5

注：举例，钢板打孔做内丝，与1/2英制外丝配合，打多大孔？查上表得打孔 ϕ10.7。

第七节　不锈钢管材板材及有关标准

一、不锈钢管材（GB/T 14975—2002）

热轧管规格见表 1-26。

表 1-26　热轧管规格

管径/mm	壁厚/mm	管径/mm	壁厚/mm
68，70，73，76，80，83，89	4.5～12	219	8～28
95，102，108	4.5～14	245	12～28
114，121，127，133	5～14	237	10～28
140，146，152，159	6～16	325，351	12～26
168	7～18	377	12～24
180，194	8～18	426	12～20

注：管长一般为 2～12m。

冷拔管规格见表 1-27。

表 1-27　冷拔管规格

管径/mm	壁厚/mm	管径/mm	壁厚/mm
10，11	1.0～2.5	28	1.0～6.5
12，13	1.0～3.0	30，32，34	1.7～7.0
14，15	1.0～3.5	35，36，38，40	1.0～7.0
16，17	1.0～4.0	42	1.0～7.5
18，19，20	1.0～4.5	45，48	1.0～8.5
21，22，23	1.0～5.0	50，51	1.0～9.0
24	1.0～5.5	53	1.0～9.5
25，27	1.0～6.0		

二、不锈钢板材

不同厚度热轧板每平方米重量见表 1-28，不同厚度冷轧板每平方米重量见表 1-29。

表 1-28 不同厚度热轧板每平方米重量

厚度/mm	每平方米重量/kg·m^{-2}	厚度/mm	每平方米重量/kg·m^{-2}
5	44.25	9	79.65
5.5	48.68	10	88.50
6	53.10	11	97.30
6.5	57.52	12	106.20
7	61.95	13	115.05
7.5	66.37	14	123.90
8	70.80		

注：材料密度 8.85g/cm^3。

表 1-29 不同厚度冷轧板每平方米重量

厚度/mm	每平方米重量/kg·m^{-2}	厚度/mm	每平方米重量/kg·m^{-2}
0.5	4.42	4.0	35.40
0.6	5.31	4.5	39.82
0.7	6.19	5.0	44.25
0.8	7.08	5.5	48.68
0.9	7.96	6.0	53.10
1.0	8.85	6.5	57.52
1.2	10.62	7.0	61.95
1.5	13.27	7.5	66.37
1.8	15.93	8.0	70.80
2.0	17.70	8.5	75.22
2.5	22.12	9.0	99.65
3.0	26.55	10.0	88.50
3.5	30.97		

注：材料密度 8.85g/cm^3。

三、不锈钢标记

美国 ASTM 约有 72 个标记；英国 BS 约有 23 个标记；德国 DIN 约有 25 个标准，法国 NF 约有 33 个标准。国际标准缩写为 ISO/PDTS，欧标为 EN。日本 SUS，第一个 S 是“钢”的字头，U 是使用的字头，后一个 S 是“不锈”的字头。德国标前加 X 是高合金钢之意。英国 BS，S 前的数字是类型系列，S 后是组分比例。几个国家不锈钢标记（钢号）见表 1-30。

表 1-30　几个国家的不锈钢标记（钢号）

中国旧标写法	中国新标写法	中国标记	美国标记	英国标记	日本标记
1Cr17Mn6Ni5N	12Cr17Mn6Ni5N	S201	S20100，201		SUS201
1Cr17Ni7	12Cr17Ni7	S301	S30100，301		SUS301
1Cr18Ni9	10Cr18Ni9	S302	S30200，302	302S31	SUS302
0Cr18Ni9	06Cr19Ni10	S304	S30400，304	304S31	SUS304
0Cr19Ni9N	06Cr19Ni10N	S304N	S30451，304N		SUS304Ni
1Cr18Ni12	10Cr18Ni12	S305	S30500，305		SUS305
	06Cr20Ni11	S308	S30800，308		SUS308
0Cr17Ni12Mo2	06Cr17Ni12Mo2	S316	S31600，316		SUS316
0Cr18Ni12Mo2Ti	06Cr18Ni12Mo2Ti	S316Ti	S30635，316Ti		SUS316Ti
0Cr19Ni13Mo3	06Cr19Ni13Mo3	S317	S31700，317		SUS317
0Cr18Ni9Ti	06Cr18Ni9Ti	S321	S32100，321		SUS321
1Cr18Ni11Nb	06Cr18Ni11Nb	S347	S34700，347		SUS347

中国新标不锈钢组分与美国、英国、日本及韩国等国家的同型号材质完全一致。此外 00Cr19Ni10 标 304L，0Cr18Ni9Ti、1Cr18Ni9Ti 和 06Cr18Ni9Ti（新标）均标 S321。

S302　使用历史长，可装浓度小于 65% 的硝酸溶液；

S304　应用范围广，统计表明，占不锈钢市场份额的 34% 左右；

S321　有钛加入，可防止晶格间被腐蚀，用于各种塔式换热器；

S347　用于航空机械、石油机械、食品、造纸业；涡轮机气体管道专用，焊接性能优良。

第八节　管内流体流速问题（含天然气经济流速）

不同物质在输送管内的流速如表 1-31 所示。

表 1-31　不同物质在输送管内的流速

公称直径 /mm	管子内径 /mm	热水 /m·s^{-1}	自来水 /m·s^{-1}	饱和蒸汽 /m·s^{-1}	过热蒸汽 /m·s^{-1}	易燃易爆气体 /m·s^{-1}
15~20	13~20	0.3~0.8	1.0 以内	10~15	15~20	<8（4）
25~32	27~33	0.5~1.0	1.0~1.2	15~20	20~25	<8（4）
40~50	40~50	1.0~1.2	1.3~1.5	20~25	25~30	<8（4）
65~70	65~82	1.4~1.6	1.6~1.8	25~30	30~35	<8（4）
100~150		2.0~2.5	2.5~3	30~40	40~45	<8（7）
200 以上		3.5	3.5~4	40~50	50~60	8~10

注：饱和水蒸气表内值适用于 3bar 以下；当压力为 3~8bar 时，流速可提高 1.5 倍。易燃易爆气体流速括号内值是建议值。根据经验可知，凡垂直立管选高值速度；气体压力 10 公斤以下时取 10m/s 左右为宜；压力 10 公斤以上取 20m/s 为宜；当管内流体黏度大于水时，流速取 0.5~1m/s。

下面提供天然气管内经济流速，见表1-32。

表1-32 天然气管内经济流速

管径/mm	流速/m·s^{-1}	管径/mm	流速/m·s^{-1}
≥800	12~18	200	7
490~700	10~12	100	6
300	8	<80	4

第九节 阀 门

任何阀门都有特定的型号，按国标以七个单元来标示其相关结构及参数，见图1-21。

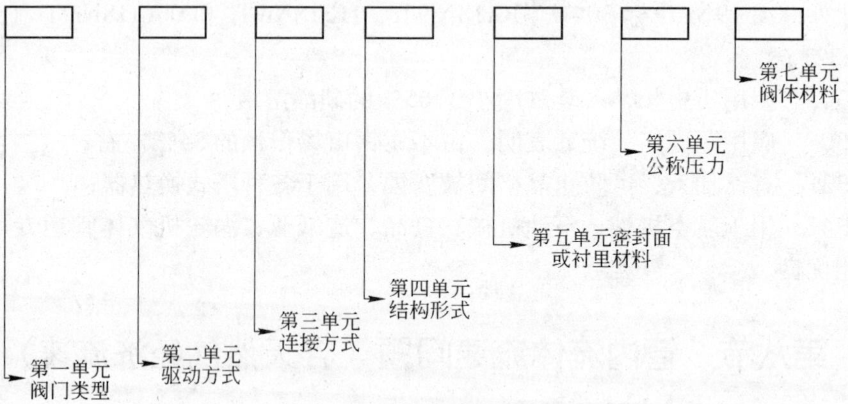

图1-21 阀门的七个单元

一、阀门类型

阀门类型用英文字母表示（表1-33），实际上是汉语拼音字头或拼音第二个字母。

表1-33 阀门符号

类型	闸阀	截止阀	止回阀	旋塞	减压阀	球阀	电磁阀	疏水器	安全阀	调节阀	隔膜阀	蝶阀	节流阀
代号	Z	j	H	X	Y	Q	ZCLF	S	A	T	G	D	L

节流阀是降压阀，在制冷工程中称膨胀阀，如FPF表示氟膨胀阀，FDF表示氟电磁阀。

二、驱动方式

驱动方式即用何种机构使阀门开或关，以数字作为代号。

3——涡轮传动；4——正齿轮传动；5——伞齿轮传动；6——气动驱动；7——液压驱动；8——电磁驱动；9——电机驱动。

以上阀门，开、关耗功大；手动、扳手动不含在其中。

三、阀门自身连接方式

阀门自身连接形式，也用数字表示。

1——内螺纹；2——外螺纹；3，4，5——法兰；6——焊接；7——对夹。

法兰连接3，用于双弹簧安全阀；法兰连接4，用于单弹簧安全阀及其他类别法兰连接阀；法兰连接5，用于杠杆重锤式安全阀。

四、阀门结构形式

该部分比较复杂，如不同形式调节阀，9 个数字均有涉及，见表1-34。

表 1-34 阀门结构形式

<table>
<tr><th>代号
类别</th><th>1</th><th>2</th><th>3</th><th>4</th><th>5</th><th>6</th><th>7</th><th>8</th><th>9</th><th>10</th></tr>
<tr><td>闸 阀</td><td>明杆楔式单向阀</td><td>明杆楔式双闸板</td><td>明杆平行式单闸板</td><td>明杆平行式双闸板</td><td>暗杆楔式单闸板</td><td>暗杆楔式双闸板</td><td>明杆楔式平行式单闸板</td><td>暗杆平行式双闸板</td><td></td><td></td></tr>
<tr><td>截止阀</td><td>直通式（铸）</td><td>直角式（铸）</td><td>直通式（锻）</td><td>直角式（锻）</td><td>直流式</td><td></td><td>隔膜式</td><td>节流式</td><td>其他</td><td></td></tr>
<tr><td>旋 塞</td><td>直通式</td><td>调节式</td><td>直通填料式</td><td>三通填料式</td><td>保温式</td><td>三通保温式</td><td>润滑式</td><td></td><td></td><td></td></tr>
<tr><td>止回阀</td><td>直通升降</td><td>立式升降</td><td></td><td>单瓣旋起式</td><td>多瓣旋起式</td><td></td><td></td><td></td><td></td><td></td></tr>
<tr><td>疏水阀</td><td>浮球式</td><td></td><td>浮桶式</td><td></td><td>钟形浮子式</td><td></td><td></td><td>脉冲式</td><td>热动式</td><td></td></tr>
<tr><td>减压阀</td><td>外弹簧薄膜式</td><td>内弹簧薄膜式</td><td>膜片活塞式</td><td>波纹管式</td><td>杠杆弹簧式</td><td>气热薄膜式</td><td></td><td></td><td></td><td></td></tr>
<tr><td rowspan="2">弹簧式安全阀</td><td colspan="4">封 闭</td><td colspan="4">不封闭</td><td rowspan="2">带散热器微启式</td><td rowspan="2">带散热器全启式</td></tr>
<tr><td>微启</td><td>全启</td><td>扳手微起</td><td>扳手全启</td><td>微启</td><td>全启</td><td rowspan="2">带扳手微启</td><td>扳手全启</td></tr>
<tr><td>杠杆重锤式安全阀</td><td>单杠杆微启</td><td>单杠杆全启</td><td>双杠杆微启</td><td>双杠杆全启</td><td></td><td>脉冲</td><td></td><td></td><td></td></tr>
<tr><td rowspan="2">调节阀</td><td colspan="4">薄膜弹簧式</td><td colspan="2">薄膜杠杆式</td><td colspan="2">活塞弹簧式</td><td rowspan="2">浮子式</td><td rowspan="2"></td></tr>
<tr><td>带散热片气开式</td><td>带散热片气关式</td><td>不带散热片气开式</td><td>不带散热片气关式</td><td>阀前</td><td>阀后</td><td>阀前</td><td>阀后</td></tr>
</table>

五、密封面衬里材质

密封面或衬里材料，也用不同字母表示。

T——黄铜（青铜）　H——耐酸钢或不锈钢　D——渗氮钢
B——巴氏合金　Y——硬质合金　M——蒙乃尔合金
X——橡胶　j——硬橡胶　P——皮革
W——无密封圈　SA——聚四氟乙烯　SC——聚氯乙烯
SD——酚醛塑料　S——石墨石棉　NS——尼龙

六、公称压力

公称压力即阀门承压能力，用 p_N 后加数字表示。

七、阀体材质

阀体材料也用字母表示：
Z——铸铁　K——可锻铸铁
Q——球墨铸铁　T——铸铜
C——碳钢　I——中铬钼合金钢
P——铬、镍、钛钢（含铌）　R——铬、镍、钼、钛耐酸钢（含铌）
V——铬、钼、钒钢
举例说明如何识别阀门：
Z944T—10
Z——闸阀　4——明杆平行双闸
9——电动　T——铜材密封
4——法兰　10——公称压力 10kg/cm^2
综称：电机驱动、法兰连接的明杆平行双闸阀。密封材质为铜。因压力小于16 公斤，因此阀体为铸铁。
H44Y—40I
表示法兰连接旋启式止回阀，密封材料为硬质合金。
公称压力 40kg/cm^2，阀体为铬钼合金钢。

八、各种阀门的适用场合

1. 旋塞：又称考克。适用于 120℃以下温度、0.1MPa 以下压力。不提倡用于蒸汽和高温流体。

2. 球阀：适于低温高压大黏度流体。

3. 蝶阀：在 –30 ~ 40℃范围内为宜，最高压力 1MPa，最高温度 80℃，许多工程已用在 80℃以上的热水场合。

4. 截止阀：适于高温、高压场合，又称“汽门”，压力范围 1.6 ~ 2.5MPa；温度 225℃以下可用。

5. 节流阀：适用于高压、低温场合，如制冷系统里的节流阀。

6. 隔膜阀：通过控制橡胶隔膜实现控制流量，一般用于常温输送盐酸场合。

7. 闸阀：又称闸板阀，可用于 120℃以下温度、10MPa 以内压力场合。

8. 安全阀：一般压力 1.6MPa，可按安全要求设定启跳压力，适用于气体或蒸汽。

9. 止回阀：又称单流门。承压能力高，铸铁阀 1.0MPa；铸钢阀 10MPa；锻钢阀承压能力达 32MPa。一般用于常温场合。

10. 减压阀：一般装三种弹簧，压力范围 0.1 ~ 0.3MPa、0.2 ~ 0.8MPa、0.7 ~ 1.1MPa，用来调整所需减压数值。

11. 疏水器：装于接近蒸汽温度的冷凝水管道上。

九、阀门试压

阀门安装前要抽取 10% 进行打压试验，见表 1-35。

表 1-35 阀门试验持续时间

公称直径 D_n/mm	最短试验持续时间/s		
	严密性试验（工作压力）		强度试验（1.5 倍工作压力）
	金属密封	非金属密封	
≤50	15	15	15
65 ~ 200	30	15	60
250 ~ 450	60	30	180

十、当今工程中常用的几种阀

当今工程中常用的 16 种阀门如图 1-22 所示，其名称及详细参数见表 1-36。

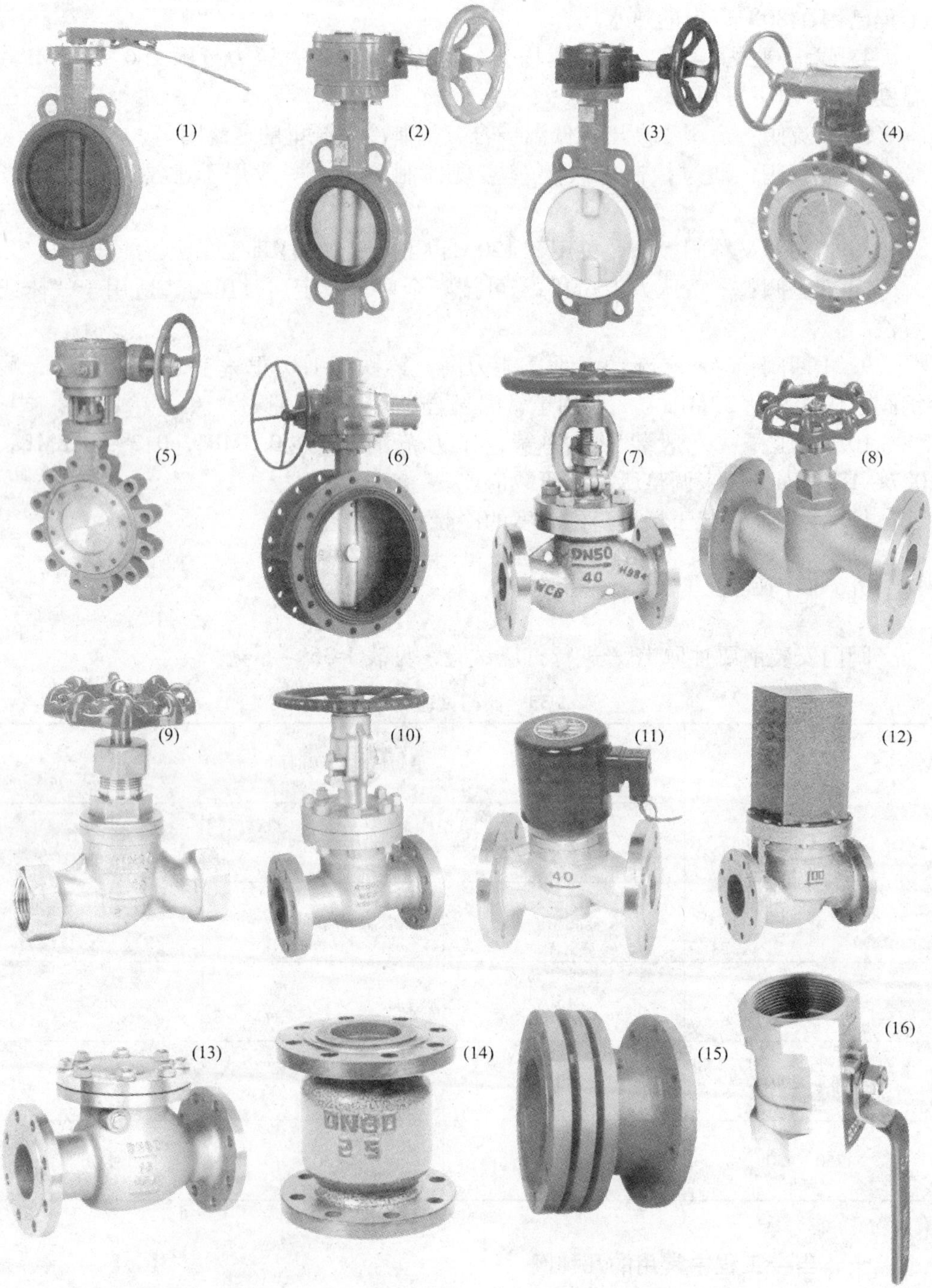

图 1-22 各式阀门

表 1-36　图 1-22 中常用阀门详细参数

序号	名　称	通径/mm	公称压力/MPa	适用温度/℃	适用介质	材　质
1	手柄全衬胶蝶阀	40～1200	1.0～1.6	－45～155	水、油	钢
2	涡轮蝶阀	40～1200	1.0～1.6	－45～155	淡水、污水	钢
3	涡轮不锈钢蝶阀	40～600	1.0～1.6	－20～150	水、油、酸碱	不锈钢
4	法兰涡轮偏心蝶阀	40～3600	1.0～1.6	－45～150	淡水、污水	钢
5	金属密封凸耳蝶阀	40～2000	1.0～2.5	≤425	水、油、蒸汽	钢
6	法兰电动蝶阀	40～2000	1.0～1.6	20～150	水、油	钢
7	截止阀	15～300	1.6～6.4	－40～120	天然气、液化气	碳钢、不锈钢
8	黄铜法兰截止阀	80～300	1.6	－20～120	非腐蚀性流体	铜
9	内螺纹截止阀	1/2″～2″	1.5～5.0	≤425	水、油、蒸汽	钢
10	美标闸阀	1/2″～14″	150LB～1000LB	≤425	水、油、蒸汽、酸碱	不锈钢
11	全不锈钢电磁阀	10～100	1.6	≤200	水、油、蒸汽	不锈钢
12	电动二通阀	15～25	0～2.5	2～94	水	铜
13	旋启式止回阀	50～600	1.6～6.4	≤425	水、油、蒸汽、酸碱	碳钢、铸铁、不锈钢
14	立式止回阀	40～350	1.0～2.5	常　温	水、油、酸碱	不锈钢
15	双法兰伸缩器	40～2000	1.0～1.6	≤80	水	铸　铁
16	一片式不锈钢内螺纹球阀	1/2″～2″	1.5～5.0	≤425	水、油、蒸汽	不锈钢

注：LB 压力单位，可认为与 b（磅）相等。

十一、控制阀门

前面介绍了 16 种阀门的外观及性能，但目前市场上的阀门多种多样，选用时，材质适合，温度、压力对应即可。不同档次造价不一，从使用角度看应选择工艺成熟的产品。

控制阀门更是多种多样，均是机电结合，需要知道所需电压和绝缘等级。控制线路难度不大，一般电工足以胜任。

下面介绍一种电热二通阀，见图 1-23，控制风机盘管、水道开启与关闭。该阀门可设置通电开或通电关。

图 1-23　电热二通阀

阀门不工作，处于常闭状态，当需要

工作时，由房间温控器提供一个开阀信号，电热二通阀缓慢开启，冷（热）水进入盘管，为房间送冷送热。当室温达标后，房间温控器使二通阀断电，二通阀缓慢关闭，截住进入盘管的冷（热）媒体。其中缓慢关闭防止了“水锤”。

第十节 管道保温与防腐

管道保温中，保温层外面的保护层不仅仅是保护保温层不受机械损伤，还有一个重要作用是使保温材料不接触湿空气，因为保温材料一旦吸了水，保温效果会大大减弱。

一、导热系数与阻燃等级

做保温时要先了解保温材料的阻燃程度：A 级不燃，B1 级难燃，B2 级可燃，B3 级易燃。

几种常用保温材料的导热系数见表 1-37。

表 1-37 几种保温材料的性能

名 称	导热系数/W·(m·K)$^{-1}$	名 称	导热系数/W·(m·K)$^{-1}$
酚 醛	0.028	聚氨酯	0.038～0.042
聚苯乙烯	0.05	无机玻璃	0.045～0.05
玻 纤	0.042	橡 塑	0.038

橡塑是一种比较新型的保温材料，有两种结构，即 VBR + PVC（丁腈橡胶加聚氯乙烯）和 EPDM + PVC（三元乙丙加聚氯乙烯），施工方便，保温性能好；酚醛导热系数低，但施工难度大些。聚氨酯应用场合更多些。

二、保温层厚度及允许误差

不同管径对应的保温层厚度见表 1-38。

表 1-38 保温层厚度

管径/mm	采暖供水，蒸汽凝结水		采暖回水，生活热水供水（回水）			
	≤50	>50	15～20	25～50	65～100	>100
保温层厚度/mm	40	50	20	30	40	50

表 1-38 中厚度限于上面提到的保温材料；若是蒸汽管道，厚度要增大 1.5 倍。水加热器用上面材质保温，厚度 35～40mm 为宜。

管道及设备保温的允许偏差和检验方法见表 1-39。

表 1-39 管道及设备保温的允许偏差和检验方法

项次	项目		允许偏差/mm	检验方法
1	厚度		$+0.1\delta$ -0.05δ	用钢针刺入
2	表面平整度	卷材	5	用2m靠尺和楔形塞尺检查
		涂抹	10	

注：δ为保温层厚度。

三、管道防腐层

对管道保温前要做防腐处理，防腐层种类见表1-40。

表 1-40 管道防腐层种类

防腐层层次	正常防腐层	加强防腐层	特加强防腐层
（从金属表面起） 1	冷底子油 （防锈漆）	冷底子油 （防锈漆）	冷底子油 （防锈漆）
2	沥青涂层	沥青涂层	沥青涂层
3	外包保护层	包扎层	包扎层
4		沥青涂层	沥青涂层
5		外保护层	包扎层
6			沥青涂层
7			外包保护层
防腐层厚度不小于/mm	3	6	9

第十一节 管材相贯样板图

实际施工过程中，遇到两管相贯时都是试着用气割挖洞和去掉管端多余部分，这样往往影响工件质量。现提供两幅样板画图（图1-24、图1-25），供学习、实践中参考。

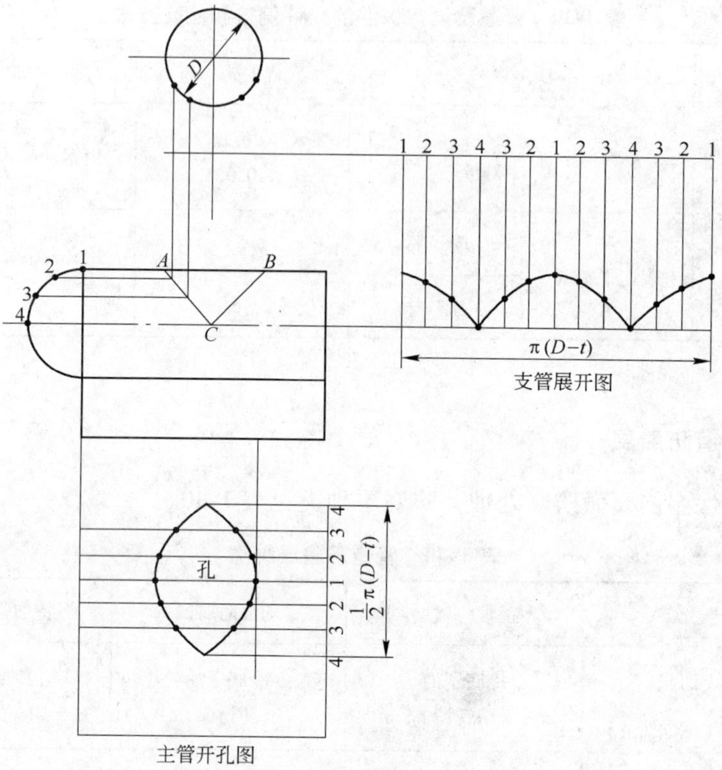

图 1-24　等径相贯图

说明：

1. 本图为等径交三通管展开图；
2. 管径采用中心管管径计量法，未考虑厚度因素；
3. 本图为 25 ×2.5 管立体相贯，$t=2.5$，$D=25$；
4. 做图方法：

1）因主、支管管径相等，必然有 A、B、C 三点；

2）将支管 D 圆 30°一分割，分成 12 份；

3）分割点投影在 AC 线上，拐出左侧半圆上 1、2、3、4 点；

4）支管展开，总长度为 $\pi(D-t)=3.14\times(25-2.5)=70.65\text{mm}$，分成 12 份；

5）由左半圆 1、2、3、4 点与支管相应份数中找出诸多交点，各点连线即样板；

6）主管开孔，先找出 4 点，高、低二点距离 $\frac{1}{2}\pi(D-t)$，即 35.325mm，左右点距离为 D 值；

7）将 35.325 分成 6 份，再将 AC、BC 上不同点向下引线，得出 12 个交点，交点连线即为开孔样板。

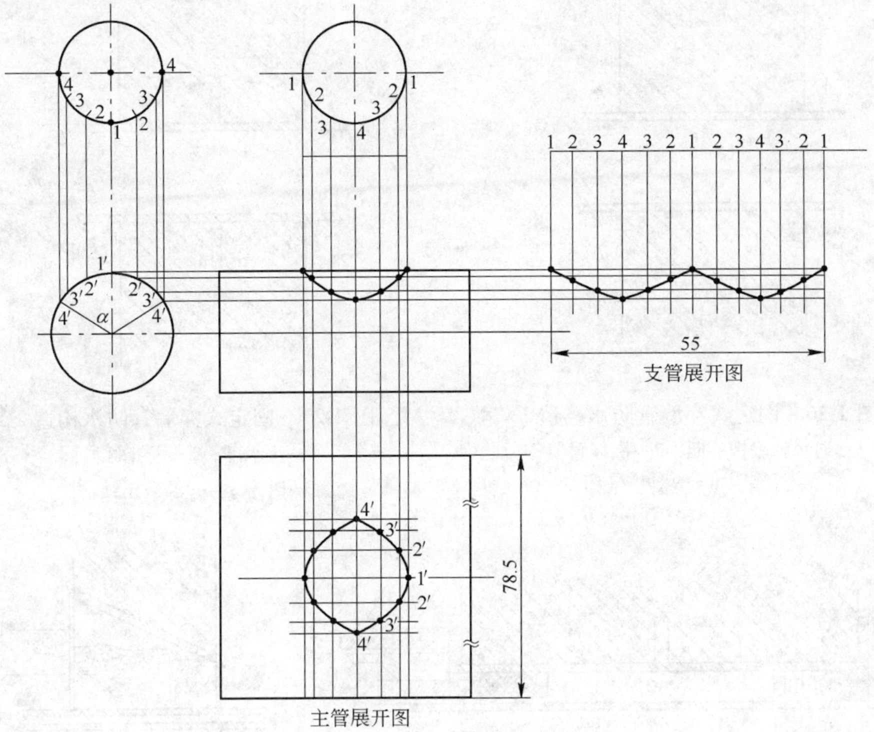

图 1-25　异径相贯图

说明：

1. 本图为 25mm 主管、20mm 支管交成三通管

2. 做图方法：

1）六等分支管断面半圆向下引垂线；

2）为找交线，主视图断面旋转 90°，可找出主管、支管共同的弧 4′4′；

3）由 1′、2′、3′、4′向右引线找出各对应交点，则可在主视图上找出交线；可在支管展开图找出交点连成曲线；

4）主管展开图挖洞，宽度即 20mm 管投影；4′4′弧长可按 α 角计算出来 $\alpha = 106.5°$，对应弧长 23.2mm；亦可截取 $\overset{\frown}{1'2'}$、$\overset{\frown}{2'3'}$、$\overset{\frown}{3'4'}$ 对应长度找 4′及 3′、2′、1′各点，各点连线即挖洞外形。

第十二节　穿墙套管做法

图 1-26 ~ 图 1-29 是按国标规范绘制的几种穿墙防水构造图。有地下室的建筑物像只船，在与外界进行管道连接时，必须保障水不得“穿帮”而入。这样，

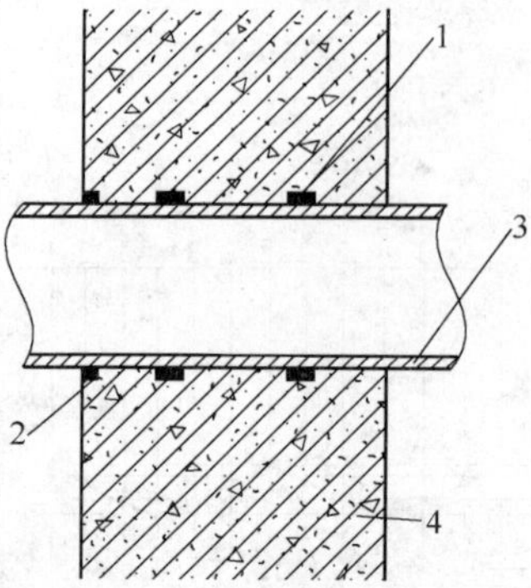

图 1-26 固定式穿墙管防水构造 1

1—遇水膨胀橡胶圈；2—嵌缝材料；
3—主管；4—混凝土结构

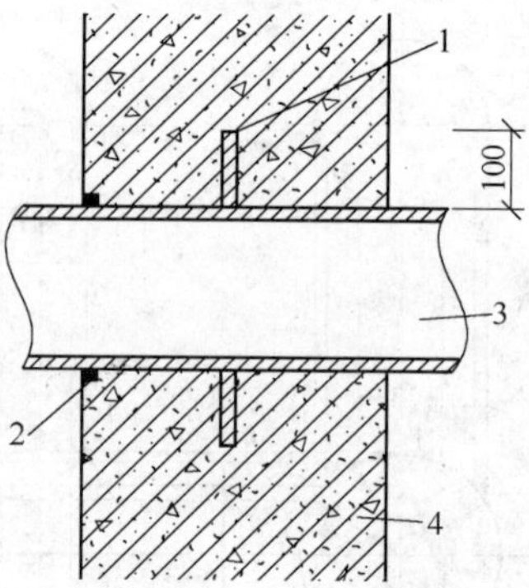

图 1-27 固定式穿墙管防水构造 2

1—止水环；2—嵌缝材料；
3—主管；4—混凝土结构

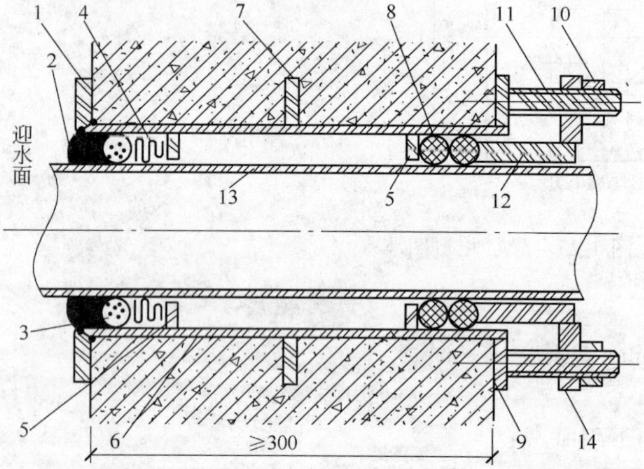

图 1-28 套管式穿墙管防水构造

1—翼环；2—嵌缝材料；3—背衬材料；4—填缝材料；
5—挡圈；6—套管；7—止水环；8—橡胶圈；
9—翼盘；10—螺母；11—双头螺栓；
12—短管；13—主管；14—法兰盘

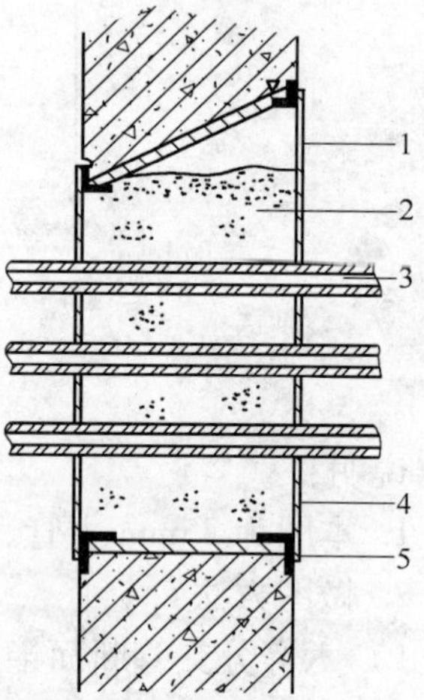

图 1-29 穿墙群管防水构造

1—浇注孔；2—柔性材料或
细石混凝土；3—穿墙管；
4—封口钢板；5—固定角钢；

穿墙防水就显得十分重要。安装时管内壁要做防腐，认真校正水平度。

第十三节 本章小结

管道工程就是以某一设备为中心，将阀门、管件等合理连成一个系统。先给管路系统定位，然后选择用材，选材中包括材质、管径、壁厚。壁厚问题以设计要求为准。如果想验证壁厚是否合理，前面已给出计算方法；如果需计算材料用量，前文也提供了多种不同管材每米重量。

对管路连接各种方式都做了介绍。笔者认为埋在地下的管路，承插方式依然可取；卡箍、沟槽方式则不可取。地表以上工程，卡箍、沟槽方式可用，然而直径300mm以上者，还是法兰、焊接可靠。沟槽和卡箍连接应该多用支撑卡，而不宜多用吊卡。消防管路用沟槽方式连接也符合规范，但还是用法兰、焊接方式更佳。

丝扣连接工艺，丝扣长度必须符合要求，否则用不了多久就会渗漏，尤其是在与镶嵌式塑料转换接头连接时，这一点更重要。

镀锌管在很多工程中被使用，如有焊接处，要认真做好防锈、防腐处理。虽然规范上要求焊接处要“锌浴”，但此要求很难实现。

保温问题，防冻、防结露管均要做，保温层外面要加防潮层、保护层。冷却塔出水管、回水管都应加保温层。

不锈钢材料被广泛采用，书中做了较详细的介绍，该部分很有用。

管材相贯，在施工现场随处用得着，严格讲，正规施工队必须“放样裁口”，本章已给出详细做法。

穿墙管，尤其外墙穿墙管尤为重要，本章已给出标准做法。

另外，“大管套小管，中间环形截面是保温层的管材”亦广泛使用，做这种管材，小管焊口打压合格后，再补上保温层和外面保护层，对焊口也要做防腐处理。

第二章

塑料管道

第一节　强度知识与 S 值

一、应力的概念及单位

压力与应力是因果关系，但二者数值不相等。当管内有压力 p 时，在图 2-1 中 I — I 截面承受一种拉裂力，材料自身相应产生一种反抗力，这种反抗力被称为应力。

在材料弹性限度内，压力增大，应力亦增大；当压力为零时，应力亦为零。

图中用 p 表示内压力，用 σ 表示应力。其中实线表示因 p 的作用，而使 I — I 截面承受拉裂力，虚线即为材料反抗力，正是我们要讨论的环应力。压力单位、应力单位均为 MPa。

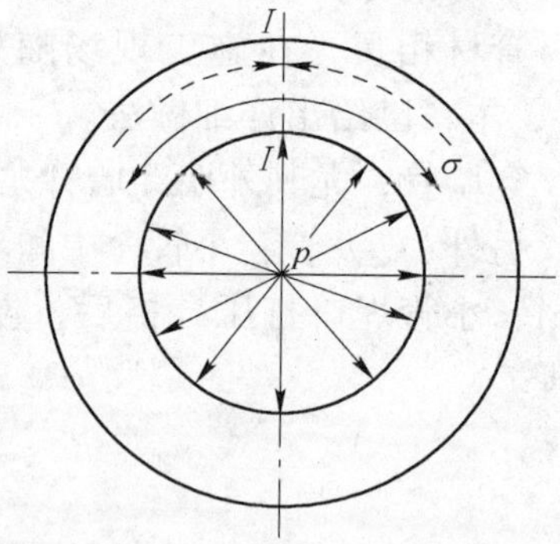

图 2-1　压力与应力示意图

二、薄壁理论与 S 值

圆管承压强度计算引入了薄壁理论。所谓薄壁是个相对概念，一般认为壁厚与管直径之比为 1/10 左右即属薄壁，目前工程上使用的塑管大多在此范围内（S_4、S_5 更为接近1/10）。

薄壁理论认为环应力

$$\sigma = pR/e_n \tag{2-1}$$

其中几个几何尺寸见图 2-2，其中

$$R = (d_n - e_n)/2$$

式中，R 为管材壁厚中心线圆半径，单位为 mm；e_n 为管材壁厚，单位为 mm；p 为管内压力，单位为 MPa。

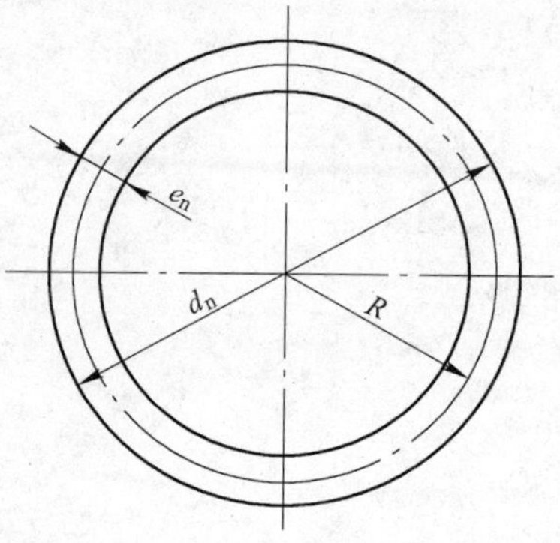

图 2-2　S 值推导用图

将 R 值代入式 2-1 即得：

$$\sigma = p(d_n - e_n)/2e_n \tag{2-2}$$

为了研究问题思路清晰，令 $S = (d_n - e_n)/2e_n$，

即
$$\sigma = pS \tag{2-3}$$

S 值就是一个数，它是厚度的标志，也是承压能力的标志。S 值越小，管壁越厚，管材承压能力越高，S 值是塑料管材生产的规范系列值。

三、许用应力及使用系数 *C*

$\sigma = pS$，选用管材一般都知道压力 p 的值，S 值也可以知道，就能计算出环应力 σ 的值。

所计算的 σ 值管材料能否承受？不同材质，在不同温度、不同使用年限条件下有个允许值，即许用应力，给个符号 σ_D，σ_D 在设计时又称设计值，计算 σ 值小于 σ_D 方可使用。σ_D 值是实测值，不同材质在不同应用等级时有不同值，如果用“预测强度参照曲线”，纵坐标上的应力值是材料的屈服极限，还必须除以 C 值。C 值称使用系数，其实就是安全系数，系统为冷水时 $C = 1.25$，系统为热水时 $C = 1.5$。

第二节　塑管压力、温度与寿命

一、外推法与时温等效原理

对管材做静液压实验发现，管材静液压应力破坏结果表现出“明显的数据离散性”，使得温度 T，应力 σ，寿命 t 的关系带有统计性质，因而可选用合适的统计分布和概率来表述这一点，即可以用数学模型表示几个量间的关系。

短时间（如 1 年）的实验数据之间有规律性，不同的 T、σ、t 汇集点在坐标平面上可连成直线，直线延长可预测未来。实验发现管材某一高温时段抗压能力缓慢下降，但到了某一时刻后抗压能力陡然下降，下降后仍按直线规律变化。突然下降点称为拐点，各不同的拐点有规律性。见图 2-3、图 2-4 和图 2-5。

如 PP-R 材质在 110℃ 条件下，随着时间的延长，抗压能力慢慢下降，到了 4000h 后，再延长时间，抗压能力就会陡然下降。

综上，可以用外推法建立方程式了。外推法就是根据静液压实验结果，用统计方法外推并预测热塑性材料或制品的长期性能的方法。

以 PP-R 材质为例有以下方程（对应曲线图 2-3）：

$$\log t = -55.725 - 9484.1\log\sigma/T + 25502.2/T + 6.39\log\sigma \tag{2-4}$$

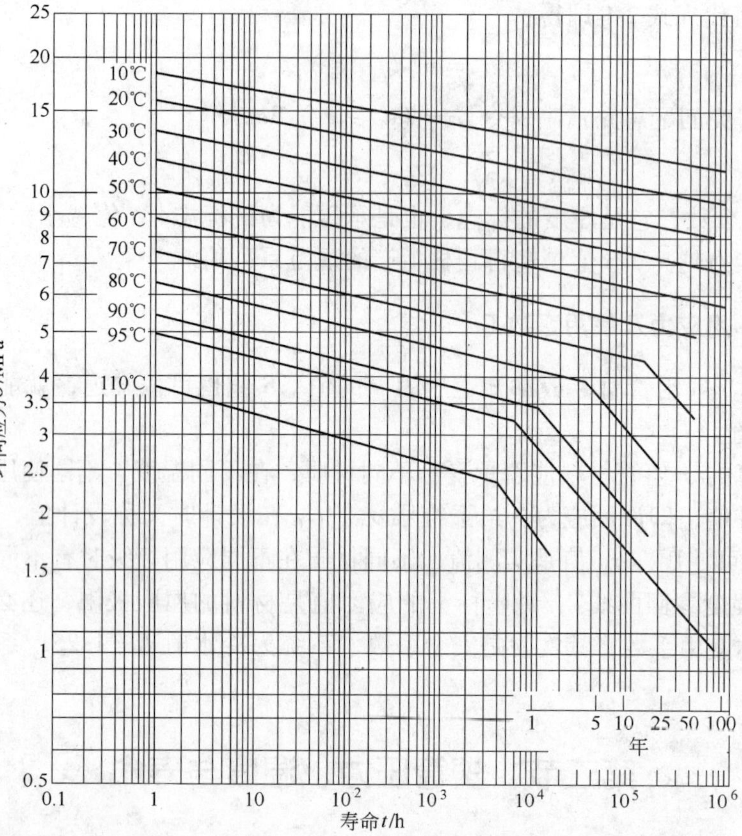

图 2-3　PP-R 静液压实验曲线（PP-R 预测强度参照曲线）

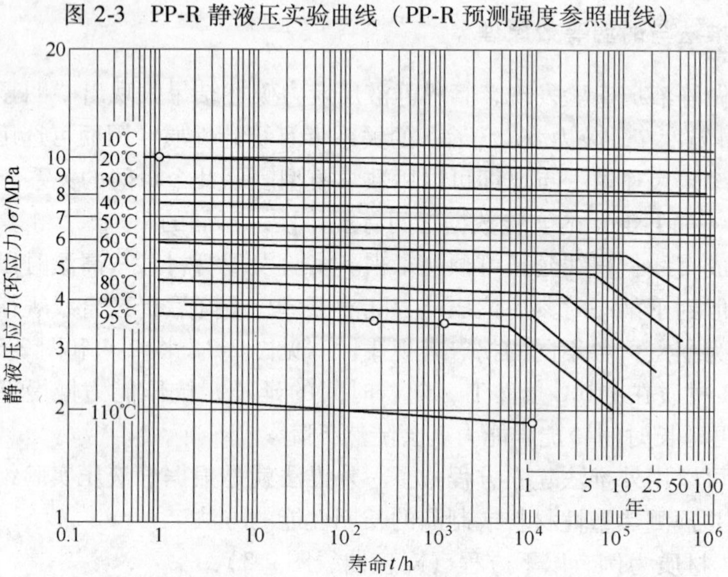

图 2-4　PE-RT 静液压实验曲线（PE-RT 预测强度参照曲线）

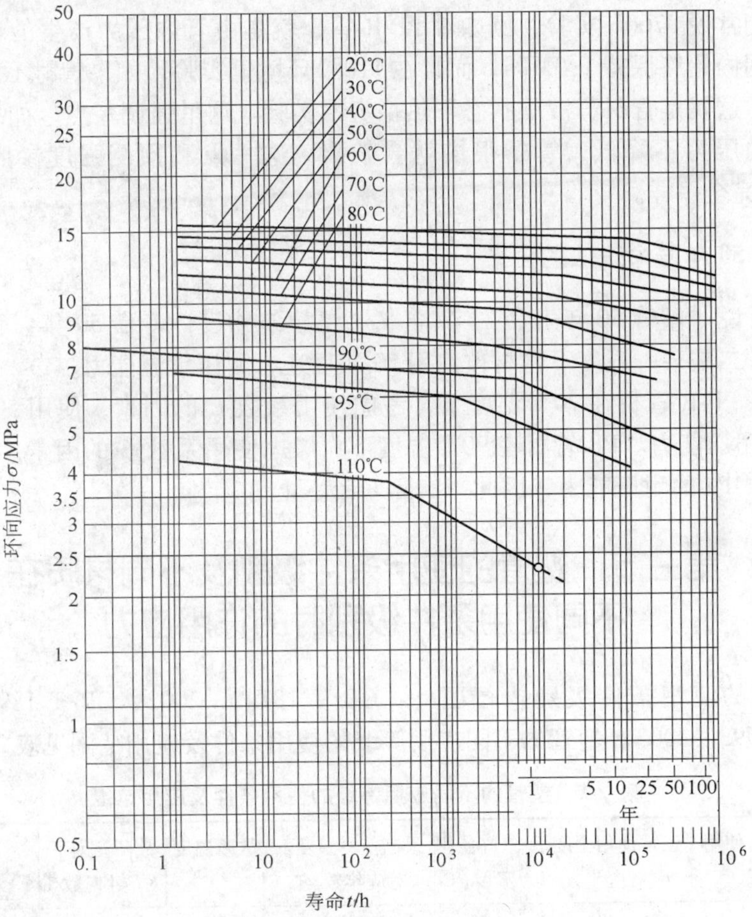

图 2-5　PB 静液压实验曲线（PB 预测强度参照曲线）

$$\log t = -19.98 + 9507/T - 4.11\log\sigma \tag{2-5}$$

式 2-4 代表强度参照曲线拐点左边的直线；式 2-5 代表强度参照曲线拐点右边的直线。

作为初学者，不必推敲方程式，只是了解规律就行了，其规律是：

1. 短时间的各种实验数据有“离散性”，可以用统计方法外推塑料长期性能，这是符合科学规律的，并非凭空想象。

2. 由实验数据组方程，预测强度参照曲线来自方程式。

3. 从 PP-R 预测强度参照曲线中任找一组数，如在 3.4MPa 应力前提下 70℃可坚持 50 年，93℃可坚持一年，110℃、20h 就会发生塑性变形。

用高温（高压）短时间热塑性材料实测数据外推预测低温（低压）长时间

热塑性材料参数这就是时温等效原理。

我们常说 8760h 实验，例如对 PP-R 管，就是由管内压力产生的环应力在一年的时间内始终保持 1.9MPa，而且在 110℃环境里实验，如果管材不漏不变形即为合格，这就是管材静液压状态下热稳定性实验。这里强调一点，如果再延长时间，管内压力不降低，管子很快就会破裂。这一点和预测强度参照曲线图中 110℃线完全一样。

二、50 年寿命说法的含义

常听说“塑管 50 年寿命”，其含义一是建筑物设计寿命 50 年，管材与其同步寿命；二是某一温度下管材被使用 50 年后还有耐压承温能力。

如果 PP-R 管材在 70℃温度下，考虑使用系数 *C* 的因素，使用 50 年仍具有 2.2MPa 耐压能力。PB 管材在 90℃温度下，考虑使用系数 *C* 的因素，使用 50 年仍具 3.1MPa 的耐压能力，因此，实际寿命不止 50 年。

第三节　塑管的使用条件级别及不同材质在不同使用条件级别时的许用应力

塑管的使用条件级别执行国标：GB/T 18742—2002、GB/T 18992—2003、GB/T 18993—2003。塑管的不同应用等级的使用条件及应用范围见表 2-1。

表 2-1　塑管的不同应用等级的使用条件及应用范围

应用等级	正常使用温度/℃	正常使用温度下对应年数	最高使用温度/℃	最高使用温度下对应年数/年	故障温度/℃	故障温度下对应小时数/h	典型应用范围
1	60	49	80	1	95	100	60℃热水系统
2	70	49	80	1	95	100	70℃热水系统
3	30 40 50 65	20 25 4.5 100h					
4	20 40 60	2.5 20 25	70	2.5	100	100	地板采暖和低温散热器采暖
5	20 60 80	14 25 10	90	1	100	100	高温散热器采暖
5A	20 70 80 90	29.6 6 5.5 7.2	95	1.7	100	100	95/70散热器采暖

注：应用等级 3 对应工况很少，因此，后面表中未列出应用等级 3 及相关参数。

5A 级是北京市建筑设计研究院根据北京地区气象资料，针对热媒设计供水温度 95℃ 系统提出的一组数据，表中内容是各时段划分规律。

应用等级 1，适用于 60℃ 热水系统。50 年使用期内 60℃ 情况占 49 年；偶尔出现偏高温度 80℃，时间概率占 1 年；故障情况 95℃，50 年中估计占 100h，这种划分与实际状况相符。

应用等级 5，适用于高温散热器采暖。50 年中 20℃ 情况占 14 年；60℃ 情况占 25 年；80℃ 情况占 10 年；最高使用温度 90℃ 占 1 年；故障温度 100℃ 占 100h，从运行情况看，这种时段比例与实际情况符合。

另外，笔者认为，应该以发现眼光看待使用条件级别，能源问题是个世界性问题，国内建设部对建筑物保温极为重视，它是节能的重要途径。由于建筑物保温措施强化，供水温度要求下降，地暖规范就要求低温水；所说的高温采暖，水温要求并不很高，给散热器供水，无论是一次水（如壁挂小炉型供暖），还是二次水，水温都在 80℃ 以下，这就给塑管使用提供了更宽松的条件。

不同材质在不同使用条件级别情况下，许用应力不同，详见表 2-2。

表 2-2　不同材质在不同应用等级下的许用应力（MPa）

应用等级＼管型	PP-R	PB	PE-RT	应用等级＼管型	PP-R	PB	PE-RT
1	3.09	5.73	3.05	5	1.9	4.31	2.02
2	2.13	5.04	2.15	5A	1.45	3.39	不可用于 5A
4	3.03	5.46	3.34				

表 2-2 中的许用应力值与预测强度参照曲线查出的值除以使用系数后极为接近，举例说明之。

如 PP-R 管输送 60℃ 热水，从曲线上查出 50 年时其屈服极限为 4.8MPa，因为是热水，使用系数 $C=1.5$，结果计算出许用应力 $\sigma_D=4.8/1.5=3.2$MPa。表 2-2 中 PP-R 应用等级 1 中的许用应力为 3.09MPa，两个值很接近。

PB 用于高温采暖，属于应用等级 5，按 80℃、50 年使用期，查出 PB 屈服极限为 6.5MPa，同样 $C=1.5$，结果计算出许用应力 $\sigma_D=6.5/1.5=4.33$MPa，与表 2-2 中的 4.31 更接近。

第四节　聚丙烯管（PP-R）

一、三种结构

PP-R，无规共聚聚丙烯，由丙烯与另一种烯烃单体（或多种烯烃单体）共聚而成；

PP-H，均聚聚丙烯；

PP-B，耐冲击共聚聚丙烯，又称嵌段共聚聚丙烯，由PP-H或PP-R与橡胶相形成的两相或多相丙烯共聚物。

表2-3所示不同管型使用情况说明还是PP-R有些优势。PP-R颜色多为灰、白色。

表2-3 不同管型使用情况

使用情况 / 管型	70℃、50年屈服极限/MPa	使用情况 / 管型	70℃、50年屈服极限/MPa
PP-R	3.3	PP-B	2.8
PP-H	3.0		

二、适用场合

75℃以下的冷热水系统，安装时要有“补偿”措施，因PP-R线胀系数较大。

三、工艺参数

弯曲半径为6倍管外径，热熔温度260℃±5℃；

表2-4所示为不同系列、不同应用等级管材的承压能力。

表2-4 PP-R不同应用等级不同 S 值管内允许压力值（MPa）

应用等级	许用应力	S				
		5	4	3.2	2.5	2
1	3.9	0.62	0.77	0.97	1.24	1.55
2	2.13	0.43	0.53	0.67	0.85	1.07
4	3.03	0.61	0.76	0.95	1.21	1.52
5	1.9	0.38	0.48	0.59	0.76	0.95
常温25℃、50年屈服极限9.0MPa（$C=1.25$）	7.2	1.44	1.80	2.55	2.88	3.6

四、几个物理参数及测试参数

PP-R的几个参数情况见表2-5。

表 2-5　PP-R 相关参数

参数 名称	膨胀系数 /mm·(m·K)$^{-1}$	导热系数 /W·(m·K)$^{-1}$	维卡软化点 /℃	断裂伸长率 /%	熔融指数 /g·(10min)$^{-1}$	测熔融指数温度 /℃	回缩率 /%	密度 /g·cm^{-3}
PP-R	0.14～0.16	0.23～0.24	140	700	0.2～0.5	230	≤2	0.91

五、管系列壁厚值及壁厚允许误差

PP-R 管系列壁厚及其允许误差见表 2-6。

表 2-6　PP-R 管系列及壁厚（mm）

公称外径 d_n	管系列				
	*S*5	*S*4	*S*3.2	*S*2.5	*S*2
20(+0.3)	2.0(0.3)	2.3(0.4)	2.80(0.4)	3.4(0.5)	4.1(0.6)
25(+0.3)	2.3(0.4)	2.8(0.4)	3.5(0.5)	4.2(0.6)	5.1(0.7)
32(+0.3)	2.9(0.4)	3.6(0.5)	4.4(0.6)	5.4(0.7)	6.5(0.8)
40(+0.4)	3.7(0.5)	4.5(0.6)	5.5(0.7)	6.7(0.8)	8.1(1.0)
50(+0.5)	4.6(0.6)	5.6(0.7)	6.9(0.8)	8.3(1.0)	10.0(1.1)
63(+0.6)	5.7(0.7)	7.1(0.9)	8.6(1.0)	10.5(1.2)	12.7(1.4)

注：括号内数字为管径与壁厚的允许偏差值。

第五节　聚丁烯管（PB）

一、原材料及主要性能指标

PB 管材的执行标准 GB/T 19473.2—2004、GB/T 19473.3—2004。

PB 材质预测强度参照曲线斜度小，说明材质因使用时间延长强度降低缓慢，这是潜在优势，即常说的“蠕变”缓慢、老化慢。

二、适用场合

PB 管材（管件）可在各个使用条件级别中应用。50 年内使用温度始终 90℃，内压一直 0.8MPa 都可坚持承受，可见性能之优越。

三、工艺参数

管径 25mm 以内的管材，曲率半径为 8 倍管外径；管外径 32～63mm 弯曲半径要求 15 倍管外径。热熔温度 255℃ ±5℃。不同系列、不同应用等级 PB 管材的承压能力见表2-7。

表 2-7 PB 不同的应用等级不同 S 值管内允许压力值（MPa）

应用等级	许用应力	S					
		10	8	6.3	5.0	4.0	3.2
1	5.73	0.57	0.72	0.91	1.15	1.43	1.79
2	5.4	0.50	0.63	0.80	1.01	1.26	1.56
4	5.46	0.55	0.68	0.87	1.09	1.37	1.71
5	4.31	0.43	0.54	0.68	0.86	1.08	1.35
常温25℃、50年屈服极限13MPa(C=1.25)	10.4	1.04	1.30	1.65	2.08	2.6	3.25

四、几个物理参数及测试参数

PB的几个常用参数见表2-8。

表 2-8 PB 常用参数

参数 / 名称	膨胀系数 /mm·(m·K)$^{-1}$	导热系数 /W·(m·K)$^{-1}$	维卡软化点 /℃	断裂伸长率 /%	熔融指数 /g·(10min)$^{-1}$	测熔融指数温度 /℃	回缩率 /%	密度 /g·cm^{-3}
PB	0.13	0.33	113	≥280	0.3~0.4	190	≤2	0.92

五、管系列壁厚值及壁厚允许误差

PB管系列壁厚及其允许误差见表2-9。

表 2-9 PB 管系列及壁厚（mm）

公称外径 d_n	管系列					
	$S10$	$S8$	$S6.3$	$S5$	$S4$	$S3.2$
16(+0.3)	1.3(0.3)	1.3(0.3)	1.3(0.3)	1.5(0.3)	1.8(0.3)	2.2(0.4)
20(+0.3)	1.3(0.3)	1.3(0.3)	1.5(0.3)	1.9(0.3)	2.3(0.4)	2.8(0.4)
25(+0.3)	1.3(0.3)	1.5(0.3)	1.9(0.3)	2.3(0.4)	2.8(0.4)	3.5(0.5)
32(+0.3)	1.6(0.3)	1.9(0.3)	2.4(0.4)	2.9(0.4)	3.6(0.5)	4.4(0.6)
40(+0.4)	2.0(0.4)	2.4(0.4)	3.0(0.5)	3.7(0.5)	4.5(0.6)	5.5(0.7)
50(+0.5)	2.4(0.4)	3.0(0.5)	3.7(0.5)	4.6(0.6)	5.6(0.7)	6.9(0.8)
63(+0.6)	3.0(0.5)	3.8(0.5)	4.7(0.6)	5.8(0.7)	7.1(0.9)	8.6(1.0)

注：括号内数字为管径与壁厚的允许偏差值。

第六节 耐热聚乙烯管（PE-RT）

一、原材料及主要性能指标

耐热聚乙烯管（PE-RT）为乙烯和辛烯共聚物。选用辛烯共聚单体在聚合反应中对乙烯分子链上支链数目和分布进行适度控制，使其具有耐热性能。它属于改性材料，所谓耐热也不宜超过70℃。该材料低温性能好，不脆而且低温抗拉强度较高，导热性能好，膨胀系数较大。执行标准CJ/T 175—2002。

二、适用场合

低温采暖和地板采暖很适合用PE-RT。地板采暖规范水温60℃以下，压力小于0.8MPa。PE-RT导热系数大，正好符合要求；

膨胀系数大，地暖管蛇形可自我补偿。一般情况下，不提倡把PE-RT用在散热器采暖上，但输送冷水或冷却水是合适的。

三、工艺参数

曲率半径要求可按PB规范，热熔温度250℃±5℃。不同系列、不同应用等级PE-RT管材的承压能力见表2-10。

表2-10 PE-RT不同应用等级不同S值管内允许压力值（MPa）

应用等级	许用应力	S				
		6.3	5	4	3.2	2.5
1	3.05	0.48	0.61	0.76	0.95	1.22
2	2.15	0.34	0.43	0.540	0.67	0.86
4	3.34	0.53	0.67	0.84	1.04	1.34
5	2.02	0.32	0.40	0.51	0.63	0.81
常温25℃、50年屈服极限13MPa（$C=1.25$）	7.6	1.20	1.50	1.90	2.40	3.0

四、几个物理参数及测试参数

PE-RT的几个常用参数见表2-11。

表2-11 PE-RT常用参数

参数 名称	膨胀系数 /mm·(m·K)$^{-1}$	导热系数 /W·(m·K)$^{-1}$	维卡软化点 /℃	断裂伸长率 /%	熔融指数 /g·(10min)$^{-1}$	测熔融指数温度 /℃	回缩率 /%	密度 /g·cm^{-3}
PE-RT	0.15～0.20	0.4	123	≥800	0.6～0.7	190	≤3	0.933

五、管系列壁厚值及壁厚允许误差

PE-RT 管系列壁厚及其允许误差见表 2-12。

表 2-12 PE-RT 管系列及壁厚（mm）

公称外径 D_N	管系列				
	*S*6.3	*S*5	*S*4	*S*3.2	*S*2.5
16（+0.3）	—	—	2.0（0.4）	2.2（0.4）	2.7（0.4）
20（+0.3）	—	2.0（0.4）	2.3（0.4）	2.8（0.4）	3.4（0.5）
25（+0.3）	2.0（0.4）	2.3（0.4）	2.8（0.4）	3.5（0.5）	4.2（0.6）
32（+0.3）	2.4（0.4）	2.9（0.4）	3.6（0.5）	4.4（0.6）	5.4（0.7）
40（+0.4）	3.0（0.5）	3.7（0.5）	4.5（0.6）	5.5（0.7）	6.7（0.8）
50（+0.5）	3.7（0.5）	4.6（0.6）	5.6（0.7）	6.9（0.8）	8.3（1.0）
63（+0.6）	4.7（0.6）	5.8（0.7）	7.1（0.9）	8.6（1.0）	10.5（1.2）

注：括号内数字为管径与壁厚的允许偏差值。

第七节 阻氧塑管

众所周知，水中的氧气对系统中的锅炉、水泵、散热器及闸门等产生强烈腐蚀。另外，有氧，温度湿度适宜，管内极易滋生水藻苔藓。目前建筑物施工中，塑管或铝塑管有相当大的比例埋在垫层里，这些管道在 50 年使用期内，如果任由苔藓水藻滋生，到了运行中后期将会严重影响流量和传热，甚至无法继续运行。因此，必须倡导甚至指令塑管要加阻氧层。

防氧工作需从两方面着手。一方面将管内流体除氧，如锅炉给水除氧等；另一方面就是阻止空气中的氧通过管壁渗入管内水中。铝塑管因铝层而阻氧，而纯塑管则要设置阻氧层。PP-R、PB、PE-RT 均可作成阻氧型，下面以 PB 为例作分析。

一、阻氧工艺现状

（一）阻氧原材料

通常都是用 EVOH 做阻氧层（日本习惯标记 EVAL），EVOH 是乙烯和乙烯醇共聚物，是目前发现的最高阻隔性的树脂，可以阻止氧、二氧化碳、氮气进入管内水中。EVOH 熔点 180℃，抗拉强度 80MPa，一般回用率不得超过 15%。EVOH 有较多羟基，因而吸水，当相对湿度达到 80% 时阻隔能力大大降低；温度升高时，阻隔能力也下降。EVOH 耐弱酸、耐弱碱、耐冲击、耐磨，抗紫外线能力也较强。

目前市场上三层共挤阻氧管和五层共挤阻氧管各领风骚。

（二）三层共挤型阻氧塑管

PB 母材、热熔胶、EVOH 三者一次成型，热熔胶、EVOH 厚度均在 0.05 ~ 0.10mm 之间，PB 厚度按管材系列值确定，用专用工具剥削器剥掉 EVOH 和热熔胶后与管件热熔焊接，管件自身无阻氧层。

（三）五层共挤型阻氧塑管

PB 母材、热熔胶、EVOH、热熔胶、PB 母材五层共挤一次成型，热熔胶、EVOH 厚度同三层共挤型。PB 母材内层薄、外层厚，两者之和符合管材系列厚度规定，外层 PB 与管件热熔焊接，省去剥削工序，笔者认为，以上两种形式，管端和管件擦拭干净即可实施热熔，决无必要用酒精擦拭其表面。

二、三层共挤阻氧管的分析

三层共挤阻氧管结构形式见图 2-6，用剥削器剥去 EVOH 和热熔胶，而后用热熔头将管件内壁融化、将管材熔化，二者“过盈”承插即可。

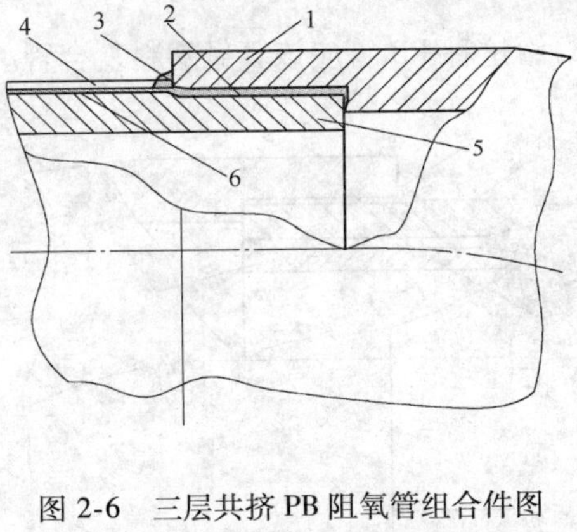

图 2-6 三层共挤 PB 阻氧管组合件图

1—PB 管件；2—热熔结合层；3—熔瘤；4—EVOH；5—PB 管件材料；6—热熔胶

阻氧层在外壁，做垫层时出现三种情况：

第一种，水泥沙浆直接铺在管子上面，这样会造成 EVOH 吸水，降低阻隔功能，但是随着垫层干燥，管内流经热水，管壁会干燥，阻隔能力会恢复。

第二种，PB 管套了波纹管（防热胀冷缩用，不是为了防水）可最大限度地减少吸水，同上过程，阻隔能力也会恢复。

第三种，PB 阻氧管放在预留沟槽内，覆盖一层硅酸盐保温材料。因管内有热量散出，管外壁水分会蒸发，EVOH 会恢复功能。

关于耐温承压能力根据应用级别选定 S 值即可。因为内压而产生环应力，环应力沿壁厚分布规律见图 2-7。

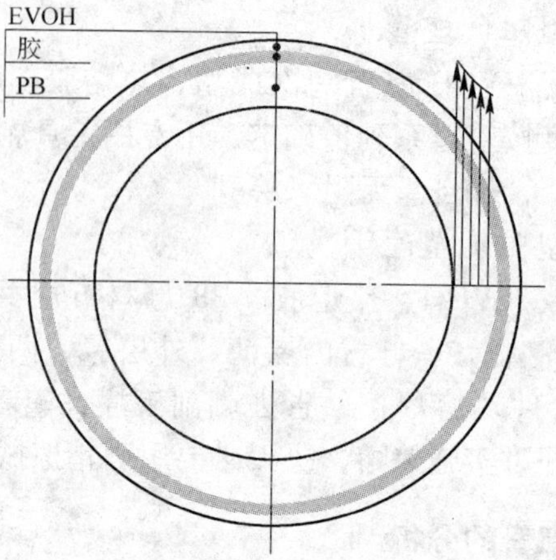

图 2-7 三层共挤阻氧管环应力沿壁厚分布图

三、五层共挤阻氧管的分析

从结构看（图 2-8），这种 PB 管应该算做塑料复合管。

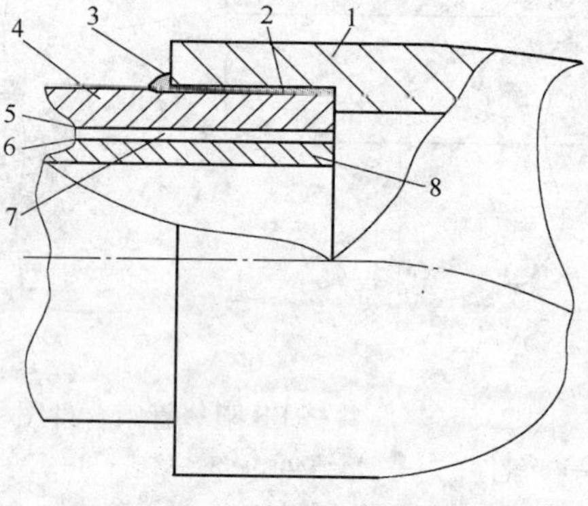

图 2-8 五层共挤 PB 阻氧管组合件图

1—PB 管件；2—热熔结合层；3—熔瘤；4—管材外层；5—外层胶；6—内层胶；7—EVOH；8—管内层 PB

学术界中研究材料力学性能有一个基本假设，即连续均匀假设。连续是材料内部没空隙，均匀是指材料的性质各处都一样。连续均匀假设认为物体整个体积内毫无空隙地充满了物质，而且是同一物质。实践证明将材料抽象为连续均匀物质，所得到的计算结果令人满意。

对塑料的力学研究应遵循连续均匀的基本假设。对塑料研究常采用外推法。外推法是通过管材静液压实验结果，用统计学方法外推并预测热塑性材料或制品的长期性能的方法，它的内涵是国际公认的“时温等效”原理。

时温等效原理即将单一组分的塑料的寿命、温度、压力有机地结合为一体，绘制出不同品种塑料的预测曲线图。

按上面理论，图 2-8 的五层结构 PB 管违背了基本假设，失去了实验依据。因此不能用 S 值，当然就不能用 S 值做强度计算。

从图 2-9 可以看出，内层 PB 受力很大却很薄；中间三层，应力分别无规律可言。就是说，将纯塑 PB 分布为两部分（尽管总厚度符合系列值要求），耐温耐压寿命大大下降。不是不允许制作塑料复合管，而是 8760h 实验结果与塑料复合管对不上号。要研究纯塑复合管，要建立新的数学模型。

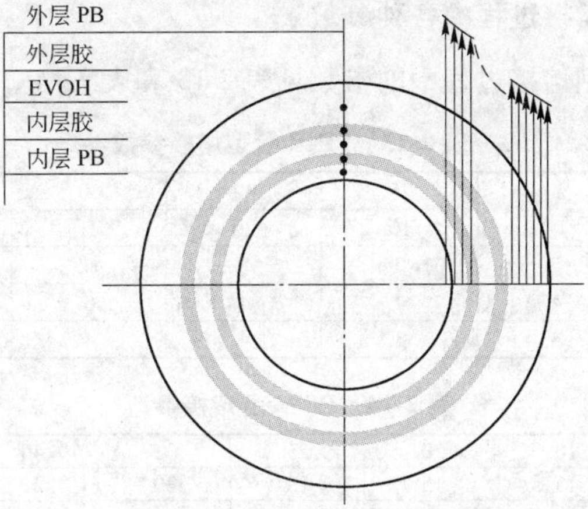

图 2-9　五层共挤 PB 阻氧管环应力沿壁厚分布图

在图 2-8 结构中，中间三层（热熔胶、EVOH、热熔胶）在热熔焊接过程中已被烤烫，变得蓬松，强度降低。同时，有压力的热水从此处流过，这就是削弱甚至丧失 EVOH 阻隔能力的因素。

四、关于工艺发展的一些看法

（一）在三层共挤 PB 阻氧结构的基础上再加一层胶和一层很薄的 PB，热熔前，剥掉四层再热熔连接，这样做既可保护 EVOH，使其不接触水，同时又可强化“防损伤”效果。

（二）若能将 EVOH 与高阻湿性聚烯烃类薄膜复合，形成的复合材料既不吸水，又阻氧。

诚然，要实现前面想法，肯定要“多投入”，操作起来并不简单。尽管如此，在百年大计的建筑工程中，还是要坚持并做到质量第一。

第八节　热熔机操作维护要点

在诸多工程实践中，我们发现“操作维护”仍存在不同程度问题。为此，我们重申以下操作维护要点，供用户完善热熔工艺时参考。

一、温度设定

管型	PP-R	PB	PE-RT	熔接型铝塑管
温度/℃	260	255	250	260

温度设定依据是材料性质，所设定值可上下浮动2～3℃。热熔工艺与环境温度有关，环境温度低，可设定高温度值；反之亦然。当环境温度5℃以下时，不宜实施热熔焊接。

二、不同管型熔接过程中各种参数

PP-R和PB管型熔接过程中的参数见表2-13和表2-14。

表2-13 PP-R管型熔接参数

管径/mm	20	25	32	40	50	63
热熔长度/mm	14	16	20	21	22.5	24
加热时间/s	5	7	8	12	18	24
保持时间/s	4	4	4	6	6	6
冷却时间/min	3	3	4	4	5	6

表2-14 PB管型熔接参数

管径/mm	16	20	25	32	40	50	63
热熔长度/mm	15	15	18	20	22	25	28
加热时间/s	5	6	6	10	14	18	22
保持时间/s	15	15	15	20	20	30	30
冷却时间/min	2	2	2	4	4	4	6

PE-RT管型可参照PB管型各项参数进行焊接；熔接型铝塑管型可按PP-R管型各项参数进行焊接。

三、操作要点

1. 备好施工电源。剪刀、量具、剥削器、擦拭物件等要齐全，性能完好。

2. 核对尺寸，旋转剪刀切管材，切口要平整，保持管口圆度，管口截面要垂直于轴线，切不可呈“马蹄形”。

3. 擦拭管头外侧和管件内侧。

4. 带阻氧层管材，焊前用专用剥离器将阻氧层剥净。“吃刀量”要准，只剥掉阻氧层，不可剥掉管材自身。

5. 加热温度稳定后，将管材、管件迅速无旋转地分别插入凹凸热熔头，保持管材、管件和热熔头轴线在同一线上。

6. 按参数要求加温后，快速从热熔机上取下管材、管件，迅速无旋转地做承插动作，使接头处挤出的熔料形成有增加强度和密封作用的凸缘熔瘤环。熔瘤环要丰满、规则、整齐，其高度不应超出管件外壁。

7. 在保持时间内可校正“刚熔”接头，但切勿旋转。

四、维护要点

1. 热熔机以电为热源，要注意用电安全；对热熔机停用前，断电、降温，熔头温度和室温一致时操作者方可离现场。

2. 不允许热熔机触水（溅水、潮湿环境）。

3. 热熔头必须牢固，不允许松动。

4. 发现热熔头黏结塑料，应加热熔融，断电后擦拭掉残塑，此项工作要防烫伤。不得用锉刀，刀具除残塑。

5. 热熔头是热熔工艺“核心部件”，有缺陷时必须更换。

6. 对热熔头要求：

（1）凸头外径尺寸、凹头内径尺寸必须满足承插公差要求。

（2）选用热熔头要保障一定壁厚。否则因壁薄、热容量不足会影响焊接质量。

五、热熔接头可埋在垫层里

北京市规划委员会批准的《北京市建筑设计技术细则》及北京市规划委员会、北京市建设委员会、北京市市政管理委员会联合批准的《新建集中供暖住宅分户热计量设计技术规程》中都明确指出热熔接头可埋在垫层里。

第九节　塑管与管件连接

一、热熔焊分析

下面通过实例来解释热熔焊接的真实含义，见图 2-10、图 2-11。

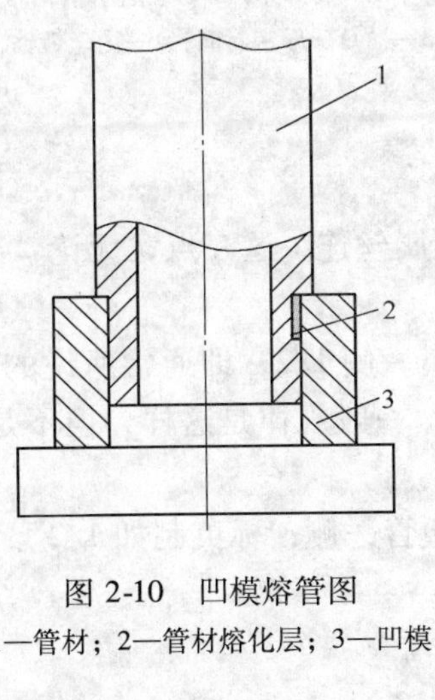

图 2-10　凹模熔管图

1—管材；2—管材熔化层；3—凹模

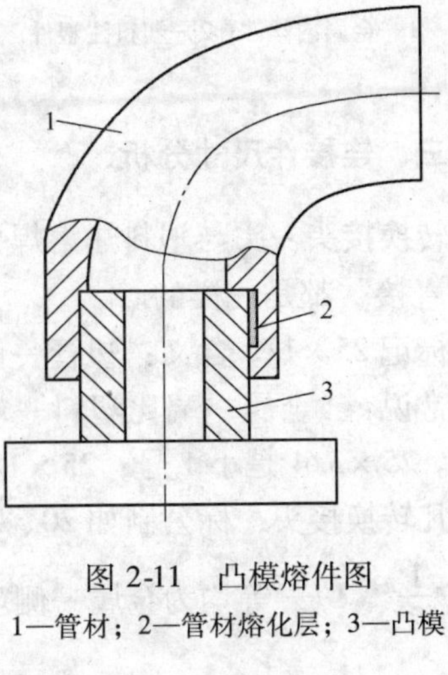

图 2-11　凸模熔件图

1—管材；2—管材熔化层；3—凸模

图例中凸模外径 24. 3mm，凹模内径 24. 6mm；管外径 25. 2mm，管件内径 23. 9mm（口部）、23. 8（根部）。外径 25. 2mm 的管材在凹模内变成带热熔层的 24. 6mm 外径的管，内径为 23. 9mm 的管件被凸模热熔，变成带热熔层的 24. 3mm 内径的管件；操作时，将 24. 6mm 尺寸，插入 24. 3mm 尺寸，就形成过盈热熔承插。

二、转换接头

塑料管（件）最终要和金属管连接，因此必须用转换接头。

1. 镶嵌式管件

机械加工成形的金属内丝（图 2-12 中是内丝，亦可外丝）件，在铸塑机内通过不同规格的模具，与塑料铸成镶嵌件。镶嵌件一侧与塑管热熔焊；另一侧与金属管丝接。

2. 组合活接

组合活接（图 2-13）中塑料件与管材热熔焊接，件 2 与件 4 拧紧，件 3 “O” 形圈起密封作用。其中件 4，可内丝亦可外丝。件 4 与金属管丝接。

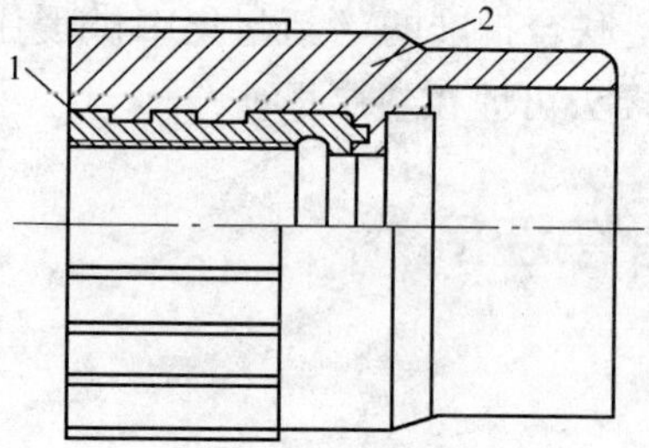

图 2-12 镶嵌式连接

1—金属内丝件；2—塑料注塑件

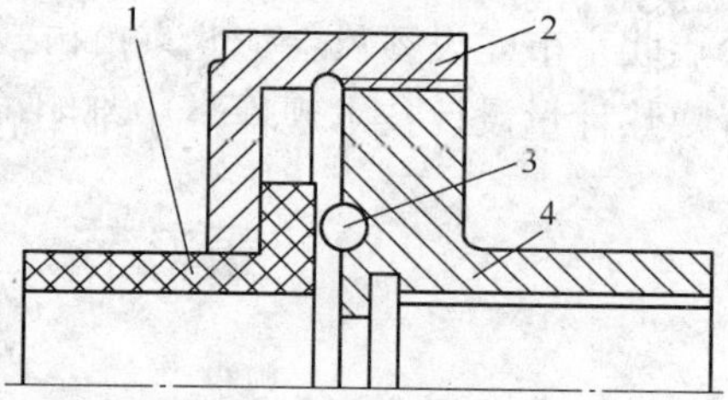

图 2-13 组合活接

1—塑料件；2—镀铬内丝件；
3—“O” 形密封圈；4—内丝镀铬件

三、连接件尺寸分析

转换接头一头与塑料热熔焊接，另一头与金属丝连，这一点，无论“弯头”和“直接”都是一样的。

标记 25 ×1/2 含义：塑管一侧 d_n25 管，金属一侧 1/2，即通常所说的四分。人们常说：“金属一端比塑料一端尺寸小一号”。一般规律是这样，但不是绝对如此。25 ×3/4 是小 1 号；25 ×1/2 就小两个号。

凡转换接头，标公制如 20、25、32 等均为塑管一侧；标英制如 1/2″、3/4″、1″、$1\frac{1}{2}$″、$1\frac{1}{4}$″等均为金属一侧。

塑管一侧 $d_n \times e_n$，管内径可计算出来；现给出常用金属管一侧内径（表2-15），满足"考虑流量时须知内径值"的要求。

表 2-15　常用钢管内径

钢管标记	换算成公制/mm	钢管内径/mm	钢管标记	换算成公制/mm	钢管内径/mm
1/2″	15	13	$1\frac{1}{4}$″	32	33
3/4″	20	20	$1\frac{1}{2}$″	40	40
1″	25	27	2″	50	50

第十节　塑管检验

所有塑管生产厂家均有出厂检验，国家级检验分定型检验和形式检验两种。

一、定型检验

1. 颜色；
2. 外观；
3. 透光情况；
4. 规格尺寸；
5. 力学性能；
6. 物理化学性能（含8760h静液压状态下热稳定性实验）；
7. 卫生性能；
8. 系统适应性实验（含5000次冷热循环）。

二、形式检验

1. 每两年一次，除去定型检验中的6条和8条；
2. 产品投放市场前均需做定型检验。
3. 卫生许可证有效期4年，中间有一次复审。

三、为客户提供的检验资料

1. 定型检验资料；
2. 离现在最近的形式检验资料；
3. 有效期内卫生合格证。

四、尺寸划分

对某一材质管材，并非要出据各种外径尺寸报告，而是按国标规定，划分尺寸组，每个尺寸组中的任何一个外径管材检验结果都可以代表该组中所有管材。PB、PP-R、PE-RT 的尺寸组划分分别见表 2-16、表 2-17、表 2-18。

表 2-16 PB 尺寸组

尺寸组	公称外径范围/mm
1	$16 \leqslant d_n \leqslant 63$
2	$75 \leqslant d_n \leqslant 160$

表 2-17 PP-R 尺寸组

尺寸组	公称尺寸范围/mm
1	$12 \leqslant d_n \leqslant 63$
2	$75 \leqslant d_n \leqslant 160$

表 2-18 PE-RT 尺寸组

尺寸组	公称尺寸范围/mm
1	$16 \leqslant d_n \leqslant 63$
2	$75 \leqslant d_n \leqslant 160$

五、8760h 与 5000 次冷热循环试验说明

这部分内容作为常识加以介绍。

1. 8760h（1 年）试验：将被检测管材（管件）组合，管内打水压使其环应力值为某一规定值，将该充有一定压力的管材（管件）放置在 110℃ 环境里（烘箱）1 年，无渗漏无开裂即为合格。三种管型的试验参数见表 2-19。

表 2-19 三种管型 8760h 试验参数

参数 \ 管型	PP-R	PB	PE-RT
额定环应力/MPa	1.9	2.4	1.9
试验温度/℃	110	110	110

2. 5000 次冷热循环：管内保持某一压力，高温水 15min，低温水 15min、30min 算一次，一共 5000 次，以此考察管材（管件）适应件。三种管型的试验参数见表 2-20。

表 2-20 三种管型 5000 次冷热循环试验参数

管型 \ 参数	高温/℃	低温/℃	管内压力/MPa
PP-R	95	20	1.0
PB	95	20	1.35
PE-RT	95	20	0.6（S 值为 3.2 时压力可达 1.0）

第十一节　铝塑复合压力管概述

铝塑管和全塑管在强度方面有许多不同之处，决定铝塑管长期强度的因素，除塑料材质厚度外，还有铝材料特性和厚度。铝塑管具备塑管大部分优点，同时又结合了金属管部分优点，长期强度具有一定金属特性。铝塑管，因铝而阻氧。所有铝塑管均为五层结构，见图 2-14。

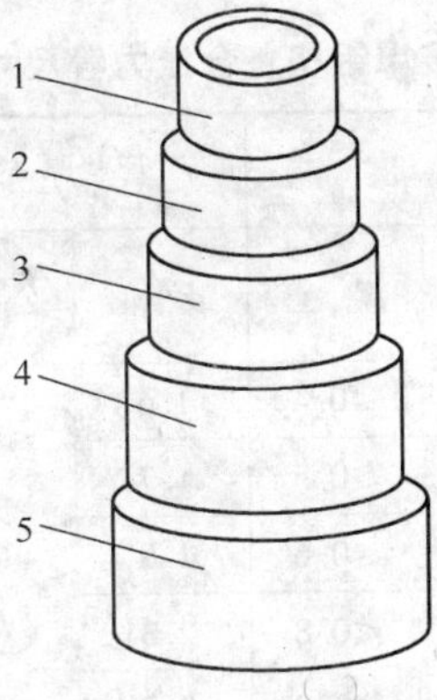

图 2-14　铝塑管结构示意图

1—内层塑料；2—内层黏结剂；3—铝带；4—外层黏结剂；5—外层塑料

因外层塑料厚度不同，又分为普通铝塑和熔接型铝塑管；普通铝塑管的铝带滚圆后又分为搭接焊和对接焊，搭接焊用超声波焊，对接焊用氩弧焊。

第十二节　搭接焊铝塑复合压力管

一、结构及规格

厂家按国标编制型号，执行标准 GB/T 18997.1—2003 型号含义如下：XPAP1——外层为聚乙烯，中间层为铝合金，内层交联聚乙烯；XPAP2——内外层均为交联聚乙烯，其他层不变；PAP3——内外层为聚乙烯，中间层为铝材，其余部分不变；PAP4——内外层为聚乙烯，中间层为铝合金，其余部分不变。

目前市场上标 XPAP 者，含义是内层是交联聚乙烯，外层为聚乙烯（多为中密度），中间层为铝合金，其余部分不变。标 PAP 者，内外层为中密度聚乙烯，中间层为铝合金，其余部分不变。

塑料层总厚度至少是管壁厚的 60%，对材质性能有如下要求：

1. 黏结剂为乙烯共聚物，其熔点在热水场合不低于 120℃，冷水场合不低于 100℃；

2. 乙烯料用中密度居多；交联聚乙烯，要求交联度 65% 以上；

3. 铝带断裂伸长率不小于 20%，抗拉强度不小于 100MPa。

4. 管子颜色按管标规定：冷水管，黑蓝白；热水管，橙红色；中水管，绿色或绿标线；亦可供需双方商定颜色。

搭接焊铝塑复合压力管尺寸规格见表 2-21。

表 2-21　搭接焊铝塑复合压力管尺寸规格（mm）

公称外径 d_n	平均外径公差	参考内径 d_i	圆度		管壁厚 e_m		内层塑料最小壁厚 e_i	外层塑料最小壁厚 e_o	铝管层最小壁厚 e_a
			盘管	直管	最小值	公差			
12	+0.30	8.3	≤0.8	≤0.4	1.6	+0.50	0.7	0.4	0.18
16		12.1	≤1.0	≤0.5	1.7		0.9		
20		15.7	≤1.2	≤0.6	1.9		1.0		0.23
25		19.1	≤1.5	≤0.8	2.3		1.1		
32		25.7	≤2.0	≤1.0	2.9		1.2		0.28
40		31.6	≤2.4	≤1.2	3.9	+0.60	1.7		0.33
50		40.5	≤3.0	≤1.5	4.4	+0.70	1.7		0.47
63	+0.40	50.5	≤3.8	≤1.9	5.8	+0.90	2.1		0.57
75	+0.60	59.3	≤4.5	≤2.3	7.3	+1.10	2.8		0.67

二、寿命分析

1. 铝塑复合压力管温度、压力、寿命的关系

目前尚无一种数学模型可表示三者之间关系，它不同于纯塑管，压力产生环应力，可用 S 值将压力与环应力联系起来。铝型管管内压力同样产生环应力，但环应力由铝塑两种材料承担，铝材和聚乙烯杨氏模量相差很大，厚度方向上应力分布不均匀，因此不能找出 S 值，也就不能用 S 值选型。

目前已有对接焊铝塑复合压力管温度、压力、寿命三者关系曲线，对 16 ~ 32mm XPAP 实测达 20000h；对 40 ~ 50mm XPAP 实测达 10 年。对接焊铝塑管铝材厚度大，金属性更明显。

2. 搭接焊铝塑复合压力管温度、压力、寿命的关系

需以实验为依据找出三者之间关系，按表 2-22 做静液压实验；按表 2-23 做爆破实验。

表 2-22　搭接焊铝塑管静液压实验参数

管径/mm	试验压力/MPa	试验温度/℃	试验时间/h	要　求
12	2.72	82	10	无破裂，无局部球变，无渗漏
16				
20				
25				
32				
40	2.10			
50				
63				
75				

表 2-23　搭接焊铝塑管爆破实验参数

管径/mm	爆破压力/MPa	要　求
12	7.0	在对应压力下不破、不裂、不漏
16	6.0	
20	5.0	
25	4.0	
32		
40		
50	3.8	
63		
75		

由以上实验再辅以“管环径向拉力”、“管环剥削力”以及5000次冷热循环试验，综合得出表2-24。

表 2-24　搭接焊铝塑管温度、压力、寿命关系

流体类别		用途代号	铝塑管代号	长期工作温度/℃	允许工作压力/MPa
水	冷　水	L	PAP	40	1.25
	热　水	R	PAP	60	1.00
				75	0.82
				82	0.69
			XPAP	75	1.00
				82	0.86

观察表 2-22、表 2-23 中数据可以发现，在静液压和爆破试验中考虑到了管径因素，如 $D_N12 \sim D_N32$ 管内压力为 2.72MPa，$D_N40 \sim D_N75$ 管内压力降到 2.10MPa；爆破试验，管径越小承压能力越高，试验压力也相应提高。

表 2-24 中的数据是实验与外推相结合的数据，把诸多因素归结到材质上，简化选用工作。PAP 在 82℃、0.69MPa 压力下可连续使用 50 年，这就是“长期工作温度”、“允许工作压力”的含义。XPAP 长期温度 82℃（50 年），允许工作压力为 0.86MPa。

三、搭接焊铝塑复合压力管的适用范围

按国标规定的使用条件级别，铝塑管可满足所有级别要求，下面对这个结论做一下分析。在 1、2、4、5、5A 五个级别中出现过 90℃7.2 年、95℃1.7 年、100℃100h，这种“高温”时段概率分布在 50 年内是很短暂的，而且不会连续出现。况且在 5000 次冷热循环中，管材曾经历近 100℃的考验。第三节中也曾提过，目前出于节约能源的考虑，采暖水温都在 80℃以下。采暖运行压力，从节能角度出发不应超过 0.8MPa。

四、工艺参数、物理参数、连接工艺

按规范要求弯曲半径要大于管外径 5 倍以上，因塑料弯曲后会反弹，故可以“过正”，但不要超过 30°。搭接焊铝塑管的热物性参数见表 2-25。

表 2-25 搭接焊铝塑管热物性参数

管 材	导热系数/W·(m·K)$^{-1}$	膨胀系数/mm·(m·K)$^{-1}$
搭接焊铝塑复合压力管	0.4	0.025

铝塑管用铜管件连接是一个渗漏因素，因而如何正确安装铜管件就成了一个突出问题，见图 2-15。

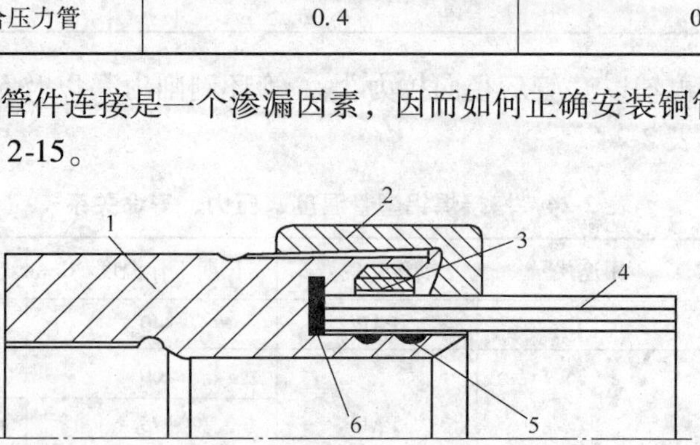

图 2-15 铜管连接铝塑管

1—内外丝铜件；2—内丝件；3—开口压紧环；4—铝塑管；5—密封胶圈；6—密封胶垫

先看密封原理：件2、件3套在件4上，带着密封胶圈（胶圈两道，套在铜件1环槽外）的铜管件1插入铝塑管端部，使端部顶紧密封胶垫，旋件2推动件3前移，件3开口压紧环为楔形铜环，一边前移一边压紧塑管外壁，力的传递使得塑管内壁逐步压紧密封胶圈5，从而起到密封作用。密封胶垫6起两个作用，一是防止水外漏，二是防止水进入铝塑层间。

1. 安装方法。

1）管端头要切平，不可偏斜，绝不可成“马蹄形”。

2）用整圆器整圆，去毛茬。这样做，保障了插入时“圆对圆”而不至划伤橡胶圈。

3）插入时沿轴线施力，乱晃动会造成塑管二次椭圆。

2. 渗漏原因。

1）件3为铜材，被压的是塑料，二者膨胀系数相差十多倍，如果预紧力不适当（即件2拧紧程度不适当）会造成冷态（或热态初期）渗漏。

2）件5先天不足或被划伤，件5必须是两道胶圈，劣质产品有一道胶圈的情况。

3）通过件2拧紧使件3产生“压紧力”，“压紧力”使内层塑料及胶圈变形起密封作用。因此拧紧程度很关键。

3. 连接件尺寸。

2025管件：被连塑管为d_n25。管件一端的金属头插入塑管内，另一端连接金属管d_g20。

1620管件：被连塑管为d_n20。管件一端的金属头插入塑管内，另一端连接金属管d_g15。

上面d_n代表铝塑管外径，d_g代表金属管公称直径。

第十三节 熔接型铝塑复合压力管

熔接型铝塑复合压力管是铝塑复合压力管的派生，执行行标CJ/T 195—2004。结构模式也是5层，外层为PP-R材料，厚度在1.9mm以上，以便与PP-R管件热熔连接。

一、结构及规格

常用产品代号及含义见表2-26。

表 2-26 产品代号及含义

产品代号	含义
PP-R、AL、PE-RT	无规共聚聚丙烯、铝合金、耐热聚乙烯
PP-R、AL、PP-R	无规共聚聚丙烯、铝合金、无规共聚聚丙烯
PP-R、AL、PE	无规共聚聚丙烯、铝合金、聚乙烯

说明：

1. 材质要求：PP-R 应符合 GB/T 18742—2000 标准；PP-RT 应符合 CJ/T 175—2002 标准；PE 应符合 GB/T 13663—2000 标准。对黏结剂要求同普通铝塑管，只是 PP-R 与铝材黏结剂用丙烯共聚物；PE（或 PE-RT）与铝材黏结应该用乙烯共聚物。对铝材要求同普通铝塑管要求。

2. 符号中未显示黏结剂。

3. 表 2-26 引用行标所标定内容。目前实际生产中，内层用交联聚乙烯（要求交联度大于 65%），所产管材性能超过内层为 PE-RT 管材。因外层为 PP-R，故多为灰色；颜色可供需双方商定。

管材规格见表 2-27。

表 2-27 熔接型铝塑管规格（mm）

公称外径 d_n	平均外径		圆度		管壁厚 e_m		内层塑料最小壁厚	外层塑料最小壁厚	铝管层最小壁厚
	$d_{e_{m},min}$	$d_{e_{m},max}$	盘管	直管	e_{min}	e_{max}	e_i	e_o	e_a
16	16.0	16.3	≤1.0	≤0.5	2.75	3.10	0.80	1.60	0.20
20	20.0	20.3	≤1.2	≤0.6	3.00	3.40	0.90	1.70	0.25
25	25.0	25.3	≤1.5	≤0.8	3.25	3.65	1.00	1.80	0.30
32	32.0	32.3	≤2.0	≤1.0	4.00	4.50	1.10	2.10	0.35
40	40.0	40.4	—	≤1.2	5.00	5.60	1.50	2.60	0.40
50	50.0	50.5	—	≤1.5	5.50	6.10	1.80	300	0.50
63	63.0	63.6	—	≤1.9	7.00	7.80	2.40	3.80	0.60
75	75.0	75.7	—	≤2.3	8.50	9.50	2.60	4.80	0.70

二、适用场合

1. 性能分析

对熔接型铝塑管复合压力管按表 2-22 和表 2-23 做静液压和爆破实验，也要做 5000 次冷热循环试验。“熔铝型”还多了一项系统静液压试验，具体参数见表 2-28。

表 2-28 熔接型铝塑管系统静液压试验参数

试验压力/MPa	试验温度/℃	试验时间/h	要 求
1.31	95	1000	三个元件以上的组合件

熔铝型管环径向拉力、最小剥离力都比“普铝型”高，见表 2-29。

表 2-29 熔铝型管环径向拉力和最小剥离力

项目 外径/mm	管环径向拉力/N		最小剥离力/N	
	熔 铝	普 铝	熔 铝	普 铝
16	2300	2100	35	25
20	2500	2400	38	28
25	2500	2400	40	28
32	2650	2500	45	30
40	3500	3200	50	40
50	3700	3500	60	50
63	5500	5200	70	60
75	6000	5500	80	70

根据前述试验，综合得表 2-30。

表 2-30 熔铝型管温度、压力、寿命关系

用途代号		复合管代号	长期工作温度/℃	允许工作压力/MPa
热 水	R	PP-R、AL、PE-RT	82	1.0
		PP-R、AL、PP-R	70	1.0
冷 水	L	PP-R、AL、PE	40	1.0

注：此表是行标 CJ/T 195—2004 中的数据，品质最优者为 PP-R、AL、PE-RT，实际生产以 PE-X 代替 PE-RT，品质更好些。

2. 结论

熔接型铝塑复合压力管可以满足国标规定的所有使用条件级别的要求，耐温承压能力高于普通铝塑复合压力管。

三、工艺参数及物理参数

弯曲半径为管径 6 倍以上为宜，热熔温度 260℃ ±5℃，导热系数 0.45W/(m·K)；膨胀系数 0.025mm/(m·K)。

第十四节 检验规定

一、搭接型铝塑复合压力管（执行国标 GB/T 18997.1—2003）

1. 出厂检验

1）外观；

2）结构尺寸；

3）管环径向拉力；

4）复合强度试验；

5）密封性和通气试验；

6）静液压强度试验；

7）交联度测定。

2. 形式检验

在出厂检验基础上，增添项目：

1）爆破试验；

2）耐化学试验；

3）耐气体组分试验；

4）卫生性能试验。

3. 定型检验

1）形式检验全部内容；

2）冷热水循环试验；

3）循环压力冲击试验；

4）真空试验；

5）拉拔试验。

4. 尺寸组划分

具体划分标准见表 2-31。

表 2-31 搭接型铝塑复合管尺寸组划分

尺寸组	公称外径范围/mm
1	$12 \leqslant d_n \leqslant 32$
2	$32 < d_n \leqslant 75$

二、熔接型铝塑复合压力管

1. 出厂检验

1）颜色外观；

2）尺寸；

3）管环径向拉力；

4）管环最小平均剥离力；

5）扩径；

6）密封性和通气试验；

7）静液压强度试验。

2. 形式检验

1）出厂检验全部内容；

2）爆破试验；

3）卫生性能检测；

4）系统静液压试验；

5）热循环试验。

3. 执行标准

执行行标 CJ/T 195—2004，只要求出厂检验和形式检验，管件用 PP-R 管件。

4. 尺寸组划分

具体划分标准见表 2-32。

表 2-32　熔接型铝塑复合管尺寸组划分

尺寸组	公称外径范围/mm
1	$12 \leqslant d_n \leqslant 32$
2	$32 < d_n \leqslant 75$

第十五节　对接焊铝塑复合压力管

一、结构及规格

执行国标 GB/T 18997. 2—2003，结构形式与搭接焊铝塑复合压力管区别在于：对接焊是用氩弧焊，搭接焊为超声波焊。其余部分结构模式二者相同，只是几何尺寸有所不同。

型号编制如下：

XPAP1——外层为聚乙烯，内层交联聚乙烯，中间层为铝合金；

XPAP2——内外层均为交联聚乙烯，中间层为铝合金；

PAP3——内外层为聚乙烯，中间层为铝材；

PAP4——内外层为聚乙烯，中间层为铝合金。

其中对铝合金要求断裂伸长率不小于22%，抗拉强度不小于80MPa；对纯铝要求断裂伸长率不小于35%，抗拉强度不小于60MPa。聚乙烯料高、中密度均有采用。

从上面数据可以看出，因为对接焊铝塑复合压力管壁厚增大，承压能力提高，对铝材提出了“柔和”的要求（伸长率增大，强度下降）。表2-33展示了产品规格。

表 2-33 对接焊铝塑管产品规格

<table>
<tr><th rowspan="2">外径
/mm</th><th rowspan="2">外径公差
/mm</th><th rowspan="2">参考内径
/mm</th><th colspan="2">圆 度</th><th colspan="2">管壁厚/mm</th><th colspan="2">内层塑料/mm</th><th rowspan="2">外层塑料
最小值
/mm</th><th colspan="2">铝带厚度/mm</th></tr>
<tr><th>盘管</th><th>直管</th><th>公称值</th><th>公差</th><th>公称值</th><th>公差</th><th>公称值</th><th>公差</th></tr>
<tr><td>16</td><td rowspan="4">0.3</td><td>10.9</td><td>≤1.0</td><td>≤0.5</td><td>2.3</td><td>0.5</td><td>1.4</td><td>±0.1</td><td rowspan="4">0.3</td><td>0.28</td><td rowspan="6">±0.04</td></tr>
<tr><td>20</td><td>14.5</td><td>≤1.2</td><td>≤0.6</td><td>2.5</td><td>0.5</td><td>1.5</td><td>±0.1</td><td>0.36</td></tr>
<tr><td>25
(26)</td><td>18.5
(19.5)</td><td>≤1.5</td><td>≤0.8</td><td>3.0</td><td>0.5</td><td>1.6</td><td>±0.1</td><td>0.44</td></tr>
<tr><td>32</td><td>25.5</td><td>≤2.0</td><td>≤1.0</td><td>3.0</td><td>0.5</td><td>1.7</td><td>±0.1</td><td>0.6</td></tr>
<tr><td>40</td><td>0.4</td><td>32.4</td><td>≤2.4</td><td>≤1.2</td><td>3.5</td><td>0.6</td><td>1.9</td><td>±0.1</td><td rowspan="2">0.4</td><td>0.75</td></tr>
<tr><td>50</td><td>0.5</td><td>41.4</td><td>≤3.0</td><td>≤1.5</td><td>4.0</td><td>0.6</td><td>2.0</td><td>±0.1</td><td>1.0</td></tr>
</table>

二、性能分析

对接焊铝塑复合压力管同样要做如下实验：管环径向拉力实验、最小剥离力实验、爆破试验、静液压强度试验。这些实验与搭接焊铝塑管复合压力管实验形式相同，但参数提高了档次。实验后，综合得出表2-34。

表 2-34 对接焊铝塑管性能

<table>
<tr><th>流体类别</th><th>用途代号</th><th>铝塑管代号</th><th>长期工作温度/℃</th><th>允许压力/MPa</th></tr>
<tr><td rowspan="2">冷 水</td><td rowspan="2">L</td><td>PAP3、PAP4</td><td rowspan="2">40</td><td>1.40</td></tr>
<tr><td>XPAP1、XPAP2</td><td>2.00</td></tr>
<tr><td rowspan="3">热 水</td><td rowspan="3">R</td><td>PAP3、PAP4</td><td>60</td><td>1.00</td></tr>
<tr><td>XPAP1、XPAP2</td><td>75</td><td>1.50</td></tr>
<tr><td>XPAP1、XPAP2</td><td>95</td><td>1.25</td></tr>
</table>

三、适用场合

由于抗压、耐温能力提高，适合较高压力、较高温度、环境恶劣的场合。不足之处在于氩弧焊的缺陷无从查找，有时安装初期打压不漏，运行一段时间后发生泄漏，多为焊缝先天不足而导致。“校圆”、“弯曲”难度大（因为壁厚尺寸大），管件“锁紧力度”更难掌握。因此无特殊要求的场合，搭接焊铝塑复合压力管应用更多些。

四、检验规则

同样做定型检验和形式检验，形式检验两年一次。

第十六节 稳态 PP-R 管

这是较新的一种管型，在 PP-R 管外层涂胶（专用热熔胶），将一层铝箔粘住，在铝箔外再涂胶，外层再加一层 PP-R 料。热熔焊接时，一直要剥到原 PP-R 管外表面，就是说要剥去稳态管的外层 PP-R 和铝箔及铝箔内外的热熔胶，即剥掉四层。此管用 S 值选材，规格为 d_n20、d_n25、d_n32、d_n40、d_n50、d_n63、d_n75、d_n90、d_n110，共九种，执行行标 CJ/T 210—2005。

一、优点

由于铝箔缠绕在 PP-R 管外表面，一方面该管型可阻氧；另外，膨胀系数小，使得明管施工可减少“补偿”；再者，因铝皮和胶的作用使得整体刚性增强了，如做明管，卡子可减少，省工省料。

二、缺陷

1. 由于生产工艺所限，铝箔既不能用氩弧焊也不能用超声波焊，只能粘接。

2. “粘接”强度不可能高，因而只能有直管。供热系统，埋在垫层下若用该管，接头会太多，不可行。这一点和熔接型铝塑复合压力管无法相比。目前已有盘管，铝箔会因盘卷而开裂。

3. 热熔时，剥掉铝箔后，管端和 PP-R 管件热熔焊，这部分同材质，膨胀系数一样；带着铝箔部分和纯 PP-R 管端头分界截面产生应力集中，铝和 PP-R 必有一伤。

4. 由于“刚性”强，“打弯”困难，一旦弯成型，铝箔破裂失去作用。

5. 笔者认为，只能认为该管型是 PP-R 的“应用改进”，成不了“体系”。因为它失去了 PP-R 原有的特性，PP-R 可做成盘管型，埋在垫层里，热熔焊牢靠，但“稳态”后反倒失去了这一特点。

第十七节 本章小结

本章介绍的是有压塑管和铝塑管。至于 UPVC 管，这里只简单说明一下。

UPVC 被用来做下水管或雨水管，连接处用同质塑料胶黏接，工艺上要有伸缩节和防火设施。此种塑管光滑，流动阻力小，抗腐能力强，然而也有不少不尽如人意之处，用做下水，水流声明显，加内壁螺旋线可减弱水流声，但不能根除；如果做雨水管，冷热变化，加速了老化（蠕变），缩短寿命，如堵塞积水（雪水），冻裂是很可能的。UPVC 机械强度低，抗击打能力弱，管道疏通机刀头有可能击破管壁。另外，用户或施工者，要购置真 UPVC，而不要假 UPVC。

本章对 PP-R、PB、PE-RT。铝塑管及熔接型铝塑管都做了详细介绍，尽管国人用塑管已有 10 年以上，但对其性能还远不如对金属管熟悉。

作为业主或施工者要掌握好以下内容。

掌握 S 值含义，S 值越小，壁越厚。塑管造价实质是“按斤卖”，太厚造价高，多余强度是没用的；太薄，强度不足，很危险。因此书中给出不同应用等级下（不同塑料）材质的许用应力。这对选不同材质壁厚很有用。

所谓应用等级，给出了不同使用条件下，50 年寿命中各温度所占时段。如地板采暖和低温散热器采暖定为应用等级 4，其 40℃ 情况占 20 年，60℃ 情况占 25 年，其它情况占 5 年。千万不可理解为“此管 40℃ 耐 20 年，60℃ 耐 25 年”，这就成了笑话。

要掌握热熔规范；要掌握铝塑管用铜管件连接易渗漏原因。所谓熔接型铝塑管，就是此种铝塑管外塑料较厚，同样可用热熔连接。

要知道，热熔连接可以埋在垫层里，其它连接不允许埋在垫层里。

铝塑管因铝而阻氧，而纯塑管“阻水不阻氧”，因此有阻氧层理论和工艺。

另外提醒用户，由塑料向金属过渡的转换接头（镶嵌件）是个重要零件，其中的铜件镀铬，铜件壁薄是致命的弱点，用不了 50 年。

其他各节，有兴趣可阅读研讨。

第三章

采　暖

第一节　采暖方式

一、散热器采暖

1. 铸铁散热器供暖。这是历史悠久的采暖方式，热水从散热器流过将热量散给相应空间，水降温后再回锅炉房被加热，如此循环不止；水蒸气在散热器内凝结、降温散热亦可，现代取暖已不多见。铸铁散热器由多片组对，每组多少片由计算而定。铸铁耐腐蚀是其长处，另外热惰性也好。

2. 其他类型金属散热器种类繁多。金属管材做成各种外形，而后烤漆；金属管外表面焊接螺旋翅片等。从材质上看多为钢材。目前铜铝合金材质乃至于不锈钢，也用在散热器上。

二、风机盘管采暖

风机盘管散热器是一种定型产品，结构上是铜管外装肋片，机组由风机、电气控制、散热（冷）器三部分组成。管内流经热水吹出热风；管内流过冷水吹出冷风。该种模式最大特点是水温要求低，笔者做过一个工程，38℃热水入口，取暖效果相当理想。控制部分，控制风量、水流量以达到控温目的。

三、电热膜采暖

电热膜属清洁热源，有电的地方就可用。由多个集成模块（绝缘）通电后向四周辐射能量。优点是占地小，系统简单，用户可自行开停。

四、空气源热泵采暖

空气源热泵采暖原理实际上就是通过四通阀，将制冷机组中的冷凝器与蒸发器互换作用，设备不做任何变动。夏天，室外散热，室内制冷；冬天室外制冷，室内散热。

到了冬天，当室外 -5℃以下时，室内制热效果大大降低。就是说“只有很好制冷才能很好制热”。这个问题归结到“如何使室外机夏天凉些，冬天热些”，有的室外机在冬季最寒冷季节用电加热方法保持正常工作，室外正常制冷，室内必然很好制热。

五、水源热泵、地源热泵采暖

这两种系统的实质是：借助地下（水下）“冬暖夏凉”的规律，帮助冷凝或帮助蒸发，实现某循环系统在制冷、制热过程中均可节能。具体内容在制冷篇第二十二节中有详细介绍。

六、燃气辐射板散热采暖

这是一种散热设备。燃气管道接隔断阀，接过滤器，接减压阀，燃气通过金属软管进入辐射板，它有自身的电控机构，燃气燃烧通过金属板向外辐射热量。燃烧过程中有凝水产生。此种设备多用于厂房和实验室。如 SR1181 燃气辐射板，功率 28.6kW，耗天然气 2.72m^3/h（标态下气体流量，全书同），要求燃气压力 2000Pa。

七、地板采暖

将 PB 管、PP-R 管、PE-X 管或铝塑管做成蛇形流程，热水从管内流过散出热量。这种散热方式符合人体生理需求，民间说法“先从脚下热有益于健康”就是这个道理。

这种采暖方法，按规程水温不允许超过 65℃，地上有设施的部位，对应垫层下不设蛇管，提倡“带脚设施”，地板不宜用纯木，而要用复合地板。做这种工程，特别要保障地下蛇管无漏点，因为垫层下一旦漏水，将产生极为严重的后果。

八、电热暖风机采暖

电热暖风机多用于厂房、车间、办公室。电热丝加热远红外加热管，风掠过后被加热，再被风机送到相应空间。这种模式要特别注意做到“风机不转，电热加不上”，即所谓“互锁”。

第二节 采暖能源

一、煤

煤是主要采暖能源，但近几年为了净化空气，许多地方改用天然气作为供暖热源，减少排放物，确实起到了净化空气的作用。然而煤的作用仍不可忽视，如果消烟除尘做好了，还是可以以燃煤为热源的；利用火力发电余热作为热源也属燃煤之功效。

在能源计算上仍以标准煤为核算单位。一公斤标准煤产热量7000大卡，相当于8.14kW·h。

二、天然气

以甲烷为主（95%）的天然气，热值（标态）为33488～41860kJ/m^3 相当于9.3～11.6kW·h/m^3。天然气爆炸极限是5.1%～15.36%。

三、沼气

以甲烷为主，有35% CO_2，其余为 H_2、CO等，热值（标态）20930kJ/m^3，相当于5.8kW·h/m^3。农村广泛开发此种能源，除了作为饮食能源外，作为采暖热源亦可。

四、煤气

由煤干馏产生的气体，在做焦炭时，会产生煤气。煤气热值15480kJ/m^3，相当于4.3kW·h/m^3。过去城市很多地方建煤气站，现今被天然气替换，煤气站在减少。

五、液化石油

每公斤热值46080kJ，相当于12.8kW·h/kg。

六、太阳能

人们熟知太阳能热水器能提供热水，可以用来洗澡等。用太阳能热水器输出热水，受到“产热水能力有限”的制约，用太阳能做采暖能源工程也处于初级发展阶段。

七、电能

电能属于清洁能源。电热水锅炉、电热膜热源为人们所熟知。

八、地下能源

前面介绍的地源热泵、水源热泵属于此种能源。但要切记，利用这两种能源对“能源场”是有干扰的。

九、可燃冰

可燃冰是由水和天然气在高压、低温条件下混合而成的一种固态物质，燃烧热值高，清洁无污染。其主要组分是甲烷，还有少量乙烷、丙烷等烃类气体。被称为“后石油时代首选替代能源”。按目前世界上贮采比推算，石油、煤、天然气均有采竭之危机。可燃冰应用现状是全世界处于科学勘探阶段；实用开采期预计海域30年后，陆域10~15年后。2009年9月在青海祁连山南缘永久冻土带探明了可燃冰燃料，继加拿大、美国之后，我国成为存在陆域可燃冰样品的第三个国家。

第三节　供暖流程若干问题

一、典型流程

采暖流程多种多样，如图3-1和图3-2所示即为常见的两种形式。双管上供下回比较典型，还有上供上回，下供下回等形式。还有一种双管中供式，这种形式供水入口在供水立管中部，可避免上供下回造成的“水力垂直失调”。如40m高建筑，上供下回方式，干管中的水有一部分要从40m处流到最低层，要流经40m；如果中间供水（不一定绝对中间位置，只要施工方便即可），水向上或向下流经20m左右即可。

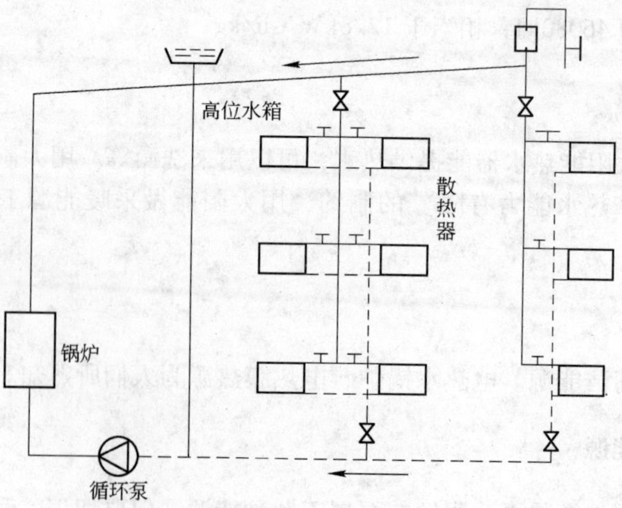

图3-1　双管上供下回流程

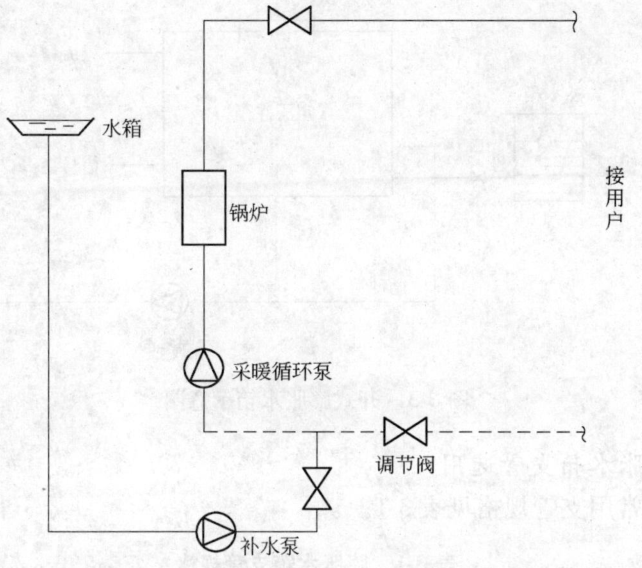

图 3-2　补水泵定压流程

图 3-1 中膨胀水箱设在高位，至少高出系统最高点 0.5m 左右。该系统设备简单可靠，最常用。但应用这种形式时，在一个小区里找最高点并不容易，若发生停电事故有结冻的可能。图 3-2 中水箱位置无须很高。补水泵和调节阀配合，可以保障采暖泵入口的“必要压力”，且可高低调节。当采暖泵停转时，补水泵继续工作，通过调节阀控制给水量，使网络里有稳定的压力，即定压压力。此种情况也受停电影响。因此才有了气压式定压箱的应用。

另外有一种下供下回方式，供回水干管在地下（或地沟）。这种方式不易排出空气，要求每组散热器必备“跑风”。

二、开式膨胀水箱

（一）水箱流程

开式膨胀水箱流程如图 3-3 所示。定压水箱为一金属箱体，容量与系统水容量有关。它有四根外接管，各自功能不同。要注意循环管与膨胀管的间距，2m 以上为宜，目的是防止相互干扰。

膨胀管：接入循环泵入口，不得装阀门，防止系统压力过高而无法泄压，其原理是以箱内液面高度变化来适应系统压力变化。

溢流管：不得装阀门，防止膨胀时水无处走，从顶盖缝隙流出。

循环管：水箱内的水与系统内的水之间的动态联系，防止水箱内的水结冰。

信号管：底部有阀，供检查之用，开阀可知箱内水位等信息。

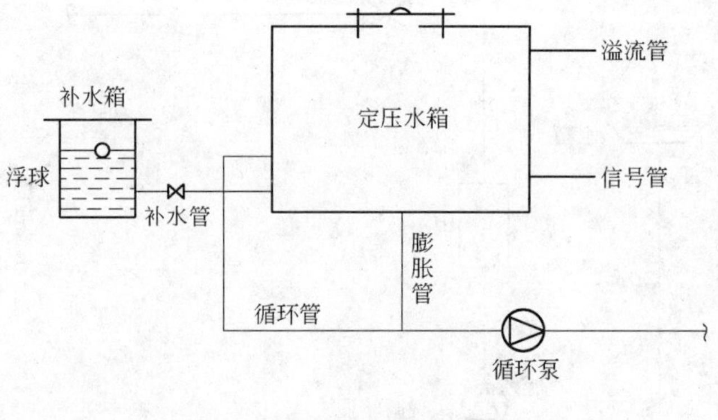

图 3-3 开式膨胀水箱示意图

（二）膨胀水箱支管选用

膨胀水箱常用支管规格见表 3-1。

表 3-1 膨胀水箱支管规格

水箱容积/L	膨胀管管径/mm	溢流管径/mm	信号管径/mm	循环管径/mm
150 以内	25	32	20	20
150～400	25	40	20	20
400 以上	32	50	20	25

（三）膨胀水箱容积计算

膨胀水箱容积（又称有效容积）计算公式为：

$$V_P = \alpha \Delta t V_S \tag{3-1}$$

式中，α 为水的体积膨胀系数，值为 0.0006。膨胀水箱的用处在于收贮受热膨胀水量，同时解决系统定压和补水问题。Δt 为水温变化，早些时候人们认为。水从 20℃升至 95℃，而今高温水很少达 95℃，因此 $\Delta t = 95℃ - 20℃ = 75℃$ 已是最大值。V_S 是系统内各器具应有的基本水量，折合每千瓦热量所需的水量，详细数据见表 3-2。

表 3-2 各种设施 V_S 值

名 称	V_S/L	名 称	V_S/L
柱形散热器	8.6	热交换器	5.16
钢柱式散热器	14.5	火焰炉	2.75～5.16
M132 散热器	11.2	室外管网	5.16
暖风机	0.43	室内管网	6.9
热水锅炉	2.5		

表中数值并非绝对精确，只是数量级不能有误。

举例，用热水锅炉做热源，用 M132 散热器，总能量交换 100kW，则 V_S =（2.5 + 11.2 + 6.9 + 5.16）× 100 = 2567L。V_S 中包含锅炉、散热器、室内外管网基本水量再乘以总功率。其中 2.5 最大取到 3，11.2 取 11.5 或 12 也可以。

（四）膨胀水箱规格

常用的方形、圆形水箱规格见表 3-3 和表 3-4。

表 3-3　方形膨胀水箱规格

公称容积/m^3	长×宽×高/mm×mm×mm	公称容积/m^3	长×宽×高/mm×mm×mm
0.5	900×900×900	3.0	2000×1400×1400
0.5	1200×700×900	3.0	1600×1600×1400
1.0	1100×1100×1100	4.0	2000×1600×1500
1.0	1400×900×1100	4.0	1800×1800×1500
2.0	1800×1200×1200	5.0	2400×1600×1500
2.0	1400×1400×1200	5.0	2200×1800×1500

表 3-4　圆形膨胀水箱规格

公称容积/m^3	内径/mm	高度/mm	公称容积/m^3	内径/mm	高度/mm
0.3	900	700	2.0	1400	1500
0.3	800	800	2.0	1500	1300
0.5	900	1000	3.0	1600	1800
0.5	1000	900	3.0	1800	1500
0.8	1000	1200	4.0	1800	1800
0.8	1100	1000	4.0	2000	1600
1.0	1100	1300	5.0	1800	2200
1.0	1200	1200	5.0	2000	1800

表 3-3 和表 3-4 中所说公称容积与有效容积相差甚微。

三、闭式低位水箱

（一）流程分析

气压罐选用以系统补水量为主要参数，补水量为总容积的 4% 左右。膨胀水箱的功能还有接受水的受热膨胀量和起系统定压的作用，此种水箱安装在锅炉房或换热站内，其工作流程见图 3-4。

运行状况：压力控制器 5 设定上限压力 p_2，下限压力 p_1，$p_2 - p_1$ = 0.03 ~ 0.05MPa，压力信号通过电控箱 4 控制补水泵 1 起停。当罐内压力超过系统压力 0.01 ~ 0.02MPa 时，在电接点压力表中设定电磁阀 8 在 p_4 时打开，在 p_3 时关闭。

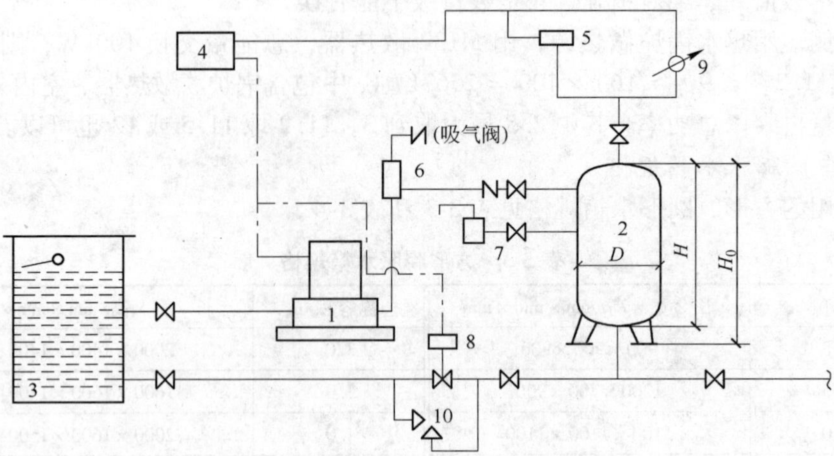

图 3-4 低位水箱流程

1—补水泵；2—气压罐；3—贮水箱；4—电控箱；5—压力控制器；
6—补气罐；7—自动排气阀；8—泄水电磁阀；
9—电接点压力表；10—安全阀

p_4 为上限，p_3 为下限，$p_4-p_3=0.02\sim0.04\text{MPa}$，罐系统实现自动泄水，自我调压。偶然事件罐内压力可能达到 p_5，$p_5=p_4+(0.01\sim0.02)\text{MPa}$ 时，电磁阀、安全阀一齐打开快速泄水。

（二）设备选型

常用的 GQS 系列气压供水设备性能见表 3-5。

表 3-5 GQS 系列气压供水设备性能表

型 号	补水量/$m^3 \cdot h^{-1}$	D	H	H_0	锅炉出力/$t \cdot h^{-1}$
GQS-1. 0	1. 0	800	2000	2400	2
GQS-1. 5	1. 5	1000	2000	2400	3
GQS-2. 0	2. 0	1200	2000	2400	4
GQS-3. 0	3. 0	1400	2400	2800	6
GQS-4. 0	4. 0	1600	2400	2800	8
GQS-5. 0	5. 0	1600	2800	3200	10
GQS-6. 5	6. 5	2000	2400	2900	14
GQS-7. 5	7. 5	2000	2700	3200	18
GQS-10	10	2000	3500	4000	20

表 3-5 是气压供水罐与锅炉相匹配，如果是小区换热站提供热水，采暖所需热水循环量可套用锅炉产水量。

四、管路系统的同程与异程

所谓同程就是设计施工时，使散热器得到水路程短时，则使其回水路程长些，如图3-5所示，第一组散热器得到水路程短，回水路程有意加长；第二组散热器得到水路程长，回水路程有意缩短。图 3-6 为异程，第一组得水路程短，回水路程也短；第二组得水路程长，回水路程也长。

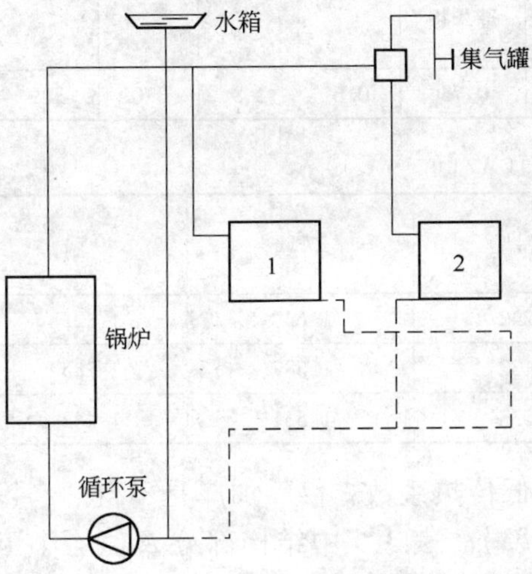

图 3-5　同程示意图

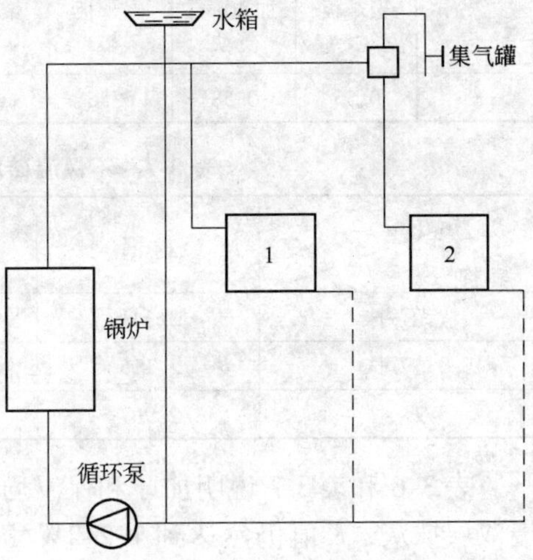

图 3-6　异程示意图

设计（施工）中同程、异程均有采用，施工采用哪种取决于现场状况及热源状态。总的来说，同程易平衡，异程需加大调试力度。

在实际工作中常常遇到局部不热的现象，建议如下。

1. 先查一下流程和管径是否与图纸一致；
2. 特别要关注排气阀功能；
3. 认真观察回水情况，有种说法“回水比给水重要”有一定道理；
4. 新系统要特别注意排污及过滤器的清洗；
5. 高层建筑分区供水，对立管而言“宁细勿粗”，因上升流速很重要，当然前提是水泵扬程足够。

第四节　建筑物热损失情况

对各类建筑物都应做好保温，尽量减少热损失，当前，保温问题已列入法规。

一般建筑物的各部位热量损失情况见表 3-6 和表 3-7。

表 3-6 三个不同保温结构对应的传热系数(*K*)值(W/(m²·℃))

项目＼部位	屋顶			外墙			门窗		
	1	2	3	1	2	3	1	2	3
结构	现浇砼，加110mm聚苯板	现浇砼，加50mm聚苯板，加40mm气块	现浇砼，加110mm聚苯板	200mm砼，加70mm聚苯板	现浇砼，加石材，加40mm聚苯板	砼墙，加110mm聚苯板	单框双玻中空窗	铝框双层中空窗	中空玻璃窗
K	0.55	0.58	0.56	0.6	0.73	0.6	2.8	3.0	3.9

表 3-7 不保温砖墙 *K* 值(W/(m²·℃))

结构＼厚度	12墙	24墙	37墙	49墙
无 抹	3.341	2.242	1.647	1.323
单 抹	3.115	2.132	1.587	1.285
双 抹	2.907	2.033	1.531	1.242

表3-6和表3-7说明加厚和保温均可降低传热系数。仅靠加厚是不行的，49墙双层抹灰，*K*值仍然达到1.242W/(m²·℃)。表3-6中结构部分*K*值均小于“1”，门窗*K*值则很大，因此高质量门窗是建筑行业必须重视的问题。

建筑物散热量可用下式计算：

$$Q = \alpha FK(t_n - t_w) \tag{3-2}$$

式中 Q——不同部位散热量，W；

α——由建筑结构而定的系数；

F——不同部位面积，m²；

K——不同部位传热系数，W/(m²·℃)；

t_w——室外温度，℃；

t_n——室内温度，℃。

室外温度 t_w 根据不同地区气象资料选定。室内温度 t_n 是按需求，人为定的数值，不受气候的影响。民用建筑主房间16~20℃，次房间14~16℃；生产厂房按劳动强度分级，温度范围12~21℃。α与建筑结构有关，例如，与有外门窗的非采暖房间相邻的隔墙 $\alpha = 0.70$，与无外门窗的非采暖房间相邻的隔墙 $\alpha = 0.40$，作为估算建议α取值0.8~0.9。最终不同部位散热量总和才是建筑物的总散热量。还有一种思路，统计规律，按面积计算热量损失，其中住宅的热量损失为60W/m²，公建为78W/m²。知道总建筑面积后就可以求出总的热量损失了。如果打算求证各部位散热量，表3-6中*K*值可采用。

第五节　采暖系统有关设备选用

一、锅炉的选用

锅炉的产热量 $Q_g=(1.1\sim1.2)Q$，Q_g 按1.1~1.2倍散热量计算。选两台 Q_g 产热量锅炉，一备一用，这未必是最佳选择，用户可从节省燃料角度出发运筹一下。

二、水泵的选用

1. 流量：

$$G=\frac{Q}{c\Delta t} \tag{3-3}$$

在这里选 Δt 很重要，很多资料介绍按95℃对70℃取 Δt，但不符合实际情况，多处运行状况表明 $\Delta t=15$℃较为合理。水的比热 c 取为4.18kJ/(kg·℃)，如果 Q 单位为kW，再乘3600（1kW=3600kJ/h），求出的 G 值单位是kg/h。

2. 扬程：

$$p=p_1+p_2+p_3+p_4 \tag{3-4}$$

式中　p_1——将水提升到最不利点所需克服的静压，如最高用水点标高50m，则 $p_1=500$kPa；

p_2——将水提升至不利点要克服的沿程阻力和局部阻力之和；

p_3——水表的压力损失；

p_4——到达不利点后，根据需求水还应有的压力。

水表压力降

$$p_3=\frac{q_g^2}{k_b} \tag{3-5}$$

式中，q_g 为计算管段的设计流量，m^3/h；k_b 为水表特性系数（一般情况下在产品说明书中给出）。

众所周知，水表的口径要与管道口径一致。如果水表在计量过程中阻力损失太大，那就需改变水表量程（即改变型号）。人们对水表压降一般不太熟悉，故在此介绍一下。

目前市场上有旋翼型和螺翼型两种水表，见图3-7和图3-8，二者主要性能见表3-8。另外，水表安装时要求表前的阀门要离开表一段距离，至少要8倍表口径数值。

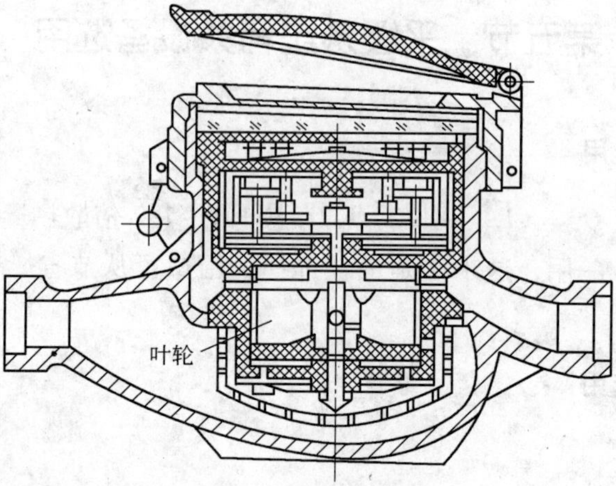

图 3-7 旋翼型水表

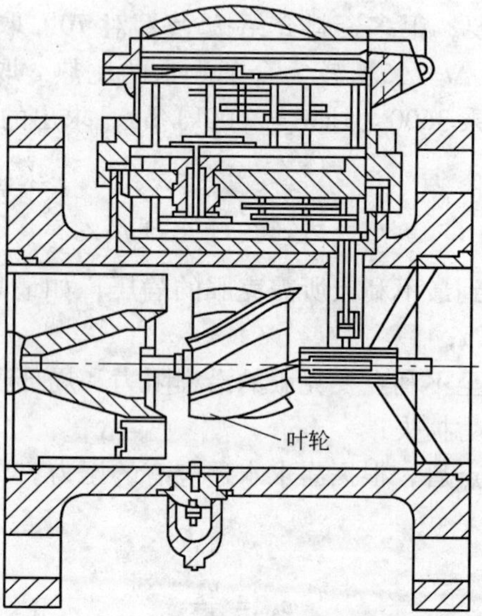

图 3-8 螺翼型水表

表 3-8 旋翼型和螺翼型水表的主要性能

水表名称	常规允许压力损失/kPa	消防时允许压力损失/kPa	k_b 计算式
旋翼型水表	<24.5	<49	$\frac{Q_{max}^2}{100}$
螺翼型水表	<12.2	<29.4	$\frac{Q_{max}^2}{10}$

图 3-7 所示的水表多为居民家用；图 3-8 所示的水表多用于大流量场合。

螺翼型水表接口为大口径 60～250mm；旋翼型口径 15～50mm。Q_{max} 为某管段最大流量，是已知量。这样 k_b 可以计算，计算时可认为 $q_g = Q_{max}$，最终可以求出 p_3。

p_2（沿程阻力与局部阻力之和）中沿程阻力

$$\Delta p_m = \frac{\lambda}{d}L \cdot \frac{\rho v^2}{2g} \tag{3-6}$$

式中　d——管内径，m；

λ——摩擦系数；

L——流经长度，m；

v——管内流速，m/s，各管段流量和管径已知，故 v 可求；

ρ——流体密度，kg/m^3（热水取值 980kg/m^3，冷水取值 1000kg/m^3）。

表 3-9 给出了常用 λ/d 值。

表 3-9　常用 λ/d 值

d/mm	15	20	25	32	40	50	70	80	100	125
λ/d/mm^{-1}	2.6	1.8	1.3	0.9	0.76	0.54	0.4	0.31	0.24	0.19

机械循环热水系统沿程阻力损失与局部阻力损失各占 50%，因此 $\Sigma\Delta p_m = \Delta p_m \times 2$。还有一个经验算法，取比摩阻 80Pa/m，求出所有沿程长度 L 值，即可求 $\Sigma\Delta p_m$，$\Sigma\Delta p_m = 80\text{Pa/m} \times L$，求出此值等于找到 p_2。p_4 是个选用值，因此水泵扬程 p 可求。

流量、扬程都有了，可按水泵标准选用适宜者。

三、分集水器筒径、分汽缸直径、锅炉烟囱高度与直径的确定

（一）分集水器筒体直径

$$D = (1.5 \sim 3)d_{max} \tag{3-7}$$

d_{max} 为所接支管的最大管径，前面的系数是一个不很严格的数，经验证明在 1.5 与 3 之间取值均可。

（二）分汽缸直径

实际工作中有时会遇到分汽缸怎么做的问题，其中分汽缸直径计算式如下。

$$D = 0.595\sqrt{\frac{G}{v\rho}} \tag{3-8}$$

式中　D——缸径，mm；

G——蒸汽量，t/h，动平衡后就是锅炉产汽量；

v——蒸汽流速，m/s，10～15m/s；

ρ——蒸汽密度，kg/m^3（根据不同压力，查表可得）。

（三）锅炉烟囱高度与直径

锅炉参数见表3-10。

表 3-10 锅炉参数

锅炉出力	t/h	<1	1~2	2~4	4~10	10~20	20~40
	MW	<0.7	0.7~1.4	1.4~2.8	2.8~7	7~14	14~28
烟囱高度	m	20	25	30	35	40	45
烟囱直径	mm	180	300	450	600	800	1000

表3-10中参数是对燃气、燃油炉而言；如果是燃煤炉，数值还需增大。另外，烟囱问题涉及环保，有时需要做环境评价。

四、波纹管补偿器的选用

管道伸长量计算式如下。

$$\Delta L = \alpha(t_1 - t_2)L \tag{3-9}$$

式中 α——膨胀系数，值为0.012mm/(m·℃)；

$t_1 - t_2$——管子使用最高温度与最低温度之差,℃；

L——所用管段长度，m。

波纹管使用时有一个拉压问题，就是说波纹管安装前有可能拉伸或压缩一下，见表3-11，但绝对值不可超过5mm。引入一个概念“补偿零点”：设计最高温度与设计最低温度的平均值就是“补偿零点”。

表 3-11 波纹管安装前的拉压量

安装时环境温度与补偿零点之差/℃	拉伸量/mm	压缩量/mm	安装时环境温度与补偿零点之差/℃	拉伸量/mm	压缩量/mm
-40	0.5ΔL	0	+10	0	0.125ΔL
-30	0.375ΔL	0	+20	0	0.25ΔL
-20	0.25ΔL	0	+30	0	0.375ΔL
-10	0.125ΔL	0	+40	0	0.5ΔL
0	0	0			

注：ΔL这一长度是全补偿能力，一只补偿器通过固定支架及活动支架可控距离为20~30mm。

第六节 地板采暖

地板采暖属于低温热水采暖。利用低温热源，从热力学角度看，本身就是节能措施；地暖散热符合人体取暖规律，所以受到用户青睐。

但“地暖”不是采暖的唯一模式。本节打算探讨一下地暖“真谛”。让用户懂得什么是地暖；什么样的地暖流程更合理；地暖工程如何选材；什么情况下不宜用地暖。

利用被加热的地板表面散热来加热房间的采暖，被称为地板采暖。这种采暖方式在某些场合也叫做地板辐射采暖。

据有关资料介绍，早在1905年，俄国工程师B. A亚希莫维奇就做过地板采暖设计。以热水作为热媒的地板采暖工程，美、英早在1946年就已实施，苏联于1952年在航空工程和机库中也实施过此类工程。因地理环境不一样，有些资料、数据现今我国不能套用。

埋在混凝土里的管道将热量传给地板，地板成为辐射板，辐射板给房间的热量取决于地板面的总放热系数 α 及板面与空气的温度差。影响提供热量的因素有管子埋深、管子间距、管内热媒温度、热媒流速、管材直径、管材自身厚度、管材的导热系数等。诸多因素相互关联，前苏联曾用电模拟法来计算热辐射温度场，原因是电传导和热传导有相似性，测量仪有ЭГДА-9/60型积分仪等。

地板采暖管系的拟定要从埋在混凝土里的蛇管间距入手，这一点是诸多矛盾中的主要矛盾，蛇管布置是个难题。

一、地暖工程理论依据

《低温热水地板辐射供热应用技术规程》由北京市建筑设计研究院北京市建筑设计标准化办公室主编，由北京市建筑委员会、北京市规划委员会批准，于2000年10月1日开始实施，代号DBJ/T 01-49—2000。

在规程条文说明中称“计算地板表面平均温度的近似公式来源于德国，有待通过试验进一步完善”，“规程附录中给出的计算数据，来源于北京瑞迪新型建筑材料有限公司提供的德国资料，应用较为广泛，且偏于安全”，“除顶层以外的各层，向下层的散热量，可视作来自上层的得来量相互抵消”。

节录一下规程附录中地板向房间有效散热的热量表（表3-12和表3-13），表中数据是对 D_N16 的PE-X管而言。

表3-12 地面层为水泥、陶瓷砖、水磨石或石料的散热量

平均水温/℃	室温/℃	下列供热管道间距（mm）条件下的地板散热量/W·m^{-2}							
		300	250	225	200	175	150	125	100
35	15	83	92	97	102	107	112	117	121
	18	70	78	82	86	90	94	98	102
	20	62	68	72	75	79	83	86	90
	22	53	59	62	65	66	71	74	77
	24	45	49	52	54	57	60	62	65

续表 3-12

平均水温/℃	室温/℃	下列供热管道间距（mm）条件下的地板散热量/W·m^{-2}							
		300	250	225	200	175	150	125	100
45	15	127	140	148	155	163	171	178	186
	18	114	126	134	139	146	153	160	166
	20	105	116	122	128	135	141	147	153
	22	96	106	112	117	123	129	135	140
	24	87	96	101	107	111	117	122	128
55	15	171	189	199	209	220	230	241	251
	18	158	174	184	193	203	212	222	231
	20	149	165	173	182	191	200	209	218
	22	140	155	163	171	180	188	197	205
	24	131	145	152	160	168	176	184	192

注：地面层热阻 $R=0.02m^2 \cdot K/W$。

表 3-13　地面层为木地板的散热量

平均水温/℃	室温/℃	下列供热管道间距（mm）条件下的地板散热量/W·m^{-2}							
		300	250	225	200	175	150	125	100
35	15	61	66	68	71	73	76	78	80
	18	51	56	58	60	62	64	66	68
	20	45	49	51	53	55	56	58	60
	22	39	42	44	45	47	49	50	52
	24	35	35	35	37	38	40	42	43
45	15	92	99	103	107	111	115	119	122
	18	82	89	93	96	100	103	106	110
	20	76	83	86	89	92	95	98	101
	22	70	76	79	82	84	87	90	93
	24	63	69	71	74	77	79	82	84
55	15	123	134	139	144	149	155	160	164
	18	114	123	128	133	138	143	147	152
	20	108	116	121	126	130	135	139	143
	22	101	109	114	118	122	127	131	135
	24	95	103	107	111	115	119	123	126

注：地面层热阻 $R=0.1m^2 \cdot K/W$。

从目前市场运作情况看，规定管间距最小 100mm，最大 300mm。规程中有的表格只列出 100mm、150mm、200mm、250mm、300mm 五种间距下的散热值，此种情况对计算无妨，只是“繁”、“简”之分，并无“正”、“误”之别。

表 3-12、表 3-13 是以供热管道间距、水温及室温要求为前提的地板散热量表。

为了有可比性，施工工艺要满足下列要求：

1. 楼板上部聚苯乙烯泡沫板厚度 30mm（土壤上部 50mm）；沿外墙边界保温带泡沫板厚度 20mm。

2. 加热管上填充层厚度 30mm 以上。

表 3-12 和表 3-13 中平均水温、室温应该是已知量。举例说明，平均水温 55℃、（供水 60℃，回水 50℃）、室温 18℃时，不同地面层材质，不同管间距由表 3-12 和表 3-13 查出数据构成表 3-14。

表 3-14 不同条件地板散热量（W/m^2）

地面材料 \ 管间距/mm	300	200	100
陶瓷砖	158	193	231
木地板	114	133	152

从表 3-14 可以看出，管子间距和地面层材质对地板散热量均有影响。

北京瑞迪公司提供的德国资料，其中数据仅对 d_n16 PE-X 而言，如用不同材质、不同管径应做如下修正。

1. 因 PB 导热系数为 0.33W/(m·K)；表中散热量应乘以 0.9。PE-X 导热系数为 0.41W/(m·K)，PE-RT 导热系数为 0.4W/(m·K)，搭接焊铝塑管导热系数为 0.45W/(m·K)，对 PE-X、PE-RT 铝塑管可直接用表中数据。

2. 若用 d_n20 管，在上面基础上散热量增加 8%。

3. 地暖规程限定最高运行压力不得超过 0.8MPa，可按表 3-15 选用 S 值。

表 3-15 地暖用不同材质管材的 S 值选取

管材名称	低温地板采暖许用应用力 σ_D/MPa	选用 S 值	壁厚 e_n/mm	
			d_n16	d_n20
PB	5.46	6.3	1.3	1.5
PE-X	4.60	5	1.8	1.9
PE-RT	3.34	4	2.0	2.3

4. 内外层均为交联聚乙烯的搭接焊铝塑复合压力管，承压、耐温能力对地暖而言均有保障。

北京市建筑设计标准化办公室于2004年12月7日颁布了《北京市建筑设计技术细则》，该文件由北京市规划委员会批准，同年12月9日实施。细则中给出了d_n20，PB、PE-X管材低温热水辐射地板散热量数据。

二、选管、布管实例

某户，主卧建筑面积18m²（3m×6m），设定房间温度20℃，瓷砖地面，用d_n16、e_n2.0的PE-RT蛇管做地暖散热器，试做热力计算及布管。

按JGJ规范26—95标准，住宅热负荷50W/m²即可。考虑家具覆盖等因素，热负荷应为50/0.7=71.4W/m²，取值72W/m²。建筑面积不等于采暖面积，因此热负荷变为72×0.9=64.8W/m²，取值65W/m²。故主卧总热负荷为65×18=1170W。

从表3-12可以看出，平均水温35℃（进水40℃，回水30℃）、室温要求20℃、管间距300mm时，地板散热量为62W/m²，管间距250mm时，地板散热量为68W/m²，用内插法算得，管间距275mm时，地板散热量为65W/m²。按间距275mm布管，具体方案为：纵向直管段5.6m，横向两侧各留100mm空地，中间净空2.8m，可布管11根，10个弯头。总用管量为：5.6m×11+0.3m×10=64.6m，其中0.3m为弯头长度。则散热管面积为2.8×5.6=15.68m²，此种布管方式每平方米散热量为65W，故总散热量为65×15.68=1019W。可以看出散热量小于主卧总热负荷1170W。然而，运行时，进水不止40℃，回水也不止30℃，散热量要大于1019W，主卧房间温度有保障。

三、地板采暖地面做法示意图和供热系统单元图

地板采暖地面做法示意见图3-9。

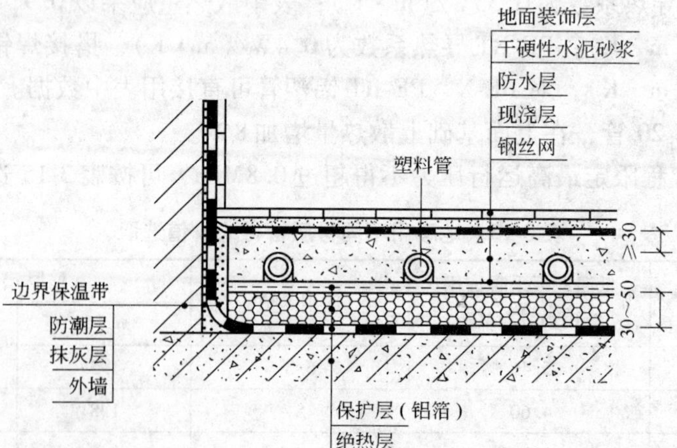

图3-9 低温热水地板辐射采暖地面做法示意图

埋管式地板辐射供热系统单元图见图 3-10。

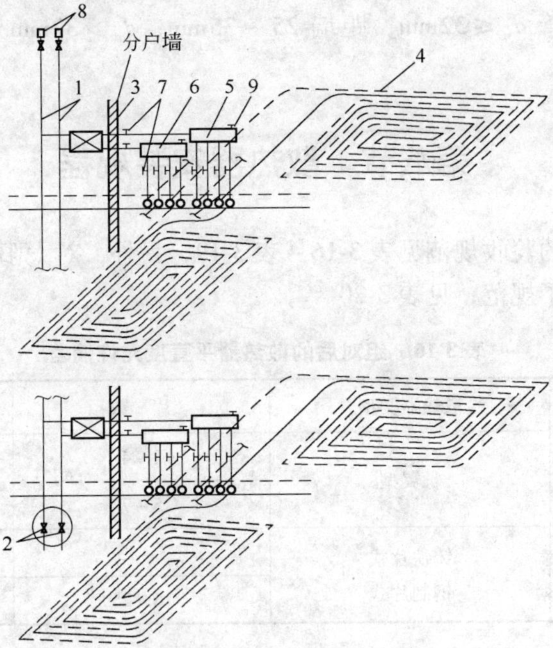

图 3-10　埋管式地板辐射采暖系统组成图

1—共用立管；2—立管调节装置；3—入户装置；4—加热盘管；5—分水器；6—集水器；7—球阀；8—自动排气阀；9—散热器放气阀

第七节　风机盘管安装调试要求

风机盘管是工程中常用的换热（换冷）设备，有几点值得注意的问题。

常用的低静压机组出口风压静压值为 12Pa，机组试压值 1.6MPa。

安装调试要注意以下几点：

1. 安装处的供回水接口与机组接口要对应；供回水方向要符合实际情况。
2. 针对轴承特点、含油与否，要用不同方式安装与调试。
3. 设备中的高点排气阀要保护好。
4. 热水试验时，水温不得超过 60℃。
5. 连接管必须保温。
6. 凝水管不得有变形，凝结水盘要水平，与凝水管接头处不得漏水。
7. A 挡风盘噪声值小于 45dB。
8. 调温方式：三个档次调整风量，恒温自控给水阀，根据温度调整供水量。

9. 风机盘管标识 FP-51 含义为风量 $510m^3/h$，其他类推。

10. 安装完毕后应用氮气（或压缩空气）彻底吹净外表一次。

11. 供水立管 $d_n \leqslant 32mm$，距墙 25 ~ 35mm；$d_n > 32mm$ 时距墙 30 ~ 50mm 为宜。

第八节 散热器安装规程

常见散热器的验收规范见表 3-16 ~ 表 3-19，另外，对太阳能热水器、金属辐射板安装也列出了规范，见表 3-20。

表 3-16 组对后的散热器平直度允许偏差

项次	散热器类型	片数	允许偏差/mm
1	长翼型	2 ~ 4	4
		5 ~ 7	6
2	铸铁片式 钢制片式	3 ~ 15	4
		16 ~ 25	6

表 3-17 散热器支架、托架数量

项次	散热器形式	安装方式	每组片数	上部托钩或卡架数	下部托钩或卡架数	合计
1	长翼型	挂墙	2 ~ 4	1	2	3
			5	2	2	4
			6	2	3	5
			7	2	4	6
2	柱型 柱翼型	挂墙	3 ~ 8	1	2	3
			9 ~ 12	1	3	4
			13 ~ 16	2	4	6
			17 ~ 20	2	5	7
			21 ~ 25	2	6	8
3	柱型 柱翼型	带足 落地	3 ~ 8	1	—	1
			8 ~ 12	1	—	1
			13 ~ 16	2	—	2
			17 ~ 20	2	—	2
			21 ~ 25	2	—	2

表 3-18 散热器安装允许偏差和检验方法

<table>
<tr><th>项 次</th><th>项 目</th><th>允许偏差/mm</th><th>检验方法</th></tr>
<tr><td>1</td><td>散热器背面与墙内表面距离</td><td>3</td><td rowspan="2">尺 量</td></tr>
<tr><td>2</td><td>与窗中心线或设计定位尺寸</td><td>20</td></tr>
<tr><td>3</td><td>散热器垂直度</td><td>3</td><td>吊线和尺量</td></tr>
</table>

表 3-19 采暖管道安装的允许偏差和检验方法

<table>
<tr><th>项次</th><th colspan="4">项 目</th><th>允许偏差</th><th>检验方法</th></tr>
<tr><td rowspan="4">1</td><td colspan="2" rowspan="4">横管道纵、横方向弯曲/mm</td><td rowspan="2">每 1mm</td><td>管径≤100mm</td><td>1</td><td rowspan="4">用水平尺、直尺、拉线和尺量检查</td></tr>
<tr><td>管径＞100mm</td><td>1.5</td></tr>
<tr><td rowspan="2">全长（25mm 以上）</td><td>管径≤100mm</td><td>≤13</td></tr>
<tr><td>管径＞100mm</td><td>≤25</td></tr>
<tr><td rowspan="2">2</td><td colspan="2" rowspan="2">立管垂直度/mm</td><td colspan="2">每 1m</td><td>2</td><td rowspan="2">吊线和尺量检查</td></tr>
<tr><td colspan="2">全长（5m 以上）</td><td>≤10</td></tr>
<tr><td rowspan="4">3</td><td rowspan="4">弯管</td><td colspan="2" rowspan="2">椭圆率 $\frac{D_{max}-D_{min}}{D_{max}}$</td><td>管径≤100mm</td><td>10%</td><td rowspan="4">用外卡钳和尺量检查</td></tr>
<tr><td>管径＞100mm</td><td>8%</td></tr>
<tr><td colspan="2" rowspan="2">折皱不平度/mm</td><td>管径≤100mm</td><td>4</td></tr>
<tr><td>管径＞100mm</td><td>5</td></tr>
</table>

注：D_{max}、D_{min} 分别为管子最大及最小外径。

表 3-20 太阳能热水器安装的允许偏差和检验方法

<table>
<tr><th colspan="3">项 目</th><th>允许偏差</th><th>检验方法</th></tr>
<tr><td rowspan="2">板式直管太阳能热水器</td><td>标 高</td><td>中心线距地面/mm</td><td>±20</td><td>尺 量</td></tr>
<tr><td>固定安装朝向</td><td>最大偏移角</td><td>不大于 15°</td><td>分度仪检查</td></tr>
</table>

金属辐射板安装规范有：

1. 安装前做水压试验，如无试验值，可按工作压力 1.5 倍计，切不得小于 0.6MPa。
2. 辐射板应有千分之五坡度，坡向回水管。
3. 辐射板管道及带状辐射板之间的连接应用法兰连接。

低温热水地板辐射采暖系统安装规范为：

1. 地下垫层内只允许热熔接头。
2. 试验压力为工作压力 1.5 倍，切不得小于 0.6MPa。
3. 1h 内压降不大于 0.05MPa，且不渗不漏。
4. 弯管时，塑料管曲率半径 8 倍管外径以上，复合管不应小于 5 倍管外径。
5. 盘管间距误差允许 ±10mm。

6. 填充层强度标号应做试块抗压试验。

第九节 本章小结

本章提供了采暖流程，提出了重视回水的看法。提供了系统中各种设备的选用方法及相关计算。明确了“同程”、“异程”的含义。从实际出发提出了热水在散热器内温降 Δt 取为15℃为宜。

对地板采暖分析了来龙去脉，地板采暖是有条件的。不宜用纯木地板做地面。垫层内蛇管用 D_N16 是不合适的，建议用 D_N20 管，提出了对德国 D_N16 管资料的修正值。地板采暖规程中明确规定水温不宜超过65℃，因此小区住户如果是集中供热，用不用地暖要慎重考虑，因为小区内多数住户是散热器采暖，80℃水温也不为过，但地暖承受不了。地板采暖工程中，对打压试漏要极为重视。室内陈设中有重物者，重物下不宜排放蛇管；为了充分散热提倡地面摆放“带腿家具”。除了要求走管“横平竖直”外，要求坡向合理，坡度符合规范。对管子走向、连接、与墙距离等均有规范。

本书提供了散热器安装规范，还介绍了太阳能热水器、金属辐射板安装规范。

风机盘管是能散热也能“散冷”的设备，对其凝水排放要做妥善处理，对其排气阀要保护好。

第四章

通　风

第一节　空　气

一、空气成分

空气成分见表4-1。

表4-1　空气成分

成　分	质量分数/%	容积分数/%	成　分	质量分数/%	容积分数/%
氮	75.55	78.13	CO_2	0.05	0.03
氧	23.10	20.90	稀有气体	1.3	0.94

空气密度因温度而变化，标准大气压下，0℃时，空气密度1.29kg/m^3，15℃时，密度1.224kg/m^3，-26℃时，密度1.429kg/m^3。空气导热系数λ为0.03047W/(m·K)。了解空气成分与研究材料阻燃有关。

二、通风工程常用术语

1. 含湿量。众所周知，空气中是含有水蒸气的，这是结露的“水源”。含湿量是1公斤干空气附带多少克水蒸气。

2. 相对湿度。大气压力由空气和水蒸气两部分组成。某一温度下水蒸气分压力与同温度下饱和水蒸气分压力之比称为相对湿度。通俗地说“相对湿度越大，离结露越近”。

3. 露点温度。某一大气压力下降低空气温度，降温过程中含湿量不变，当温度到某一点空气饱和（露珠析出），这一温度被称为露点温度。

第二节　通风工程分类及换气次数

一、通风工程分类（对风道而言）

1. 低压通风系统：风压小于500Pa，要求风管接缝处严密。

2. 中压通风系统：风压介于500Pa与1500Pa之间，要求接缝处增加密封措施。

3. 高压通风系统：风压在1500Pa以上，要求接缝处强化密封。高压通风多用于“鼓风”场合。人居场合多为低、中压通风。

二、通风换气次数

不同国家对不同场合通风换气次数的规定见表4-2。

表4-2 中、德、日三国对不同场合通风换气次数的规定（次/h）

场合＼国家	中国	德国	日本	场合＼国家	中国	德国	日本
办公室（居室）	1	3~6	6	商 店	1	6~8	6
厨 房	3	6~8	15	手术室	6	5~20	15
厕 所	1.5	4~6	10	教 室	3	8~10	6
会议室	1	5~10	6	实验室	3	8~15	6

注：中国在SARS后要求每人每小时通风量不得少于30m^3。

第三节 风 机

风机是输出一定压力和额定数量风的设备，能源为电。风机分为离心风机、轴流风机和混流风机。混流风机是近年的新产品，功能介于离心和轴流之间。轴流风机压力低，小于490Pa算低压，大于490Pa算高压。对离心风机分级：低压风机，风压980Pa以内；中压风机，风压在980~2940Pa之间；高压风机，风压在2940~14700Pa之间。

风机按压力分类与送风系统按压力分类概念不同。风管压力是指系统压力状态，风机压力是风机出力能力，从数值上看，同是高、中、低，但数值不同。

一、风机全压

风机旋转，使空气得到能量，进口空气压力p_1，速度w_1；出口空气压力p_2，速度w_2。

因此
$$p_{全} = (p_2 - p_1) + \gamma(w_2^2 - w_1^2)/2g \tag{4-1}$$

可以这样理解：一定量的风，压力由p_1升至p_2，速度由w_1升到w_2，这些能量全部由风机传给气体。静压就是$p_{静} = p_2 - p_1$，只表征压力升高值。

二、风量

风机单位时间里吸入的风量为风机风量，单位为m^3/s、m^3/min或m^3/h。在标准状况下，气温 20℃，大气压为 760mm Hg 时的进风量才是风机风量。

三、风机的一、二、三次方关系式

风量与转速一次方成正比，即 $Q_1/Q_2=n_1/n_2$；

风压与转速二次方成正比，即 $p_{全1}/p_{全2}=(n_1/n_2)^2$；

功耗与转速三次方成正比，$N_1/N_2=(n_1/n_2)^3$。

风机功耗：$N=Qp_{全}/102\eta$，其中 Q 为风量；η 为风机效率。

为什么转速变化一点，耗电明显增加，上述关系式说明了原因。

四、曲线图

风压、效率及功耗与风量的关系示意见图 4-1，实际工作中应根据总风量和总阻力选用风机。

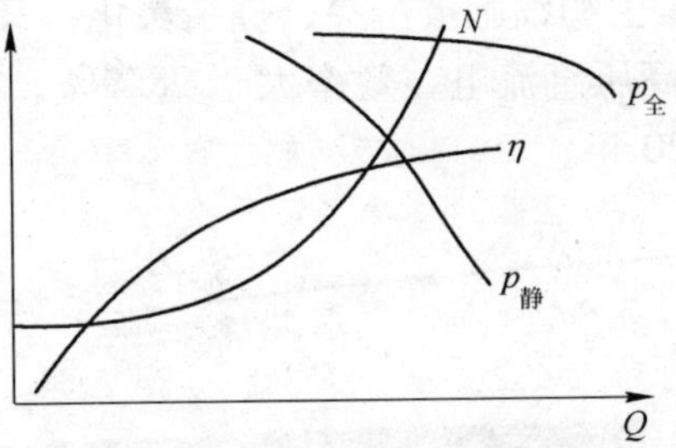

图 4-1　风压、效率及功耗与风量的关系示意图

第四节　净化杀菌

一、净化等级

以每升容积内大于等于 0.5μm 的粒子数目作为定级标准。不超过 3 粒，定为 3 级洁净度（100 级）；不超过 30 粒，定为 30 级洁净度（1000 级）；不超过 300 粒，定为 300 级洁净度（10000 级）；不超过 3000 粒，定为 3000 级洁净度（100000 级）；不超过 30000 粒，定为 30000 级洁净度（1000000 级）。其中，30000 级又称“马路级”。

二、净化手段

1. 初级净化：初效过滤器一次净化。过滤器用粗孔聚氨酯泡沫塑料或无纺布做成。

2. 中等净化：终端加中效过滤器。中效过滤器用玻纤、中、细孔聚乙烯泡沫塑料或无纺布做成。

3. 超级净化：初、中、高效过滤器串联。高效过滤器滤料用超细玻纤、超细石棉纤维。

国产高效过滤器对 0.3μm 粒径微粒可除掉 99.91%，民用建筑室内甲醛含量不得超过 0.12mg/m^3，装修后大多超标。近年来新技术、新设备不断涌现，越来越多地用电能实现净化杀菌。

三、蜂巢型电子过滤器（除尘器）

此种设备精巧，见图 4-2，有除尘、灭菌、去除有害气体等多重净化作用。其原理为（图 4-3）：放电针经光学磨圆，像栽树一样一根根固定在发射板上，通电后对空气进行电离，产生高浓度的等离子体，这些等离子体在集尘区被集结，集尘率很高；同时微生物细胞被击穿，烧结炭化，又实现了灭菌作用。据有关资料介绍用 12kV/cm 高压直流电，效率大于 98.9%；灭菌率 94% ~69%，且无二次污染，寿命可达 20 年。

图 4-2 设备外形图

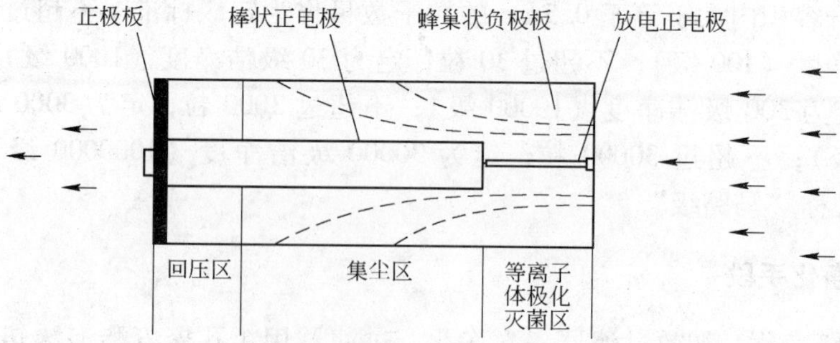

图 4-3 电子原理图

四、纳米触媒净化杀菌器

现代对通风要求较高，一般按气流方向先装电子除尘器，再装杀菌器（装在回风口)。这种杀菌器典型结构有抽拉式（图4-4和图4-5）和法兰式，风阻都不大。抽拉式是一个柱状体，在风管侧面开一个 ϕ60mm 孔，将柱状体插入，柱状体有一个底座，在风管外固定好即可。法兰式，可认为就是一节风管或箱体，两端用法兰连在风道上。

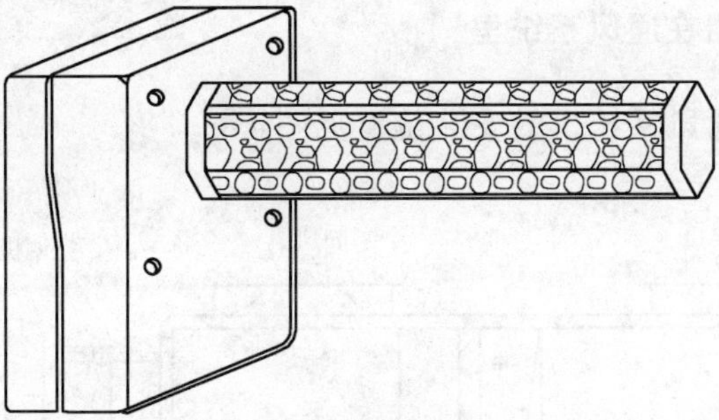

图 4-4　抽拉式纳米触媒净化杀菌器

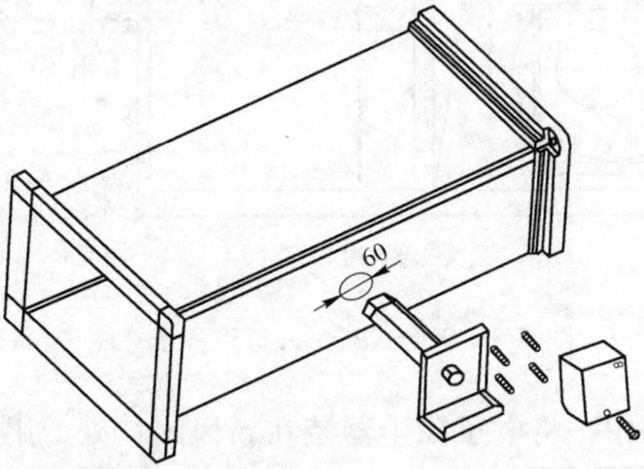

图 4-5　图 4-4 部件安装图

下面介绍一下杀菌机理。作为非专业人员知道杀菌器关键材料是二氧化钛（TiO_2）就行了。

光触媒是一种以纳米级二氧化钛为代表的具有光催化功能的光半导体材料的总称，是当前国际上治理环境污染的一种理想材料。

纳米级二氧化钛（TiO_2）超微粒子接受波长 350nm 以下紫外线照射时，其内部由于吸收光能而激发出电子，产生“光生载流子”，而后迅速迁移到其表面，激活被吸收的氧和水，产生活性自由氢氧基（·OH）和负氧基（·O—）具有很强的光氧化还原功能，可以氧化分解各种有机物和部分无机物，能破坏细菌细胞膜和固化病毒的蛋白质，可杀灭细菌和分解有机污染物，把有机污染物分解成无污染的水（H_2O）和二氧化碳（CO_2），因而具有极强的杀菌、除臭、防霉、防污、自洁和净化空气功能。

由于 TiO_2 是利用空气中的氧分子及水分子将所接触的有机物转换为 CO_2 和 H_2O，自身不起变化，因而使用寿命长。TiO_2 无毒，可用于食品、化妆品、医药等领域。这种设备有单端式、回风箱式、快装式、风管式、横块式等五种形式，风阻小，电源 220V，50Hz。

五、电子除尘器在通风系统里

电子除尘器在通风系统里的安装位置见图 4-6。

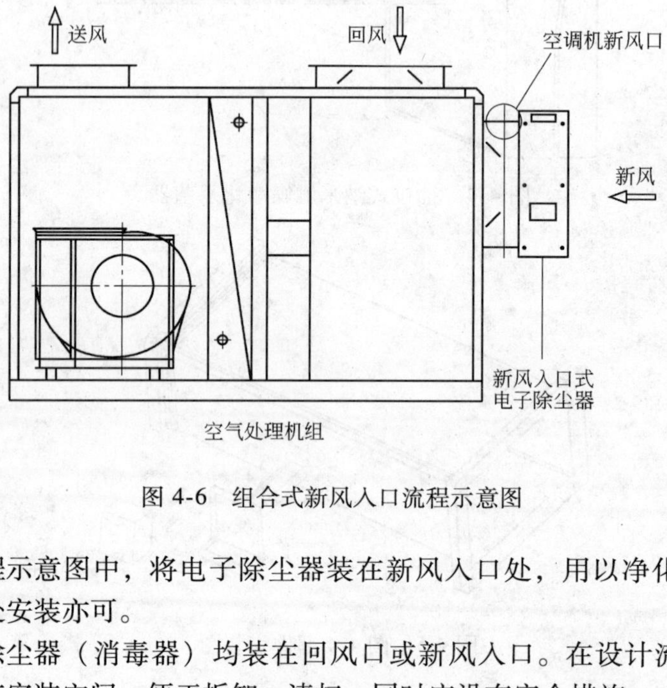

图 4-6 组合式新风入口流程示意图

上述流程示意图中，将电子除尘器装在新风入口处，用以净化新风中的污物，在回风处安装亦可。

电子式除尘器（消毒器）均装在回风口或新风入口。在设计流程时，要给此种设备留有安装空间，便于拆卸、清扫，同时应设有安全措施。

第五节 风机安装

安装前，先核对机号、型号、传动方式、叶轮旋向、出风口位置等。这一点对离心和轴流风机要求相同。选用风机时，注意效率值，风量比计算值多出5% ~10% 、风压多出 10% ~15% 为宜，变频风机功率打出 15% ~20% 余量。

一、离心风机安装

1. 轴承冷却水需0.4MPa压力，注意进出水接法。

2. 凡现场组装，要求保护好加工面。

3. 安装时要保障各减振器承载均匀。

4. 地脚螺栓要有防松措施。

5. 蜗壳底部有放水阀（空气中水冷凝析出）。

6. 风机轴与电机轴应在同一水平线上，允许联轴器径向偏差（即错位）0.05mm；倾斜值允许每米长0.2mm。

7. 允许偏差见表4-3。

表4-3 离心风机安装允许偏差

中心线平面位移	标高	皮带轮端面位移(主动轮与被动轮)	传动轴水平度	
			纵	横
允许误差10mm	±10mm	允许误差1mm(两轮端面应在同一平面上)	0.2/1000，每米误差0.2mm	0.3/1000，每米误差不超过0.3mm

8. 叶轮在蜗壳内，二者之间要有合理间隙。太小，热胀易互碰；太大，影响风机效率。轴向间隙取叶轮外径1/100；径向间隙为叶轮外径的(1.5～3)/1000。

9. 离心风机叶轮外吸气短管与叶轮间隙（图4-7）影响风机效率，要有一个合适尺寸，间隙值按表4-4取。

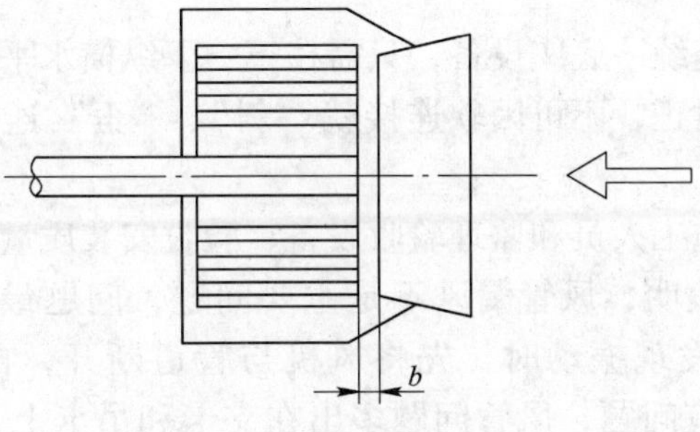

图4-7 吸气短管与叶轮间隙示意图

表4-4 吸气短管与叶轮间隙取值

风机号	间隙值/mm	风机号	间隙值/mm
2，3	3	6～11	6
4，5	4	12以上	7

10. 大号风机进口装除尘网，要做补强支撑。

二、轴流风机安装

1. 装在墙侧的风机，预埋件至少埋在24厚度以上的墙内，用4～5mm橡胶板做垫，且要做防水罩。

2. 双轴承情况，对中心线不同心度不应超过0.05mm。

3. 机组水平度，纵向每米不超过0.2mm，横向每米不超过0.3mm。

4. 叶轮与外壳之间有间隙，以两侧间隙之差来衡量，见表4-5。

表4-5 叶轮与两侧间隙之差取值

叶轮直径/mm	叶轮对两侧间隙之差/mm	叶轮直径/mm	叶轮对两侧间隙之差/mm
<600	±0.5	600～1200	±1

三、离心、轴流风机对轴承的要求

离心、轴流风机对轴承的要求是一样的。运行两小时后滑动轴承温升不超过35℃，最高温度70℃以内；滚动轴承温升不超过40℃，最高温度80℃以内。

四、混流风机安装

混流风机安装按轴流风机要求。

五、现场分析

安装时，如果是统一底座设备，只需校正一下纵横水平度。该固定者必须固牢；软连接处必须对正，不可因软连接就“斜”、“歪”连接；减振效果要在满负荷时观察效果。

前述的数据为施工人员和监理验收设备、验收安装质量提供了依据。

许多工程实践表明，风管漏风不是主要问题，问题最多的是振动和噪声。解决振动问题应在发现振动时，先将风机与管道断开，再启动设备，如果见效，证明风管安装有问题，风管问题多出在支卡和吊卡上，风管壁厚过薄也是原因之一。回过头看，风机是不是没问题，要看一下减振器安装是否合理，水平度偏差是否过大，地脚螺栓是否紧固。噪声不是孤立的，消声器安装不合适也可引起振动，下面有一节专门介绍消声器。当然，风机固有噪声值偏高，那不是安装问题。使用高品质风机，其叶轮动平衡精度高、轴承密封精度高，也是减少振动和噪声的手段。另外，风管管壁过薄，谐波共振也是产生振动和噪声的原因。

第六节　风管与法兰

一、制作精度要求

1. 圆风管外径小于300mm者外径尺寸误差允许1mm。矩形风管外边长（无论大边或小边）尺寸误差不得超过2mm。外径或外边长300mm以上者尺寸误差不得超过2mm。

2. 法兰尺寸允许误差2mm，不平度小于2mm。法兰孔距最大不应大于150mm。

3. 做有角度的管时，夹角误差不得超过3°。

二、各种材质圆形、矩形风管及法兰规范

以下列表（表4-6～表4-14）提供了各种标准风管及法兰规范。

表4-6　钢板风管板材厚度（mm）

类别 / 直径 D，长边 b	圆形风管	矩形风管	
		中、低压系统	高压系统
$D(b) \leqslant 320$	0.5	0.5	0.75
$320 < D(b) \leqslant 450$	0.6	0.6	0.75
$450 < D(b) \leqslant 630$	0.75	0.6	0.75
$630 < D(b) \leqslant 1000$	0.75	0.75	1.0
$1000 < D(b) \leqslant 1250$	1.0	1.0	1.0
$1250 < D(b) \leqslant 2000$	1.2	1.0	1.2
$2000 < D(b) \leqslant 4000$	现场设计	1.2	现场设计

注：1. 排烟管按高压系统取值；

2. 螺旋风管可适当减厚10%～15%。

表4-7　金属圆形法兰规格（mm）

风管直径 D	材料规格		螺栓规格
	扁　钢	角　钢	
$D \leqslant 140$	20×4		M6
$140 < D \leqslant 280$	25×4		M6
$280 < D \leqslant 630$		25×3	M6
$630 < D \leqslant 1250$		30×4	M8
$1250 < D \leqslant 2000$		40×4	M8

表 4-8 金属矩形风管法兰规格（mm）

长边尺寸 b	法兰材料规格（角钢）	螺栓规格
$b \leqslant 630$	25×3	M6
$630 < b \leqslant 1500$	30×3	M8
$1500 < b \leqslant 2500$	40×4	
$2500 < b \leqslant 4000$	50×5	M10

表 4-9 中、低压硬聚氯乙烯圆管系统（mm）

风管直径 D	板材厚度	法兰用料（宽×厚）	螺栓规格
$D \leqslant 320$	3.0	35×8	M6×35
$320 < D \leqslant 630$	4.0	40×10	M8×40
$630 < D \leqslant 1000$	5.0	45×12	M10×45
$1000 < D \leqslant 2000$	6.0	60×15	M10×50

表 4-10 中、低压硬聚氯乙烯矩形风管系统（mm）

长边尺寸 b	板材厚度	法兰用料（宽×厚）	螺栓规格
$b \leqslant 320$	3.0	35×8	M6×35
$320 < b \leqslant 500$	4.0	35×10	M8×40
$500 < b \leqslant 800$	5.0	40×10	M10×40
$800 < b \leqslant 1250$	6.0	45×12	M10×45
$1250 < b \leqslant 2000$	8.0	60×18	M10×60

表 4-11 中、低压系统有机玻璃钢风管系统（mm）

直径 D 或长边 b	板材厚度	法兰用料(宽×厚)	螺栓规格
$D(d) \leqslant 200$	2.5	35×6	M6×30
$200 < D(b) \leqslant 400$	3.2	35×8	M6×35
$400 < D(b) \leqslant 630$	4.0	40×10	M8×40
$630 < D(b) \leqslant 1000$	4.8	45×12	M10×45
$1000 < D(b) \leqslant 2000$	6.2	50×15	M10×50

表 4-12 中、低压系统无机玻璃钢系统（mm）

直径 D 或长边 b	板材厚度	法兰用料(宽×厚)	螺栓规格
$D(b) \leqslant 300$	2.5~3.5	35×6	M6×30
$300 < D(b) \leqslant 500$	3.5~4.5	35×8	M6×35
$500 < D(b) \leqslant 1000$	4.5~5.5	40×10	M8×40
$1000 < D(b) \leqslant 1500$	5.5~6.5	45×12	M10×45
$1500 < D(b) \leqslant 2000$	6.5~7.5	50×15	M10×50
$D(b) > 2000$	7.5~8.5	60×18	M10×60

表4-13　高、中、低压不锈钢风管系统（mm）

直径 D 或长边 b	板材厚度	法兰规格（宽×厚）	螺栓规格
$D(b) \leqslant 500$	0.5	25×4	M6
$500 < D(b) \leqslant 1120$	0.75	30×4	M8
$1120 < D(b) \leqslant 2000$	1.0	35×6	M8
$2000 < D(b) \leqslant 4000$	1.2	40×8	M10

表4-14　中、低压铝板风管系统（mm）

直径长边均用 b 表示	板材厚度	法兰规格（宽×厚）	螺栓规格
$b \leqslant 320$	1.0	30×8	M6
$320 < b \leqslant 630$	1.5	40×10	M8
$630 < b \leqslant 2000$	2.0	40×12	M10
$2000 < b \leqslant 4000$	按设计	按设计	按设计

不锈钢法兰做法：材料被剪成条形，然后电焊成形。圆法兰可冷煨，若热煨用电炉加热至1100～1200℃，温度在850℃后即可操作。热煨、冷煨后，应重新加至1100～1200℃，然后在冷水中迅速冷却，不锈钢的特点是不会变硬。不锈钢不宜直接和碳钢接触，可用防锈漆或绝缘漆涂刷办法给予隔绝，不锈钢管与碳钢支架间可加垫片隔开。

铝制风管，小于1.5mm厚板材可以咬口相接，大于1.5mm可用气焊或氩弧焊。法兰可用角铝，多是铝条焊接。铝不宜直接接触铁、铜等金属，防止电化学腐蚀。若用普通钢法兰应镀锌或防腐处理，支架和抱箍同样存在这样问题。镀锌做起来很难，除特殊要求外均用防锈漆涂刷解决此问题。铝管穿过（靠近）石材砌筑壁要加防护。涂油漆或包绝缘层，因水汽会加剧石材中石灰质对铝材的腐蚀。

三、法兰垫

1. 70℃以下空气用橡胶板、闭孔海绵橡胶板做垫。
2. 高于70℃介质输送用石棉绳、石棉板做垫。
3. 输送腐蚀性气体用耐酸橡胶板、软聚氯乙烯板做垫。
4. 有凝水时用橡胶板做垫。

四、风管跨距

1. 直径或长边400mm以内的风管跨距不能超过4m。
2. 直径或长边400mm以上的风管跨距不能超过3m。
3. 有凝水风管要有0.01～0.015坡向。

五、风管套管

要求厚度1.6mm以上，如是不锈钢风管，其套管为普通钢材即可，套管内层加防锈漆。

六、风管安装

1. 风管水平度要求3mm/m，一段管总偏差不得超过20mm。
2. 风管垂直度要求每米偏差小于2mm/m，一段管总偏差不得大于20mm。
3. 距墙距离不得小于150mm（以便操作）。
4. 室外管高出屋面1.5m以上用三根拉线拉紧。
5. 钢套管尺寸要保障带法兰的风管能穿过。

七、铆接

铁皮、铝皮自身连接或与法兰连接有时用铆接方法。直径（长边）500～2000mm者，铆钉$\phi 5\times 10$；直径（长边）500mm以下者，铆钉$\phi 4\times 8$。铆钉间距不应大于150mm，具体情况依设计给出的数据。

八、风管规范化

风管尺寸也应系列化、规范化（表4-15和表4-16），个别小系统或设计者也设计非标风管，但系列化是现代大生产的象征，流水线产品质量更有保障。

表4-15 圆形风管规格（mm）

直径 *D*							
基本系列	辅助系列	基本系列	辅助系列	基本系列	辅助系列	基本系列	辅助系列
100	80，90	250	240	560	530	1250	1180
120	110	280	260	630	600	1400	1320
140	130	320	300	700	670	1600	1500
160	150	360	340	800	750	1800	1700
180	170	400	380	900	850	2000	1900
200	190	450	420	1000	950		
220	210	500	480	1120	1060		

表4-16 矩形风管规格（mm）

边长（大边、正边）				
120	320	800	2000	4000
160	400	1000	2500	—
200	500	1250	3000	—
250	630	1600	3500	—

九、风管内风速值选用

不同种类及材质的风管管内风速值选用见表4-17。

表4-17　风管管内风速值选用（m/s）

风管种类	钢及金属风管	砖、混凝土风管	风管种类	钢及金属风管	砖、混凝土风管
干管	6~14	4~12	支管	2~8	2~6

表4-17中数值对非风管设计人员分析噪声、振动有帮助。风道截面积乘以风速即是风量，风速过高或过低都是振动的原因。

十、风管连接方式及规范

矩形、圆形风管无法兰连接方式及规范见表4-18和表4-19。

表4-18　矩形风管无法兰连接形式

无法兰连接形式		附件板厚/mm	使用范围
S形插条		≥0.7	低压风管单独使用连接处必须有固定措施
C形插条		≥0.7	中、低压风管
立插条	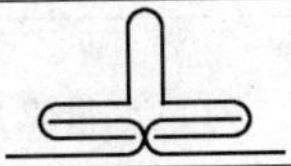	≥0.7	中、低压风管
立咬口	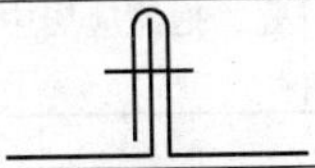	≥0.7	中、低压风管
包边立咬口		≥0.7	中、低压风管
薄钢板法兰插条	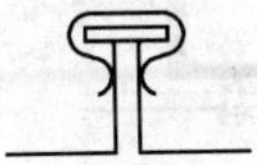	≥1.0	中、低压风管
薄钢板法兰弹簧夹		≥1.0	中、低压风管
直角形平插条	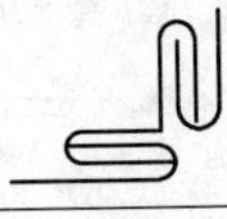	≥0.7	低压风管
立联合角形插条		≥0.8	低压风管

注：薄钢板法兰风管也可采用铆接法兰条连接的方法。

表 4-19 圆形风管无法兰连接形式

无法兰连接形式		附件板厚/mm	接口要求	使用范围
承插连接	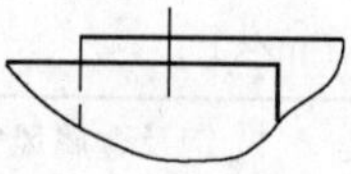	—	插入深度不小于30mm，有密封要求	低压风管，直径小于700mm
带加强筋承插	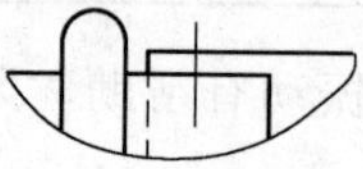	—	插入深度不小于20mm，有密封要求	中、低压风管
角钢加固承插	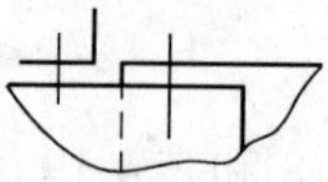	—	插入深度不小于20mm，有密封要求	中、低压风管
芯管连接	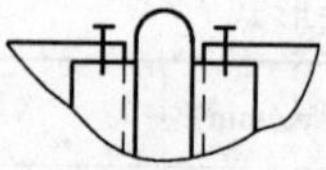	不小于管板厚	插入深度不小于20mm，有密封要求	中、低压风管
立筋抱箍连接	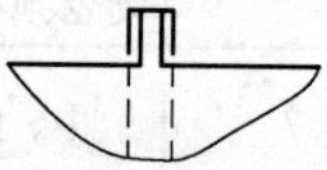	不小于管板厚	翻边与楞筋匹配一致，紧固严密	中、低压风管
抱箍连接	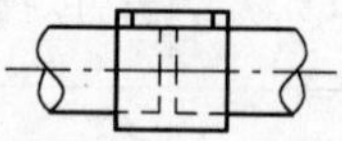	不小于管板厚	对口尽量靠近，不重叠，抱箍应居中	中、低压风管，宽度不小于100mmm

风管的加固形式有很多种，详见图 4-8。

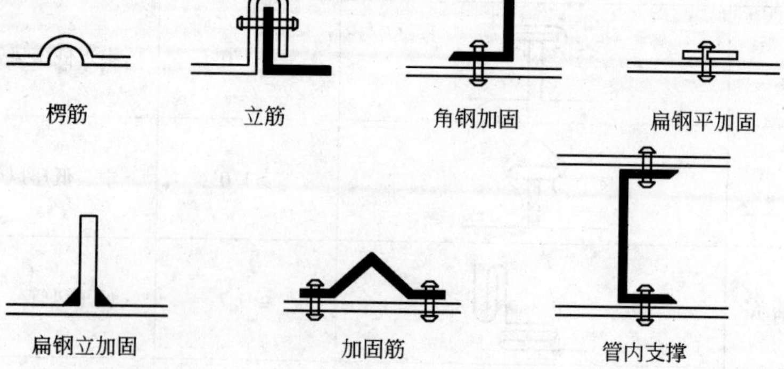

图 4-8 风管的加固形式

圆形风管的芯管连接规范见表 4-20，圆形弯管相关规范见表 4-21。

表 4-20　圆形风管的芯管连接

风管直径 D /mm	芯管长度 l /mm	自攻螺丝或抽芯铆钉数量/个	外径允许偏差/mm	
			圆　管	芯　管
120	120	3×2	-1~0	-3~-4
300	160	4×2		
400	200	4×2		
700	200	6×2	-2~0	-4~-5
900	200	8×2		
1000	200	8×2		

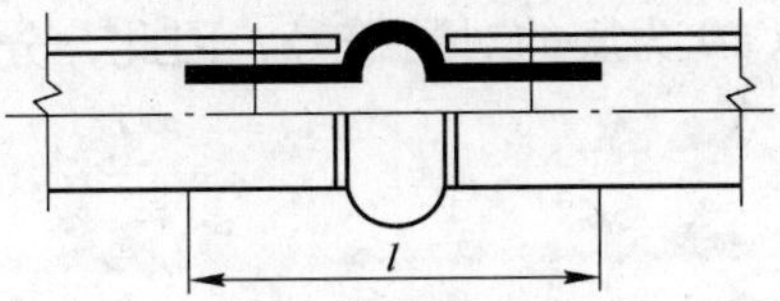

表 4-21　圆形弯管曲率半径和最少节数

弯管直径 D /mm	曲率半径 R	弯管角度和最少节数							
		90°		60°		45°		30°	
		中节	端节	中节	端节	中节	端节	中节	端节
80~220	≥1.5D	2	2	1	2	1	2	—	2
220~450	D~1.5D	3	2	2	2	1	2	—	2
450~800	D~1.5D	4	2	2	2	1	2	1	2
800~1400	D	5	2	3	2	2	2	1	2
1400~2000	D	8	2	5	2	3	2	2	2

第七节　消声器

一、基本知识

1. 不同材质中的声速见表 4-22。

表 4-22　不同材质中声速

材　质	声速/$m \cdot s^{-1}$	材　质	声速/$m \cdot s^{-1}$
钢	5000	橡　胶	40~50
水	1500	空　气	$20.05\sqrt{T}$

注：T 为绝对温度，当时当地气温加上 273.15℃即为 T 值。

2. 分贝是个相对量，以下式表示。

$$SPL = 20\lg \frac{p}{p_0} \tag{4-2}$$

式中 p——声压，N/cm^2；

p_0——基本声压，$p_0 = 0.0002N/cm^2$，为人的听力能听到的声音。

有的资料表示为

$$L_p = 20\lg \frac{p}{p_0} \tag{4-3}$$

意义同公式 4-2。

式 4-2 前面是 20 倍以 10 为底的对数符号，因此，分贝数的含义即被测声强是基本声强的某个倍数。

二、消声器功能

消声器应该能防火、防潮、防腐蚀，体积小且符合卫生要求；运行起来要消声值大，阻力损失小。

1. 阻性消声器，见图 4-9。

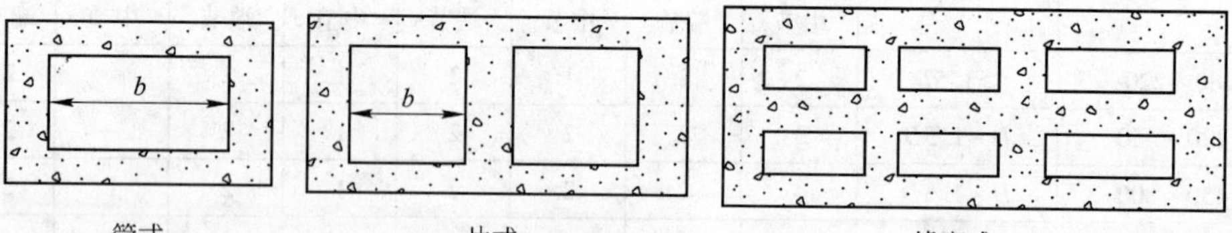

图 4-9 阻性消声器示意图

图 4-9 中 b 为风道中气流流经的宽度，由吸音材料做成的这种片状物（消声片）放在一个固定的外壳中，气流流经过程中，噪声被吸收。片状物厚度一般情况为 25 ~ 120mm，越厚越易吸收低频声音。片状物的最理想材质是无碱超细玻璃棉，其直径小于 4μm，质软，对人无刺激，容重小于 $15N/m^3$（$1.5kg/m^3$），吸湿 0.2%。

2. 抗性消声器，见图 4-10。

图 4-10 中，l 是消声器长度，抗性含义是气流流经截面积突然增大。$m = \frac{s_2}{s_1}$，m 被称为膨胀比。

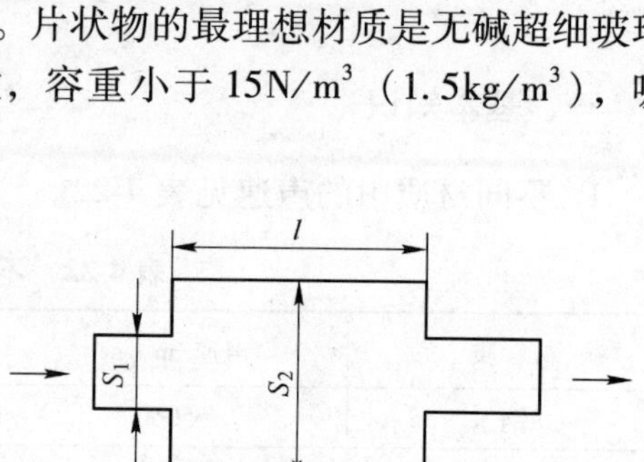

图 4-10 抗性消声器示意图

消声值 $\Delta L = \varphi(a)\frac{2l}{b}$ dB (4-4)

式中　l——消声器长度，m；

b——气流通道宽度，m；

$\varphi(a)$——消声系数。

从公式4-4中可以看出，消声器长度越长，通道越窄，对消声越有利，然而任何想法必须全面才有实际意义，b值小，l值大，阻力损失必然大。

3. 阻抗复合式消声器（又称宽频带复合式消声器）

简单地说，将各种消声片放在突然放大的腔体内就构成了阻抗复合式消声器。

三、消声器安装

我们并不制作消声器，但学习前面的知识有助于进行安装消声器的操作。具体要求如下。

1. 型号、尺寸、气流方向符合要求。
2. 外壳不漏，隔板尺寸正确，框架牢固。
3. 消声片固定端不松动，片距均匀。片状物自身材质均匀。
4. 消声器应有单独支架，不得由风管承担其重量。

第八节　本章小结

通风系统以风机为中心，吸入合格空气，通过风管送往不同用风场合。

所谓合格空气包括经过净化消毒的新风或室外新风与室内循环风混合后经过净化消毒的风。合格空气经过风机升压后排往各用风场合。

风机是提升空气压力的设备，其主要参数是风量和风压，本章都做了介绍。至于用风场合、用风量、可选择换气次数等通过计算可以得出。风压可通过压力损失计算得知，最简单的办法是用不同风机特性曲线来查找，因为风量是已知量。

作为施工者，最关心的是风机安装和风管制作，本章给出了不同材质各型风管的规范、规格。制作者、验收者均有据可查，法兰、密封垫等也都给出了数据。

本章明确了同是高、中、低压，对风机和风管含义不一样。

笔者主张用离心风机、轴流风机；尽量少用或不用混流风机。

书中对净化问题的传统工艺和最新技术均做了介绍。

对消声器做了较详细介绍，因为噪声消除是通风工程中的一个大问题。

至于减振器使用，要了解承载能力和安装方法，执行设计要求和产品说明书中的规定。多个减振器用于同一风机，应尽量保障各减振承载量一致。

第五章

消　防

第一节　防火等级

Ⅰ类建筑	Ⅱ类建筑
高级住宅	10～18 层普通建筑住宅
19 层及 19 层以上住宅	除一级建筑外商业楼、电信楼、书库
医　院	省以下邮政、广播电视、电力调度楼
高级宾馆	高度不超过 50m 的教学楼、
高度 50m，每层 $1000m^2$ 以上建筑物	档案馆、宾馆楼
高级商住楼	
中央级、省级广播电视楼	
网局级、省级电力调度楼	
省级邮政楼	
100 万册以上图书馆	
高度超过 50m 科研教学楼、电信财贸楼	

国标 GB 50045—95（2005 年版）《高层民用建筑防火规范》中规定，不同防火等级，要求有所不同。实际运作过程中是不容易界定的，往往与建筑物业主要求有关。所有设计图纸都要标出防火等级。

第二节　消火栓设置规范

一、消火栓安装要求

1. 出水口中心距地面 1.1m，允许误差 ±20mm；垂直度误差 ±3mm。
2. 箱体外廓尺寸 800mm×650mm，面对消防箱，底面打孔，消火栓穿过。

对 CN50 型，底面孔中心距右壁面 140mm，距后壁面 100mm；对 CN65 型，距右壁面 140mm 不变，距后壁面为 110mm。箱体厚度对 CN50 型 280mm，对 CN65 型 300mm。

3. 消火栓（图 5-1 和图 5-2）等相关产品必须由专业厂家生产，有国家级资质检测机关检测报告。

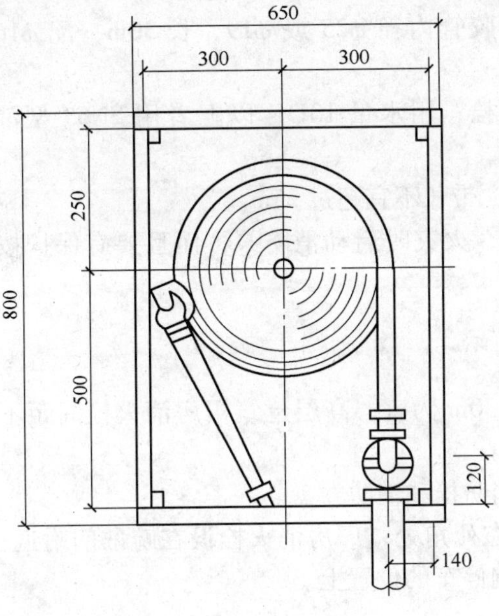

图 5-1　消火栓正视图

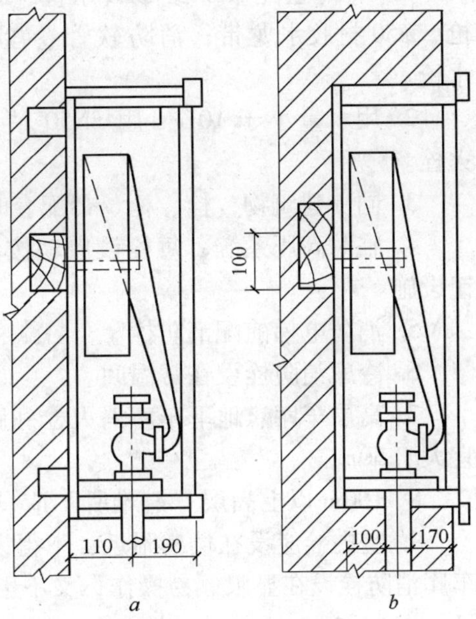

图 5-2　消火栓侧视图
a—CN 65 型；*b*—CN 50 型

二、室外消火栓设置要求

1. 宜用地上式；如用地下式应加明显标识。

2. 地上式要求有一个 150（或 100）栓口；两个 65 栓口。地下式，要求 100 和 65 栓口各一只。

3. 室外每栓用水量 10 ~ 15L/s 为宜。

4. 室外栓保护半径 150m，间距 100m。

5. 消火栓沿道设置，十字路口为最佳位置；马路宽 60m 以上时，应在两边设置，距路边距离不超过 2m，距房屋外墙距离不小于 5m；不大于 40m。

6. 当建筑物在市政消火栓保护半径内（150m），消防用水量不超过 15L/s 时，可不设室外消火栓。

7. 人防室外消火栓距人防出入口距离不小于 5m。

8. 停车场室外消火栓，宜周边设置，距最近一排汽车应在7m以上；距加油站（油库）不小于15m。

9. 室外栓应便于消防车使用。

三、室内消火栓设置要求

1. SN65型配$\phi19$或$\phi16$水枪，$\phi65$衬胶水龙带；SN50型配$\phi16$或$\phi13$水枪，$\phi50$衬胶水龙带；消防软管卷盘，胶管内径$\phi25$或$\phi19$，长30m，配$\phi16$水枪。

2. 用水量小于10L/s用SN50消火栓；用水量10L/s以上者用SN65型消火栓。

3. 同一建筑物，栓、枪、带配套时，带长不宜超过25m。

4. 临时高压系统，每栓设启动按钮，火灾时启动消防泵，而且要有保护按钮设施。

5. 消防电梯前配消防栓。

6. 冷库消防栓设在常温间。

7. 高层车库、地下车库消火栓间距30m为宜，高层建筑裙房消火栓间距不宜大于50m。

8. 100m以上高层“避难所”应设消防栓和消防卷盘。

9. 室内栓应设在楼梯附近，不得设在死角处；厂房消火栓设在疏散门附近；车库消防栓设在显眼、易操作，又不影响停车的位置上。

第三节 消火栓系统与自动喷水灭火系统压力试验

一、消火栓系统压力试验

1. 可分层、分段试压，水路最高点设排气阀和压力表。

2. 要求环境温度5℃以上。

3. 设计压力1.0MPa，试验压力为1.5倍工作压力，但不得低于1.4MPa；设计压力大于1.0MPa，试验压力为工作压力加上0.4MPa。

4. 水压强度试验测试点应在管网最低点，最高压力稳压30min，压强不大于0.05MPa为合格；工作压力下，24h应无泄漏。

二、自动喷水灭火系统压力试验

此项工作内容大多与消火栓试压相同。仅有一点不同，自喷系统气压试验实质是气密性试验，要求用氮气或压缩空气打压至0.28MPa，24h压降不大于0.01MPa为合格，且要求压缩空气品质洁净。

三、强调几个数值

1. 消火栓栓口极限静压 1. 0MPa；
2. 自喷报警阀处的工作压力极限静压 1. 2MPa；
3. 消防给水系统任何时间、地点系统内压力不得超过 2. 4MPa。

第四节　消防泵房及相关消防设备

一、消防泵房

1. 耐火等级，根据重要性分为一、二类。

2. 泵房应为独立空间，在与其它建筑邻接时，其隔段材质应达到烧 1h 不塌垮，不起明火。

3. 周边无噪声源最为理想；若有噪声源应做防噪设施。

4. 有独立出口和独立通讯设施。

5. 有条件单位，监控屏应设在泵房便于观察的开间内。

二、对水泵的特殊要求

1. 流量增大时压降很小，工作曲线几乎“平”、“直”，见图 5-3。

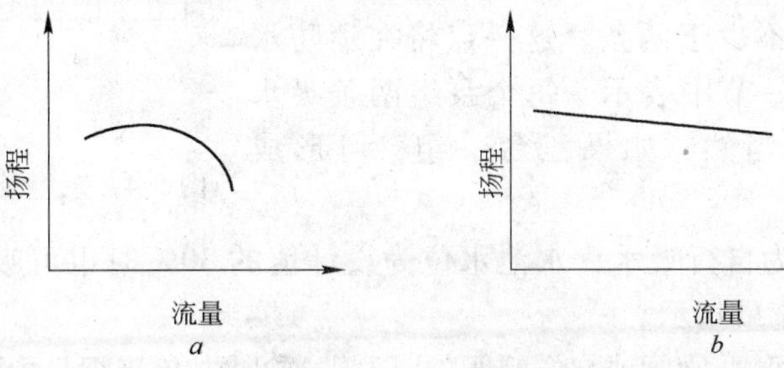

图 5-3　水泵工作曲线

a—普通泵；*b*—消防泵

关于图 5-3*b* 做如下说明。离心机械叶片绝大多数是后弯形，前弯形极少见，但可产生高压力。目前市场上已有叶片近乎垂直形，压力较高，扬程因流量增加衰减很慢，但耗电有所增加（能量守恒），建议选用。火灾发生时没必要计较能耗。

2. 水泵流量为额定值 150% 时，其压力不得低于额定值的 65%；零流量时，压力不得超过额定值的 140%。

3. 电机功率能满足所有工作点要求。

三、水泵安装

1. 与外墙及泵间距离见表5-1。

表5-1 水泵与外墙及泵间距离

功率/kW	外廓与墙距离/m	泵与泵间距/m
<22	0.8	0.4
25～55	1.0	0.8
55～160	1.2	1.2

2. 管道与地面（或沟底）距离见表5-2。

表5-2 管道与地面（或沟底）距离

管径/mm	距离/m	管径/mm	距离/m
≤150	≥0.2	≥200	≥0.25

3. 泵周边应有0.7m宽的走道。

四、消防泵房管道

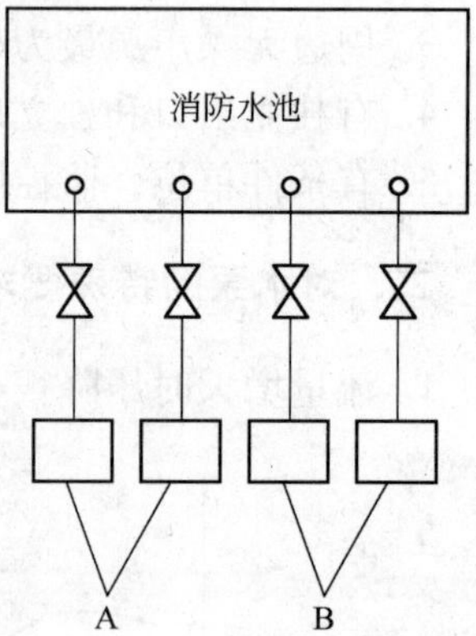

图5-4 泵组吸水管示意图

1. 每个泵组吸水管不应少于两根，以防其中一条损坏时，另一条可承担输水量，如图5-4所示。

图中A组双进水，供消火栓用水；B组双进水，供喷头用水。

2. 泵组出水管不少于两条。这一点将在消防水路一节及供水模式一节中表示，每个泵组两条吸水管，两条出水管。当然，如果三台一组，可形成“三进三出”。

3. 消防水泵应为自行吸水，水池水位为设计值的30%时也可吸上水。管道上应有压力指示和流量指示。

4. 出水管设止回阀、闸阀或自锁蝶阀(止回阀、逆止阀、单流阀是指同一阀件)。

五、消防水池

1. 最小容积能满足15～30min消防用水量。

2. 水池需要补水，需设两条独立的补水管，补水量按管径小的管子计算(等径者任取其一)，流速取1m/s。补水阀门不可全开，补水时间不宜超过48h；缺水地区可慢些，延长至96h。

3. 容量超过1000m³的池应分成两个池子。

4. 室外消防水源水池要保障吸水高度在6m以内。

5. 吸水管底部喇叭口被水埋深要在0.6m以上；喇叭口距池底最小距离不小

于0.15m。

水池溢流口要高出设计最高水位0.1m左右，溢流管不得装阀门。

六、消防水箱

按《建筑防火规范》规定，水箱贮水量应满足初期救火用水10min用量。水箱过大，重量增加，会加大建筑物荷载。一类建筑（除住宅）水箱容积不小于$18m^3$；二类建筑（除住宅）和一类建筑中的住宅，水箱容积不小于$12m^3$；二类建筑的住宅水箱容积不小于$6m^3$。

七、消防水泵结合器

SQ型墙壁式水泵结合器见图5-5。

有些建筑，如人防工程、自动喷水灭火系统等要设置水泵结合器，属外接消防水源，设在室外。结合器处应有排水设施。DN100消防水泵结合器通水能力10L/s；DN150通水能力15L/s。该设施应设在便于消防车接近和使用的地方。距

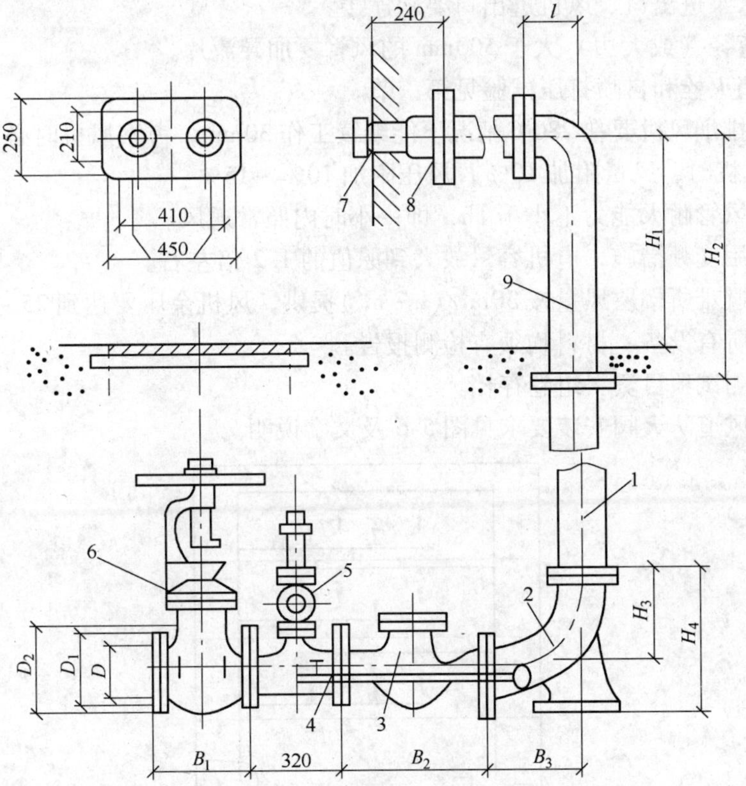

图5-5 SQ型墙壁式水泵结合器

1—法兰接管；2—弯管；3—升降式单向阀；4—放水阀；5—安全阀；6—闸阀；7—进水接口；8—结合器主体；9—法兰弯管

人防出入口应在5m以上，距室外消火栓应在15～40m范围内。水泵结合器地上式、地下式、墙壁式应有标识。如用墙式结合器，接口中心标高应为0.7m，结合器上部不应有易碎建材；如果有玻璃幕之类装饰物，对结合器要罩盖保护物（依据《建筑设计防火规范》GB 50016—2006）。

第五节 消防排烟系统特殊性

1. 保温（含防结露）材料氧指数要在30以上。
2. 防爆风机必须有检测报告。
3. 风机有消声减震设施。
4. 自喷系统对管材管径要求见第十一节。
5. 对水泵要求见第四节。
6. 各种设备要留出操作、维修空间。
7. 水泵进出口、风机进出口要软连接。
8. 直径（或大边）大于500mm的风管要加导流片。
9. 消火栓和自喷打压试验见第三节。
10. 排烟风机要在280℃情况下能继续工作30min，考察风机时必须注意此要求。选风机时，风量附加10%，风压附加10%～15%。
11. 风管耐火能力不小于1h，即一小时内照常通风。
12. 用变频措施，电机容量放大到原值的1.2倍左右。
13. 避难所楼层风量按30m^3/(h·m^2)提供，风机余压要达到25～30Pa。
14. 所有设备、材料均须有检测报告。
15. 测试项目资料组卷存档。
16. 风道防火阀安装要求见图5-6及文字说明。

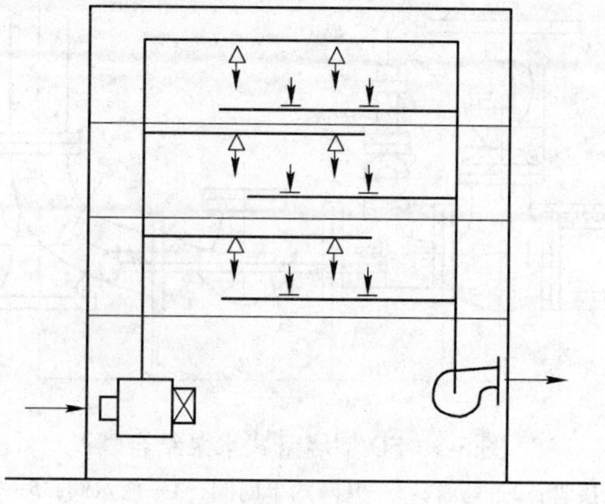

图5-6 多层建筑防火阀设置图

在发生火灾时，防火阀中温度熔断器起作用，使阀门关闭，切断火势与烟气。防火阀要有单独支架，有足够强度。通过沉降缝的风管，两侧分别加防火阀。防火阀距墙不应大于200mm。

防火阀有左式、右式、水平、垂直之分，不可装错。易熔片易脱落，一般情况下应在工程快结束时再装。

第六节　消防水路及注意点

消防水路可有多种组成方式，但有一点不能变，即水泵的水绝对不可进入贮水箱，因此水箱出水管上需装止回阀，水箱里的水只能流向灭火环路，每个水箱均有补水入口，见图5-7和图5-8。

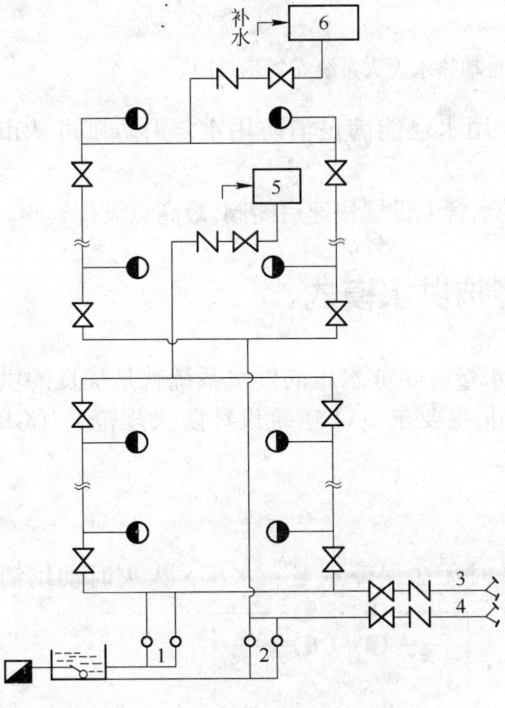

图5-7　并联给水系统

1—一组水泵；2—二组水泵；

3，4—水泵结合器；5，6—水箱

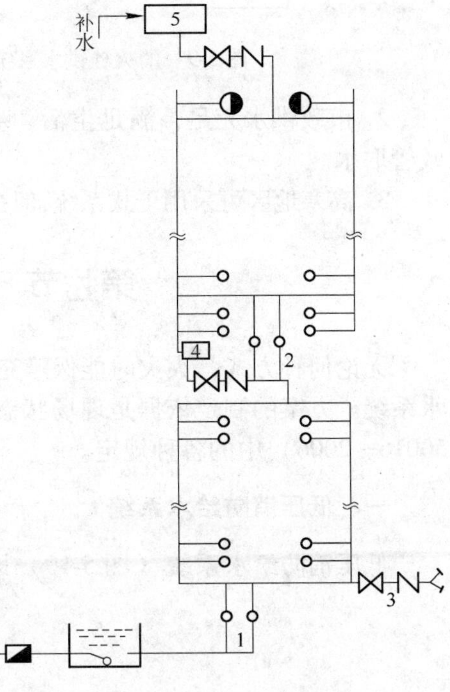

图5-8　串联给水系统

1—一组水泵；2—二组水泵；

3—水泵结合器；4，5—水箱

图5-7中一组水泵和水泵结合器3及高位水箱5为一个环形区供水，水池水由市政提供。二组水泵和水泵结合器4及高位水箱6为另一个环形区供水，水源与前一个环形一样。两个环形区各自分别供水，显然是并联给水。

图5-8与图5-7不同，图5-8中一组水泵和水泵结合器3及高位水箱5组成系统为一个环形区供水灭火，二组水泵从前一个环形区末端与水箱5出水口汇集点抽水，再与高位水箱6结合成另一环形灭火区。从图5-8中可以看出，第二组水泵与第一组水泵或第二组水泵与水泵结合器3都是串联形式。

并联与串联是两种基本的消防供水方式，有以下几点值得注意。

1. 室内消火栓供水系统与自动喷水灭火系统应分开设置（图5-9），且要在泵上有明显标志。

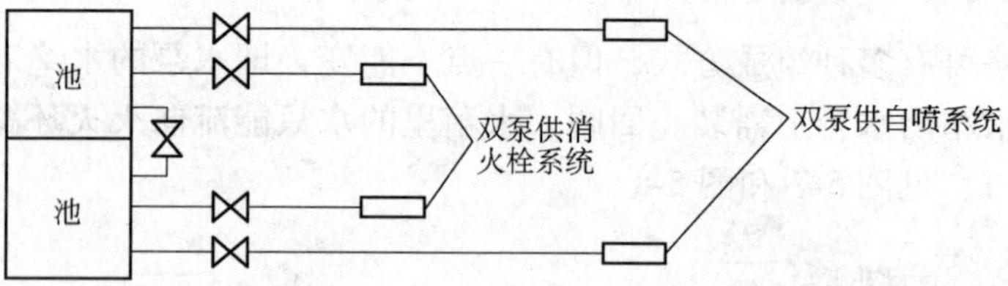

图5-9 消火栓供水系统与自动喷水灭火系统布置示意图

2. 市政供水充足，满足生活、生产用水还能满足消防用水，消防泵可从市政管取水。

3. 高寒地区可采用干式系统，但在进水管上设置快速启闭阀，最高点设排气阀。

第七节 消防供水模式

无论何种方式，火灾时能保障充足水量、足够水压的供水系统就是优良的供水系统。方案的制定依据是现场状态、业主要求及《建筑设计防火规范》（GB 50016—2006）中的各种规定。

一、低压消防给水系统

低压消防给水系统（图5-10）即平时无法保障水量、水压，火灾时动用消

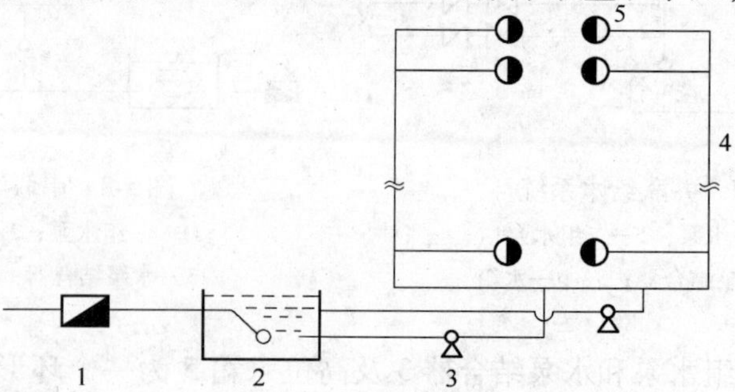

图5-10 低压消防给水系统示意图

1—水表；2—消防水池；3—消防泵；4—消防水管；5—消火栓

防泵等可满足灭火所需的水量、水压。

二、常高压消防给水系统

常高压消防给水系统（图5-11）即任何时间均能保障灭火所需水量与水压，且不另设加压设备。其实质是客观条件优越。

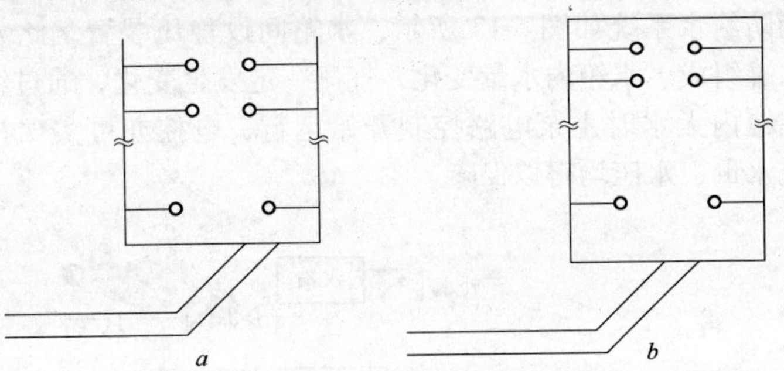

图5-11　常高压消防给水系统示意图

a—枝状供水；*b*—环状供水

三、水池、水箱、水泵高压消防给水系统

该系统（图5-12）仅靠水箱的贮水不能满足灭火所需，但启动水泵（水泵

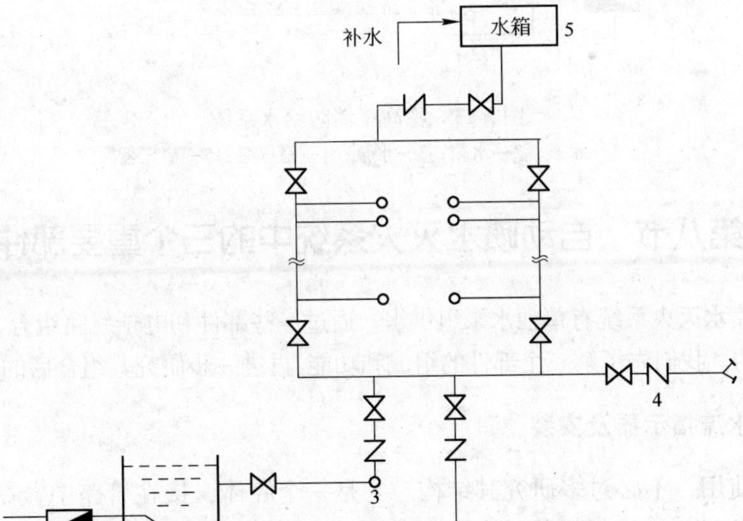

图5-12　临时高压消防给水系统示意图

1—水表；2—水池；3—水泵；4—水泵结合器；5—水箱

结合器）后水量、水压完全可满足灭火所需。此系统又称临时高压消防给水系统。有的设计在消火栓处设电控，必要时可启动消防泵，此电控必须设防护，不可随意乱动。

四、稳高压消防给水系统

稳高压消防给水系统如图 5-13 所示，水箱间设稳压装置，此装置由稳压泵和隔膜气压水罐组成。水箱内水量变化，气压一定发生变化，通过继电器控制稳压泵开停。在罐内无水时主泵电路控制开始运行，电控亦可实现补水。如此运行，灭火系统水量、水压均得以保障。

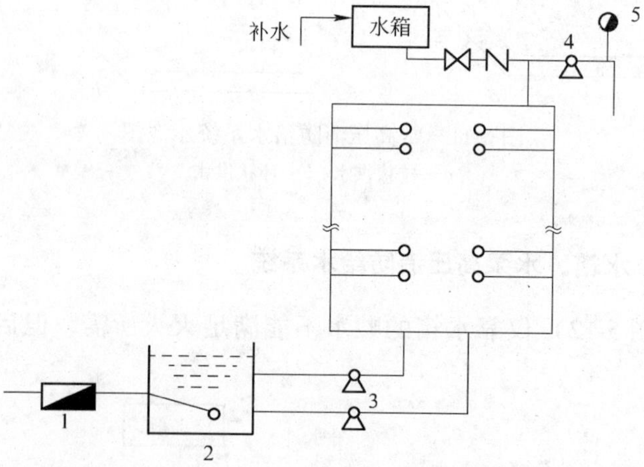

图 5-13 稳高压消防给水系统

1—水表；2—水箱；3—水泵；4—稳压泵；5—稳压器

第八节 自动喷水灭火系统中的三个重要部件

自动喷水灭火系统有单独水泵组供水。通过一些部件和电子线路组合,实现报警、灭火之目的。我们先了解三个部件的组成和功能,再进一步研究其组合后的功能。

一、水流指示器及安装

只是使用，不必过多研究其结构。它是一个腔体，接在管路中，一头进水一头出水，见图 5-14。如果某处失火，喷头喷水时，水则经过腔体，冲击内装的叶片，叶片向水流方向偏移倾斜，拉动动作杆挤压超小型电气开关，使延时电路接通，到设定时间叶片不回位（意味着喷头在喷水，水在腔内流动着），电触头则闭合，给出电信号。之所以延时，是防止误报。

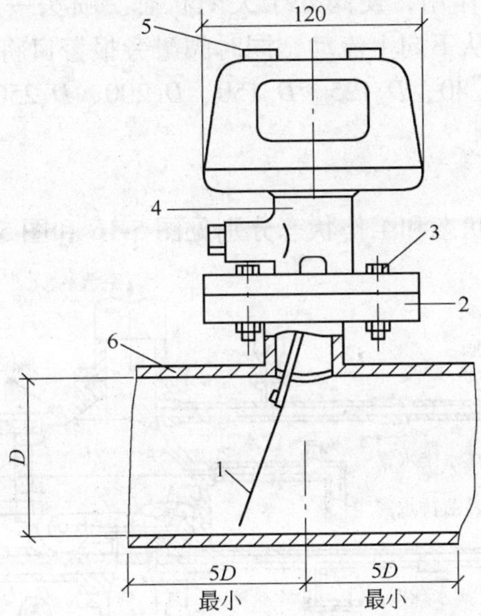

图 5-14　水流指示器构造原理图

1—叶片；2—法兰；3—螺栓；4—本体；5—接线孔；6—管道

安装时要校正水平，指示器前后直管段长度要 5D 以上。其规格有 D_N50、D_N65、D_N80、D_N100、D_N125、D_N150、D_N200 等。每个楼层和每个防火区分别安装；仓库顶板下与货架内的喷头（组）分别对应安装水流指示器。

二、湿式报警阀

湿式报警阀结构见图 5-15。腔体内阀瓣上下充水，上面面积大于下面面积。

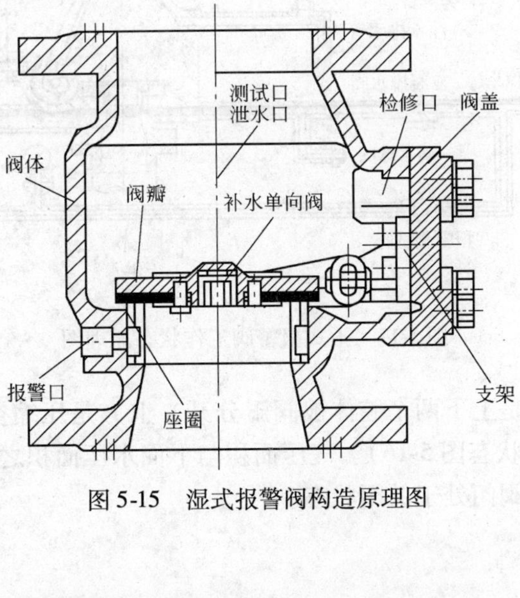

图 5-15　湿式报警阀构造原理图

上面水压加上阀瓣自重作用，使阀处于关闭状态。喷头一旦喷水，上面压力变小，阀瓣开启，水开始从下向上流动，同时阀瓣旁报警口将信息传给警铃。可供型号有D_N50、D_N65、D_N80、D_N125、D_N150、D_N200、D_N250 等。

三、干式报警阀

干式报警阀无事故状态和工作状态分别见图 5-16 和图 5-17。

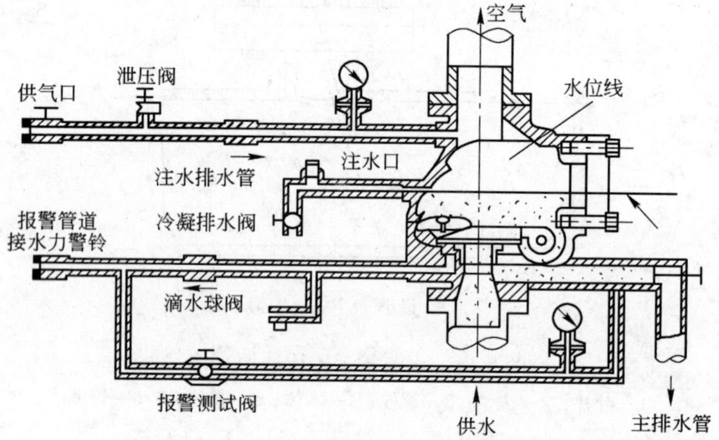

图 5-16 干式报警阀无事故状态原理图

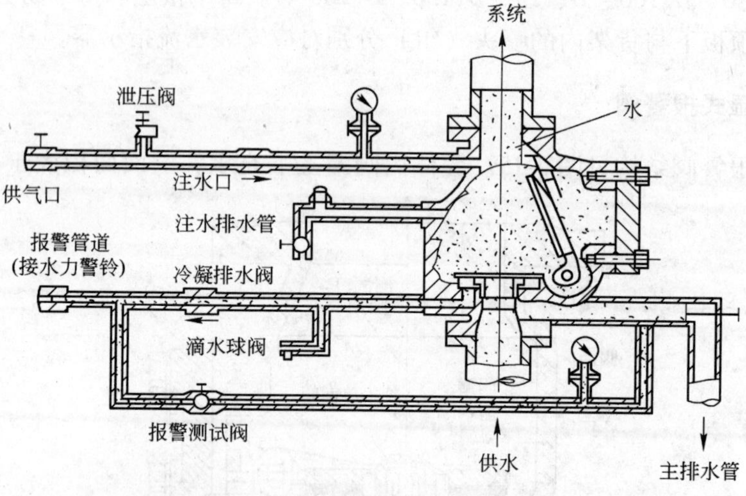

图 5-17 干式报警阀工作状态原理图

从结构看，仍是上下两个腔体被阀瓣分开，上方是压缩空气（或氮气），下面是水（见无事故状态图 5-16）。气压面积与下面水压面积之比为 5∶1，调整气压可使压力平衡，阀门处于关闭状态。

工作时，喷头与报警阀连通，喷头因火灾开启，气压下降，降到某一设定值，水压冲开阀瓣，原来气体管道开始充水，开始报警、喷水灭火。此系统复杂一点，其它管道功能在第十节系统图中有说明。

第九节 湿式自动喷水灭火系统

如图 5-18 所示，在准工作状态时，管网中充满有压水，发生火灾时，闭式喷头 13 开启，喷头出水，驱动水流指示器 9 和湿式报警阀组的水力警铃和压力开关，信号由件 14 处理并指令水泵供水灭火。湿式报警阀组比湿式报警阀要多出电力控制内容，图 5-15 只是阀件自身构造。

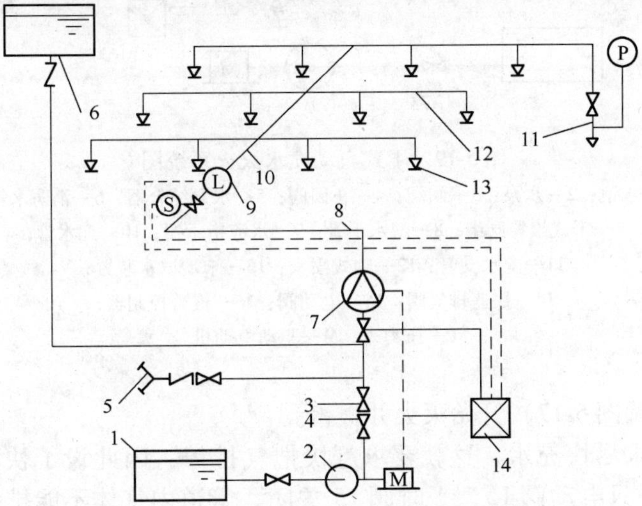

图 5-18 湿式自动喷水灭火系统

1—水池；2—水泵；3—闸阀；4—单向阀；5—水泵结合器；6—消防水箱；
7—湿式报警阀组；8—配水干管；9—水流指示器；10—配水管；
11—末端试水装置；12—配水支管；13—闭式洒水喷头；
14—报警控制器；P—压力表；M—电动机

第十节 干式自动喷水灭火系统

此系统为常闭喷头灭火系统，见图 5-19。干式报警阀组（件 7）后所有管道内未启动前内部充满气体（氮气或压缩空气）。因此系统里接了有止回阀的充气设备。

火灾时闭式喷头受热，开启排气，气压降到设定值，水压大于气压，报警阀

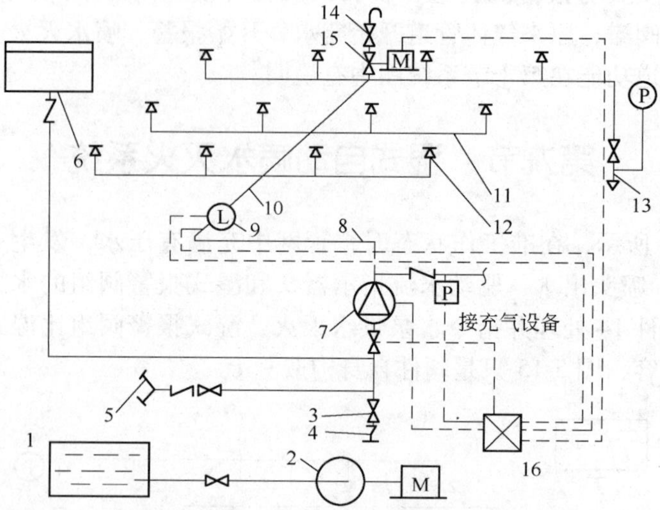

图 5-19 干式自动喷水灭火系统图

1—水池；2—水泵；3—闸阀；4—止回阀；5—水泵结合器；6—消防水箱；
7—干式报警阀组；8—配水干管；9—水流指示器；10—配水管；
11—配水支管；12—闭式喷头；13—末端试水装置；
14—快速排气阀；15—电动阀；16—报警控制器；
P—压力表；M—驱动电动机

打开充水（参阅图 5-17）开始灭火并报警。

火灾时要求尽快充水，这就要求赶快把气排掉，因此设了快速排气阀 14，在阀 14 前有一只电动阀 15，平时阀 15 关闭，管道内气体不能排出，火灾时由报警控制器控制电动阀及时打开，实现排气。报警后（或灭火后），恢复原来格局，管道要补气，补气装置多为小型空压机，管内压力由控制开关控制，使管内压力在设定值范围内，保障干式报警阀内气压大于水压，将气与水隔断。

试水装置件 13，由试水阀压力表和试水接头组成，试水接头是阻尼件。用其测量最不利点喷头喷水情况。充水管坡度 0.002；非充水管坡度 0.004，坡向泄水阀，施工时在最低点设泄水阀，图中未画。

第十一节 自动喷水灭火系统管材与报警阀

一、对管材的要求

1. 报警阀出口后的配水管应采用内外镀锌钢管，变径时不得用补芯。

2. 配水可用法兰、丝扣、卡箍进行连接。

3. 直径100mm以上管应分段法兰连接。水平管法兰间距不得大于20m；立管上法兰间隔不应跨越三个以上楼层，净高8m空间，立管要有法兰。

4. 报警阀前的管段可以焊接，此段末端应加过滤。

二、对管径、管长度的要求

1. 喷头短立管末端试水装置的连接管管径应大于25mm。

2. 干式自动喷水灭火系统中的供气管，钢管直径不小于15mm，铜管管径不小于10mm。

3. 与报警阀的连接管在轻、中级危险级灭火要求时，不得小于80mm，严重危险级灭火要求时，管径不得小于100mm。这种管可焊接，抵抗火灾级别由设计部门定。

4. 水力报警铃与报警阀间连接管管径应为20mm，总长不宜超过20m，工作压力不小于0.05MPa。

5. 每个报警阀组所控喷头最高与最低位差不得大于50m。

三、自动喷水灭火系统报警阀

报警阀控制喷头数：对湿式系统可控800个喷头以内；对干式系统可控500个喷头以内。报警阀安装距地面1.2m为宜。

第十二节　关于喷头的诸多问题

一、喷头应用实践

一般情况下，设计图纸都有明确标识。不同场合（工况）使用不同型式的喷头。

下面通过不同系统使用不同喷头的实践拓展一下对喷头的认识。

1. 闭式自动喷水灭火系统：用闭式喷头，保护对象是书库、邮件房、香烟/火柴库、观众厅等场合，多为“怕水”场合。

2. 喷水又喷泡沫系统：报警阀加入泡沫灭火剂，用闭式喷头，用于地下车库及易燃液体灭火。

3. 水喷雾灭火系统：利用特殊喷头把水“碎化”，打到燃烧物表面，使其冷却与空气隔绝。此喷头称为水喷雾喷头。用于发电机房、燃油/燃气锅炉灭火。

4. 水幕系统：用开式喷头喷水，形成水幕保护，冷却被保护物，自身并不灭火，还需动用其它灭火系统。

二、常见洒水喷头技术参数

常见的洒水喷头技术参数见表5-3。

表5-3 洒水喷头技术参数

口径分类	出水口径/mm	螺纹尺寸/mm	适用场合	喷头种类
小口径	6.4	15	轻危险级	开式，闭式
	7.9	15		
	9.5	15		
	12.7	15		
标准口径	12.7	15	轻、中、严重危险级	下垂式、直立式、边墙式、普通式
大口径	13.5	15或20	单个喷大面积洒水	下垂式、直立式、大覆盖面水平侧墙式
超大口径	15.9	15或20	水滴能穿过货架	下垂式、直立式
	19.0	20		
	23.6（大水滴）	25		

三、闭式喷头与开式喷头图样

闭式和开式喷头分别见图5-20和图5-21。

除去图5-21所示四种外，还有水幕喷头（双隙、单隙、窗口、檐口四种外形）和喷雾喷头（高速喷雾、中速喷雾）。

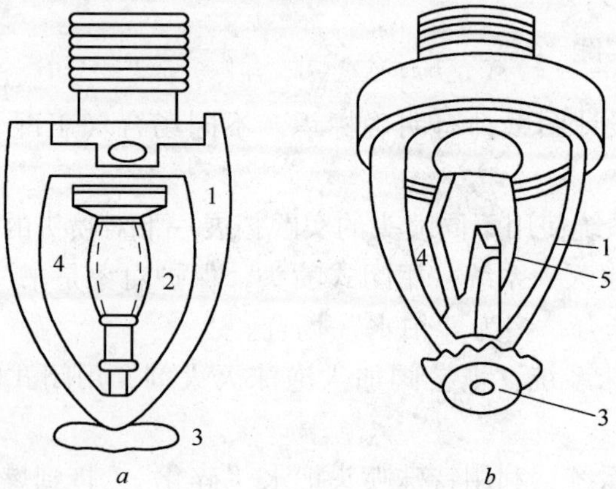

图5-20 闭式喷头

a—玻璃球喷头；*b*—易熔元件喷头

1—支架；2—玻璃球；3—溅水盘；4—喷水口；5—易熔件

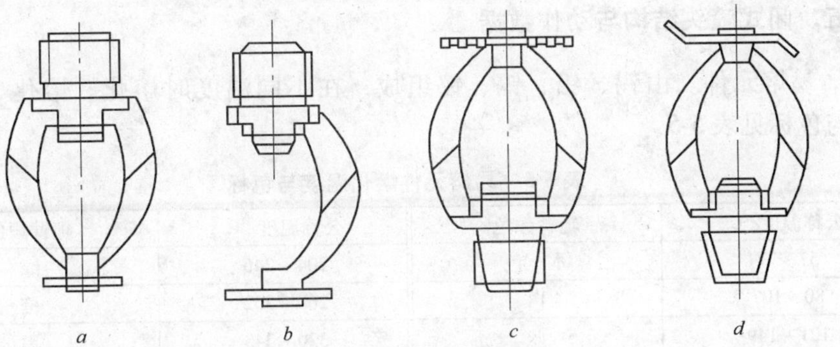

图 5-21　开式洒水喷头

a—双臂下垂型；*b*—单臂下垂型；*c*—双臂直立型；*d*—双臂边墙型

四、喷头在系统中如何安装排列

喷头在系统中的排列规则见表 5-4。

表 5-4　直立型、下垂型喷头在同一根配水支管上标准喷头间距及相邻配水支管间距

危险等级		最小工作压力/MPa	出水量/L·min^{-1}	出水强度/L·(min·m^2)$^{-1}$	正方形间距/m	矩形、平行四边形 长边/m	矩形、平行四边形 短边/m	与墙距离/m	一只喷头最大保护面积/m^2
轻　度		0.1 0.05	80 56	4	4.4 3.7	4.6 4.0	4.3 3.4	2.2	20.00 14.00
中度危险	Ⅰ级	0.1 0.05	80 56	6	3.6 3.0	4.0 3.2	2.3 2.7	1.8	12.50 9.0
中度危险	Ⅱ级	0.1 0.05	80 56	8	3.4 2.6	3.8 2.9	3.0 2.4	1.7	11.5 6.7
严重危险	Ⅰ级	0.088 0.1	115 80	12	3.1 2.6	3.4 2.9	2.8 2.4	1.5	9.0 6.7
严重危险	Ⅱ级	0.15 0.20	141 80	16	3.0 2.6	3.2 2.9	2.8 2.4	1.5	9.0 6.7
仓库危险	Ⅰ级	0.088 0.1	115 80	12	3.4 2.8	3.8 3.1	3.0 2.6	1.5	9.0 7.8
仓库危险	Ⅱ级	0.15 0.20	141 80	16	3.0 2.6	3.2 2.9	2.8 2.4	1.5	9.0 6.7
仓库危险	Ⅲ级	0.15 0.30	190 80	20	3.0 2.6	3.2 2.9	2.8 2.4	1.5	9.0 7.8

注：因为如果在两根管上布置喷头，四个喷头会形成正方形或矩形布局，表中对相关距离给予规范。

五、闭式喷头结构与动作数据

1. 易熔元件。由锡、铅、镉、铋组成，在不同温度时熔化。熔化（动作）温度与色标见表5-5。

表5-5 易熔元件熔化温度与色标

公称温度/℃	轭臂颜色	公称温度/℃	轭臂颜色
57～77	本 色	204～246	绿
80～107	白	260～302	橙
121～149	蓝	320～343	黑
163～191	红		

注：1. 颜色由国家统一规定；
2. 管径10mm、15mm、20mm。

2. 玻璃球喷头。易碎玻璃球，用耐热玻璃密闭制成，内装特殊液体并残留一个小空气泡。球受热后，液体膨胀，气泡被压缩并逐渐被液体吸收，当气泡完全消失后，液体产生压力快速增加，直至胀破玻璃球，使水由喷口放出。详细规格见表5-6。

表5-6 玻璃球规格

公称温度/℃	球内液体颜色	公称温度/℃	球内液体颜色
57	橙	182	紫 红
68	红	227	黑
79	黄	260	黑
93	绿	343	黑
141	蓝		

注：1. 颜色由国家规定；
2. 口径10mm、15mm、20mm。

六、几种特殊喷头

1. 大水滴喷头：溅水盘要特殊设计，可容纳较大水流量，形成大水滴，水滴能穿透高强度火灾上升气流（又称羽流）。

2. 快速反应喷头：动作元件感温动作快，比普通喷头省时间，约为普通喷头反应时间的1/5，用于保护生命之应急。然而严重危险级不能用它，因为出水强度低。

3. 侧装式喷头：向一侧喷绝大部分水，根据需要定方向、定喷射距离。

4. 耐腐蚀喷头：敏感元件也涂防腐料，但不能影响灵敏度。

5. 隐蔽式喷头：火灾时顶棚脱落，喷头露出来并喷水。

6. 水雾喷头：要求水压大，喷口有多个小孔，喷口前的管内有螺旋线，可加速水流。

七、喷头距顶板、墙面距离

喷头距顶板、墙面距离见表 5-7。

表 5-7 喷头距顶板、墙面距离

喷头名称		溅水盘与顶板距离/mm	溅水盘与墙距离/mm
标准喷头	直立	75~100	
	下垂	75~100	
快速响应喷头	直立	100~150	
	下垂	150~360	
边墙型喷头	直立	100~150	50~100
	水平式	150~300	

八、直立型/下垂型快速反应喷头、大水滴喷头与土建梁柱距离

（一）与风管梁柱距离

喷头与风管梁柱距离示意图及相关数值分别见图 5-22 和表 5-8。

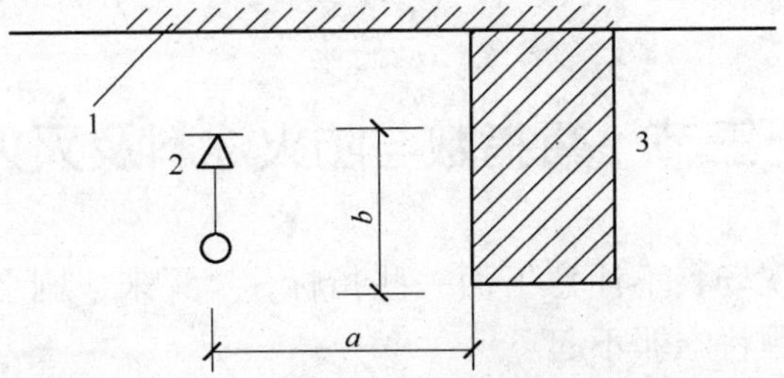

图 5-22 喷头与风管梁柱位置示意图

1—顶板；2—喷头；3—风管（梁）

表 5-8 喷头与风管梁柱距离

梁或通风管底面与溅水盘距离 b/mm		喷头与梁、风管侧面水平距离 a/m
标准喷头	其它喷头	
0	0	$a<0.3$
60	40	$0.3\leqslant a<0.6$
140	140	$0.6\leqslant a<0.9$
240	250	$0.9\leqslant a<1.2$
350	380	$1.2\leqslant a<1.5$
450	550	$1.5\leqslant a<1.8$
>450	>550	$a>1.8$

(二) 与间断障碍物水平距离

喷头与间断障碍物水平位置示意见图 5-23。

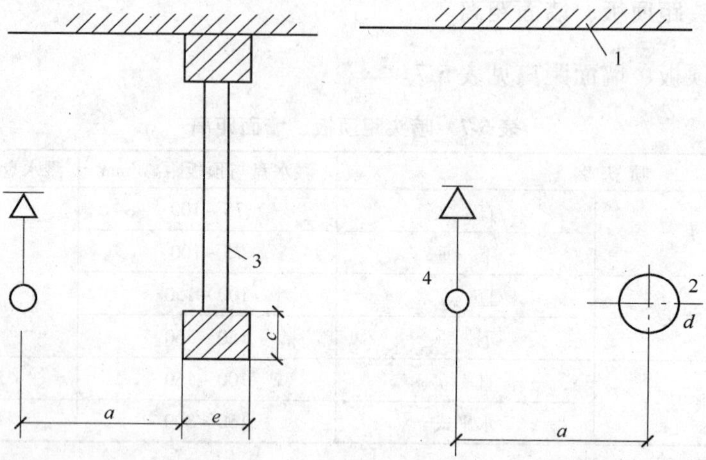

图 5-23 喷头与间断障碍物水平位置示意图

1—顶板；2—管道；3—屋架；4—喷头

（c、e、d 均小于 0.2m 时，a 值为 c、e、d 中最大尺寸的 3 倍；c、e、d 有一个尺寸大于 0.2m 时，a 值取为 0.6m。）

第十三节 氧指数与防火涂料及灭火剂

现在许多施工现场，不注意下面一些指标，“买来，刷上就完事大吉”。殊不知，一旦出了问题将吃罪不起。

一、氧指数

众所周知，空气中氧气容积比为 20.9%，即 21%。所谓氧指数就是指“有多少氧才能燃烧”。如某材料氧指数 32，就是说该材料在大气中是阻燃的，如果做实验，增大氧气容积比，达到 32% 以后方可燃烧（氧气在空气中质量百分比为 23.10%）。

氧指数美国标准 ASTMD2863，中国 GB 2406—80。

二、防火涂料

1. 饰面防火涂料理化性能指标见表 5-9。

表 5-9 饰面防火涂料理化性能指标

项 目	标 准	技术指标
容器内状态	GB/T 6753.3—86	无结块均匀
细度/μm	GB/T 6753.3—86	≤100
附着力/级	GB/T 1720—89	≤3
干燥时间/h	GB/T 1728—89	表干≤4；实干≤24
柔韧性/mm	GB/T 1731—93	≤3
耐冲击性/$kg \cdot cm^{-1}$	GB/T 1732—93	≥20
耐水性/h	GB/T 1733—93	24h 涂层无起皱、无脱落
耐湿性/h	GB/T 1740—93	48h 涂层无起皱、无脱落

注：1997 年 9 月 1 日后，要求涂料细度≤90μm，表干 5h。耐火等级：1 级耐火时间大于等于 20min；2 级耐火时间大于等于 10min。

2. 钢结构防火涂料性能指标见表 5-10。

表 5-10 钢结构防火涂料性能指标

涂料性能	不同结构性能指标要求		
	NCB	NB	NH
表干时间/h	≤8	≤12	≤24
初干抗裂	不 裂	1~3 条缝，宽度≤0.5mm	1~3 条缝，宽度≤1mm
耐水性能/h	≥24，不起层、不发泡、不脱落	≥24，不起层、不发泡、不脱落	≥24，不起层、不发泡、不脱落
厚度/mm	2.00±0.2	5.0±0.5	25±2
耐火极限/h	1	1	2

注：NCB 为室内超薄型钢结构；NB 为室内薄型钢结构；NH 为室内厚型钢结构。薄与厚尚无数值界定。笔者认为 1mm 以内为超薄；1~3mm 为薄；3mm 以上为厚。这样处理偏于安全。

三、几种灭火剂

在金属管道篇第四节中介绍过灭火器，这里介绍几种灭火剂。卤代烷灭火剂（又称哈龙），见表 5-11。

表 5-11 卤代烷灭火剂

化学名称	分子式	编 号	化学名称	分子式	编 号
二氟二氯甲烷	CF_2Cl_2	1220	氯溴甲烷	CH_2ClBr	1011
三氟一溴甲烷	CF_3Br	1301	二氟一氯一溴甲烷	CF_2ClBr	1211
七氟丙烷	CF_3CHFCF_3		四氟二氯乙烷	$C_2F_4Cl_2$	2420

第十四节　本章小节

消防系统是“备而少用”的系统，人们主观愿望是“永远不用”。然而消防系统又是我们必须十分重视的系统，它如同一个国家的国防，没有不行，弱了也不行。

对系统中的设备均有特殊要求，如水泵特性曲线要求“平直”；风机在排烟时，在280℃温度下能运行30min。

从系统上讲，无论什么供水模式，在工作时必须保障足够的水量，稳定的压力。因此对水泵、水池、水箱、水泵结合器都有特殊要求。

消火栓系统和自动喷水灭火系统的各种器件必须有国家级检测机构出具的检测报告；对已组装好的系统要做压力、功能实验，由相关部门签认。

消防系统的水泵风机电气线路、自控报警系统，每年都要运转一次。关于这一点，相应管理部门必须认真执行，而且每次都要有记录。执行者签字存档。

关于防火等级参阅《建筑灭火器配置设计规范》（GB 50140—2005）。附录C为工业建筑灭火器配置场所的危险等级举例。附录D为民用建筑灭火器配置场所的危险等级举例。该规范由中华人民共和国建设部、中华人民共和国质量监督检验检疫总局联合发布。

氧指数、防火涂料、灭火剂三部分内容是施工者最容易忽视的部分，这里提醒大家千万不可大意。否则，一旦发生火灾，不合格的防火材料会给当事人造成不可估量的损失。

第六章

给 排 水

第一节 建筑物给水模式及对水池和水质的要求

一、给水模式

给水系统除低层直接用市政水外，还有以下三种贮水加压模式：

（1）水池——水泵——水箱加压系统；

（2）水池——变频调速加压系统；

（3）水池——气压给水加压系统。

把低位水箱叫做水池，高位贮水容器叫做水箱。

二、对水池的要求

小区贮水池容量按小区日用水量最高值的15% ~20%计算。一座楼宇水池容量按最高日用水量20% ~25%计算。

水池外壁与本楼结构墙距离要满足施工、维修要求。无管一侧最小距离0.7m，有管侧要有1.0m距离，管子外壁距墙至少要0.6m以上。人孔顶距天花板距离要0.8m以上。

所有与生活水接触的容器，必须经卫生检疫，合格后方可使用。市场现状多用304不锈钢做内胆。

三、对水质的要求

小区生活饮用水水质应注意以下两点。

（一）pH值

H_2O呈（H）和（OH）状态，视为两性化合物。$H^+ \times (OH)^- = K_B$，K_B被称为离子积。在18℃时氢和氢氧离子数相等，$K_B = 10^{-14}$，$H^+ = 10^{-7}$，$OH^- = 10^{-7}$，为了简化常用对数表示符号pH。pH =7时水为中性。

饮用水pH值在国标中给出范围pH = 6.5 ~ 8.5。现代生活饮水提倡pH =6.5 ~7.5，弱碱性为宜。

（二）水的总硬度

水的总硬度应为：

$$总硬度 = 碳酸盐硬度 + 非碳酸盐硬度$$

碳酸盐硬度为重碳酸钙 $Ca(HCO_3)_2$ 在水中分解出的 $CaCO_3$，非碳酸盐硬度包括溶于水的 $MgCl_2$、$CaCl_2$、$MgSO_4$、$CaCO_3$，所以总硬度为 $CaCO_3$、$MgCl_2$、$CaCl_2$、$MgSO_4$ 含量之和。饮用水标准见附录 1。

第二节 建筑物内部给水管道、给水设备安装工艺及验收标准

1. 冷热管平行，“热上冷下”，“热左冷右”，水表距墙要在 10～30mm 范围内。保温和防结露保温层允许误差 $+0.1\delta$、-0.05δ，δ 为保温层厚度。

2. 供水管不得穿越大小便槽等设施，离便槽端部最小距离 0.5m。

3. 尽量不穿越沉降缝；如穿越要有补救方案。

4. 明设塑料给水立管离灶台不小于 0.4m；距燃气热水器最短距离 0.2m；与热水炉加热器相连接的塑管末端要用 0.4m 以上金属管过渡。埋地塑管地下接头只允许热熔焊接，不允许机械连接。

5. 埋地给、排水管平行走向时，间距要在 0.5m 以上；交叉时不小于 0.15m。给水管在上，排水管在下。

6. 垫层内所埋给水管直径不得大于 25mm。

7. 给水管（所有管道）穿地下构筑物墙壁时要做防水套管（金属管道篇中介绍了套管做法）。

8. 给水管不得穿越遇水产生化学反应的库房；给水管不得与有害气（液）体管道同沟；给水管不得穿越人防地下室。

9. 给水管布局不得影响其它管线施工、操作、维修。

10. 给水管坡度 0.002～0.005。

11. 给水管钢立管每层一只卡子，层高 5m 以上装 2 只卡子，卡子距地面 1.5～1.8m。同时执行表 6-1～表 6-4。

表 6-1 室内给水设备安装的允许偏差和检验方法

项次	项目			允许偏差/mm	检验方法
1	静置设备	坐标		15	经纬仪或拉线、尺量
		标高		±5	用水准仪、拉线和尺量检查
		垂直度（每米）		5	吊线和尺量检查
2	离心式水泵	立式泵体垂直度（每米）		0.1	水平尺和塞尺检查
		卧式泵体水平度（每米）		0.1	水平尺和塞尺检查
		联轴器同心度	轴向倾斜（每米）	0.8	在联轴器互相垂直的四个位置上用水准仪、百分表或测微螺钉和塞尺检查
			径向位移	0.1	

表 6-2　钢管水平支架间距（m）

公称直径/mm	15	20	25	32	40	50	70	80	100	125	150	200	250	300
保温管	2	2.5	2.5	2.5	3	3	4	4	4.5	6	7	7	8	8.5
非保温管	(2.5) 2	3	(3.5) 3.25	4	4.5	5	6	6	6.5	7	8	9.5	11	12

注：括号内数值在有些资料中出现过。

表 6-3　塑管及复合管支架间距（m）

管径/mm		12	14	16	18	20	25	32	40	50	63	75	90	110
立　管		0.5	0.6	0.7	0.8	0.9	1.0	1.1	1.3	1.6	1.8	2.0	2.2	2.4
水平管	热水	0.2	0.2	0.25	0.3	0.3	0.35	0.4	0.5	0.6	0.7	0.8	0.9	1.0
	冷水	0.4	0.4	0.5	0.5	0.6	0.7	0.8	0.9	1.0	1.1	1.2	1.35	1.55

表 6-4　钢塑复合管支架间距（沟槽连接）（m）

管径/mm	65～100	125～200	200～315
间　距	3.5	4.2	5.0

第三节　建筑物外给水管道安装要求及验收标准

1. 环状给水网与市政管相连时，至少要有两条联络管，一条管发生故障，其余连接管供水能力要达额定值的70%。

2. 管外壁与外墙净距要1.0m以上，且不得影响基础。

3. 行车道下面的管线埋深要0.7m以上。

4. 室外塑管必须有保护装置。

5. 所有地埋管均要在冻土层以下布管（北京冻土层厚度约为800mm）。

6. 埋地塑管要用沙子包络，沙厚30～50mm。

7. 球墨铸铁给水管承插部位用胶圈密封，允许接头有一定转角。d_N250、d_N300、d_N350管允许4°偏转，100、125、150、200管允许偏转角5°。

8. 小区地下管线间距执行表6-5。

9. 室外各种给水管道的安装允许偏差和检验方法执行表6-6。

表 6-5 居民小区地下管线最小间距（m）

种类＼净距＼种类	给水管		污水管		雨水管	
	水 平	垂 直	水 平	垂 直	水 平	垂 直
给 水	0.5~1	0.1~0.15	0.8~1.5	0.1~0.15	0.8~1.5	0.1~0.15
污 水	0.8~1.5	0.1~0.15	0.8~1.5	0.1~0.15	0.8~1.5	0.1~0.15
雨 水	0.8~1.5	0.1~0.15	0.8~1.5	0.1~0.15	0.8~1.5	0.1~0.15
低压煤气（天然气）	0.5~1.0	0.1~0.15	1.0	0.1~0.15	1.0	0.1~0.15
直埋热水管	1.0	0.1~0.15	1.0	0.1~0.15	1.0	0.1~0.15
热力管沟	0.5~1.0		1.0		1.0	
绿化带			1.5		1.5	
电力电缆	1.0	直埋 0.5 穿管 0.25	1.0	直埋 0.5 穿管 0.25	1.0	直埋 0.5 穿管 0.25
通讯电缆	1.0	直埋 0.5 穿管 0.15	1.0	直埋 0.5 穿管 0.15	1.0	
通信及照明电缆	0.5		1.0		1.0	

表 6-6 室外给水管道安装的允许偏差和检验方法

项 次	项 目			允许偏差/mm	检验方法
1	坐 标	铸铁管	埋 地	100	拉线和尺量检查
			敷设在沟槽内	50	
		钢管、塑料管、复合管	埋 地	100	
			敷设在沟槽内或架空	40	
2	标 高	铸铁管	埋 地	±50	拉线和尺量检查
			敷设在地沟内	±30	
		钢管、塑料管、复合管	埋 地	±50	
			敷设在地沟内或架空	±30	
3	水平管纵横向弯曲	铸铁管	直段(25m 以上)起点~终点	40	拉线和尺量检查
		钢管、塑料管、复合管	直段(25m 以上)起点~终点	30	

第四节 八种供水模式及水压、贮水量要求

一、几个压力数字

1. 卫生洁具承压能力不要超过 0.6MPa。

2. 各供水分区最低位置静压不得超过 0.45MPa，特殊情况也不得超过 0.55MPa。

3. 各入户管水压应在 0.35MPa 以下，高于此值要减压或调压。

二、供水模式图

常见供水流程见图 6-1 ~ 图 6-8。

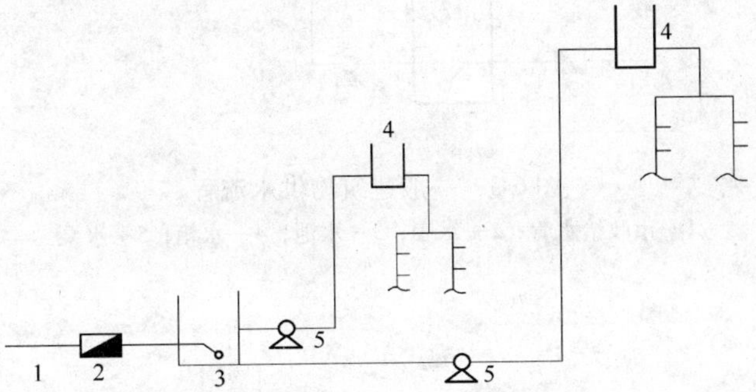

图 6-1　高层并联分区供水流程

1—市政给水管；2—水表；3—水池；4—水箱；5—水泵

图 6-1 中水池容积按日总用水量 20% ~25% 计算；两处水箱容量均按分区内小时最大用水量 50% 计算。

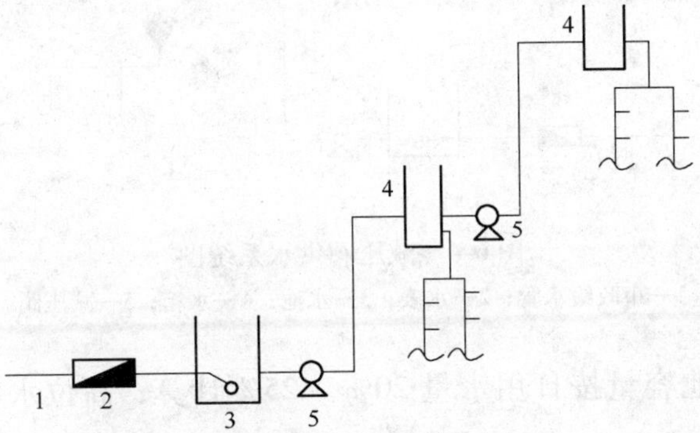

图 6-2　高层串联供水流程

1—市政给水管；2—水表；3—水池；4—水箱；5—水泵

图 6-2 中水池总容量按日总用水量 20% ~25% 计算。低区水箱容积为低区最大小时用量 50%，再加上高区小时用水量的 20% ~25% 之和。高区水箱按高区小时最大用水量 50% 计算。

图 6-3 中水池贮量按日用水量 20% ~25% 计算；水箱按小时最大用水量 50% 计算。

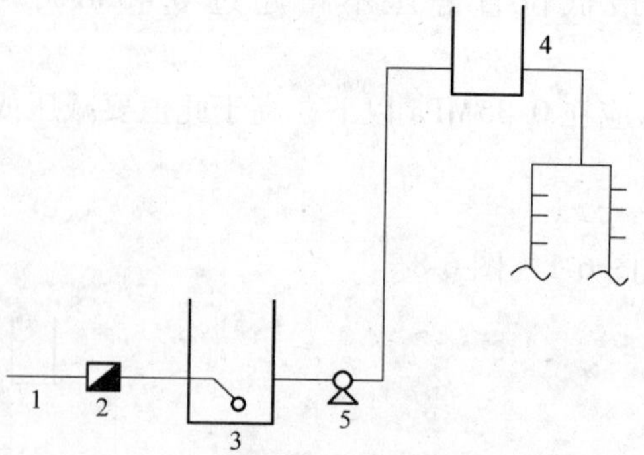

图 6-3 一般建筑物供水流程

1—市政给水管；2—水表；3—水池；4—水箱；5—水泵

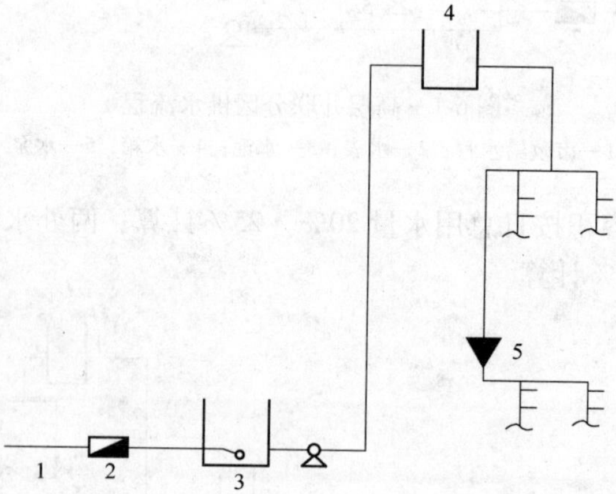

图 6-4 减压阀供水系统图

1—市政给水管；2—水表；3—水池；4—水箱；5—减压阀

图 6-4 中水池容量按日用水量 20% ~25% 计算；高位水箱按小时用水量 50% 计算。

图 6-5 中减压水箱容积按系统最大小时用水量时，5 ~ 10min 的用量计算。其它参数同图 6-4 的算法。

图 6-6 所示供水方式，水泵配变频调速设施，水泵因外网负荷变化而改变转速。水池容量同前几种模式。

图 6-7 所示为气压供水流程。气压罐内压力要在 0. 55MPa 以内。水罐容积有一套计算方法。

先求水罐调节容积：

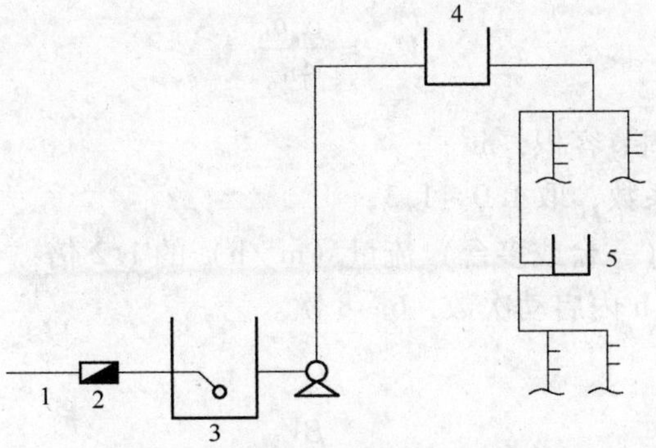

图 6-5　减压水箱供水系统图

1—市政给水管；2—水表；3—水池；4—水箱；5—减压水箱

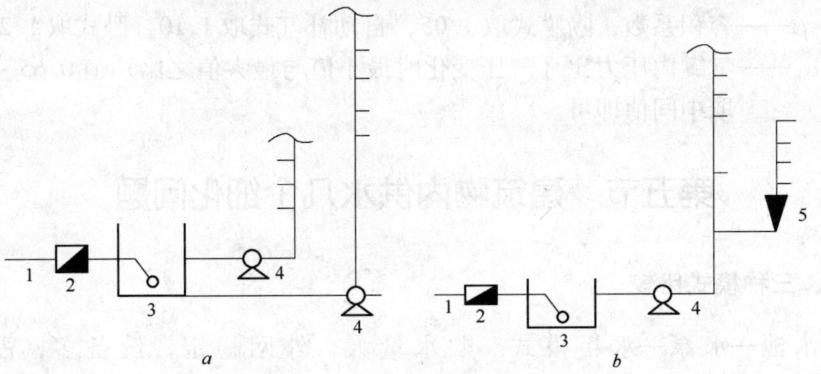

图 6-6　变频调速供水

a—并联供水；*b*—减压阀方式

1—市政给水管；2—水表；3—水箱；4—水泵；5—减压阀

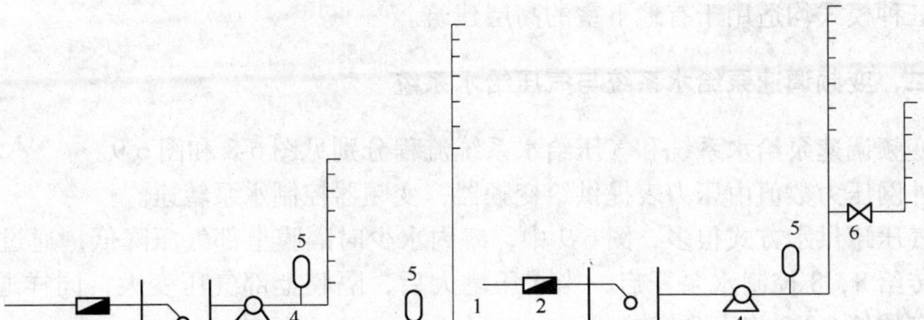

图 6-7　气压供水流程

a—并联方式；*b*—减压方式

1—市政给水管；2—水表；3—水池；4—水泵；5—气压罐；6—减压阀

$$V_{调} = \frac{\alpha_a q_b}{4n_q} \tag{6-1}$$

式中 $V_{调}$——水罐调节容积，m^3；

α_a——安全系数，取1.0~1.3；

q_b——水泵（一台或多台）流量（m^3/h）的1.2倍；

n_q——水泵1h内启动次数，6~8次。

则水罐容积为：

$$V_{罐} = \frac{\beta V_{调}}{1 - \alpha_b} \tag{6-2}$$

式中 $V_{罐}$——气压罐总容积，m^3，按计算值去选用标准产品型号；

β——容积系数，隔膜式取1.05，自动补气式取1.10，卧式取1.25；

α_b——气罐内压力比（气压变化时最小值与最大值之比）值0.65~0.85，取中间值即可。

第五节 建筑物内供水几个细化问题

一、三种模式比较

1. 水池—水泵—水箱模式。贮水量大，外网稳定，设备多，占地面积大。

2. 水池—变频调速模式。水泵运行节能，占地面积小。

3. 水池—气压供水模式。调节范围小，外网稳定性差，占地面积介于前面二者之间。

三种模式均适用于有地下室的高层建筑。

二、变频调速泵给水系统与气压给水系统

变频调速泵给水系统和气压给水系统流程分别见图6-8和图6-9。

外网压力数值由压力表提供给变频器，变频器控制水泵转速。

气压罐供水方式很多，图6-9中，罐内水少时隔膜上部气压降低，通过7将信息传给8，8控制水泵开启，当水压增大后，隔膜上部气压变大，同样通过7将信息传给8，8将水泵停转。

三、关于减压阀

减压阀是一种标准化产品，有方向性，阀前装过滤器保护减压阀，一个系统应该装两只减压阀，轮流使用，减压阀后要有截止阀，减压阀前后均应装压

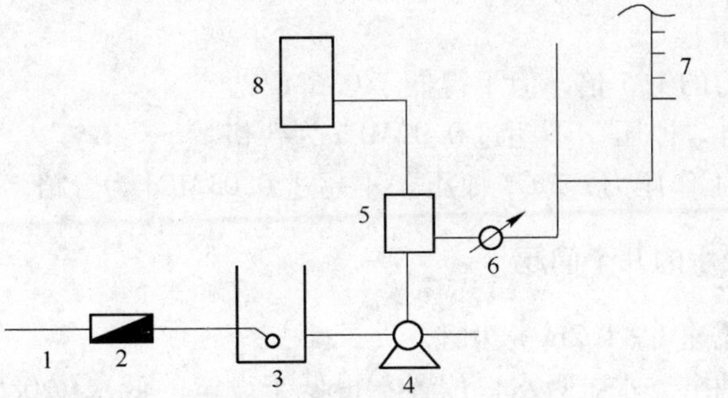

图 6-8 变频调速泵给水系统

1—外网供水管；2—水表；3—水池；4—水泵；5—变频调速装置；
6—遥控压力表；7—外网用水点；8—电源

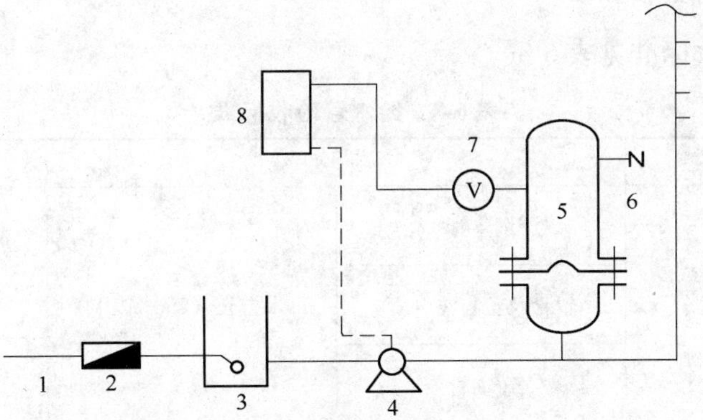

图 6-9 隔膜式气压供水系统

1—外网供水管;2—水表;3—水池;4—水泵;5—隔膜式气压罐;
6—水罐进气口；7—压力继电器；8—电控箱

力表。

四、管内水流速选用

如果要计算给水管径，下面给出流速选用值，见表 6-7。

表 6-7 管内水流速选用值

公称直径/mm	15 ~ 20	25 ~ 40	50 ~ 70	80 以上
流速/$m \cdot s^{-1}$	0.8	1	1.2	<2

注：流速值不是固定值，选其左右值即可。

五、管系打压

1. 工作压力的 1.5 倍，但不得低于 0.6MPa。
2. 10min 内“掉压”不超过 0.02MPa 为合格。
3. 1.15 倍工作压力，2h“掉压”不超过 0.03MPa 为合格。

六、水泵吸水的几个问题

1. 吸水口流速 1 ~ 1.2m/s 为宜。
2. 为防止抽空，水泵吸水口位置不得低于设定的低水位 0.5m；吸水口距池底应 0.1m 以上。
3. 吸水管距池壁要求 1.5 倍吸水管径；同池二吸水管，相距尺寸应为大管径的 3.5 倍以上。

七、给水管验收标准

给水管验收标准见表 6-8。

表 6-8 给水管验收标准

名 称	项 目		允许偏差/mm
水平管不平度	钢 管	每米全长（25 米以上）	1 ≤25
	塑管及塑料复合管		2 ≤25
	铸 管		2 ≤25
立管垂直度	钢 管	每米全长（5 米以上）	3 ≤8
	塑 管		2 ≤8
	塑料复合管		3 ≤10
阀门排列		同一平面上间距	3

第六节 建筑物内最小排水管径及安装卡子间距

1. 大便排水管径 100mm；
2. 多层建筑厨房立管 75mm；
3. 公共食堂排污水，横管要比计算值加大 1 号；横管 100mm，横支管75mm；

4. 医院排污横管75mm；

5. 小便器三个以上共用横管75mm；

6. 浴池排水横管100mm。

塑料排水管卡子间距见表6-9。

表6-9　塑料排水管卡子间距（塑管管径指外径）

管径/mm	50	75	110	125	160
立管间距/m	1.2	1.5	2.0	2.0	2.0
横管间距/m	0.5	0.75	1.1	1.3	1.6

金属管排水，管卡间距为横管2m，立管3m。

第七节　建筑物室内排水管坡度、标高及安装允许误差

一、铸管、塑管坡度

铸管和塑管坡度见表6-10和表6-11。

表6-10　铸管坡度

管径（公称）/mm	通用坡（标准坡）	最小坡度	管径（公称）/mm	通用坡（标准坡）	最小坡度
50	0.035	0.025	125	0.015	0.010
75	0.025	0.015	150	0.010	0.007
100	0.020	0.012	200	0.008	0.005

表6-11　塑管坡度

管径（外径）/mm	通用坡（标准坡）	最小坡度	管径（外径）/mm	通用坡（标准坡）	最小坡度
50	0.025	0.012（0.008）	125	0.010	0.005（0.0035）
75	0.015	0.008（0.005）	160	0.007	0.004（0.003）
110	0.012	0.006（0.004）			

注：括号内数字为极限值。

二、室内排水管标高

所有室内排水管管顶标高高于室外排水管管顶标高。

三、室内排水管安装允许偏差和检验方法

室内排水管安装允许偏差和检验方法见表6-12。

表 6-12 室内排水管安装允许偏差和检验方法

项次	项目				允许偏差/mm	检验方法
1	坐标				15	用水准仪（水平尺）、直尺、拉线和尺量检查
2	标高				±15	
3	横管纵横方向弯曲	铸铁管	每 1m		≤1	
			全长（25m 以上）		≤25	
		钢管	每 1m	管径小于或等于 100mm	1	
				管径大于 100mm	1.5	
			全长（25m 以上）	管径小于或等于 100mm	≤25	
				管径大于 100mm	≤308	
		塑料管	每 1m		1.5	
			全长（25m 以上）		≤38	
		钢筋混凝土管、混凝土管	每 1m		3	
			全长（25m 以上）		≤75	
4	立管垂直度	铸铁管	每 1m		3	吊线和尺量检查
			全长（5m 以上）		≤15	
		钢管	每 1m		3	
			全长（5m 以上）		≤10	
		塑料管	每 1m		3	
			全长（5m 以上）		≤15	

注：室内已很少用混凝土管。

第八节 塑料排水管的几点特殊要求

1. 塑管内壁光滑，表 6-11 中最小坡度一栏，括号内数字为最新资料提供的数值，在调整坡度时可以采用，因为在短距离中坡度大很难实施。

2. 塑管排水要加伸缩节，间距不超过 4m；穿楼板、防火墙时要加阻火圈。

3. 如果被排出物温度超过 40℃，要采用耐热塑管。塑管要离发热部位 0.4m 以上距离。

第九节 室外排水检查井与小区排水管管径、坡度及管道安装规范

一、室外检查井

室外排水井，管径小于 150mm 时，井距不应大于 20m；管径 200mm 以上时，

井距不应大于30m。检查井不宜设在室内，非设不可的情况下，要加密闭措施，而不能影响开启。井深小于1m时，井径0.7m；井深1m以上时，井径0.7m以上。

二、小区地埋排水管管径与坡度

小区地埋排水管管径与坡度要求见表6-13。

表6-13　不同材质不同管径最小坡度

类　别	材　质	最小管径/mm	最小坡度
接户管	塑　管	140	0.005
	砼　管	150	0.007
支　管	塑　管	160	0.005
	砼　管	200	0.004
干　管	塑　管	200	0.004
	砼　管	300	0.003

三、室外管"张力"、污水井、雨水井间距

室外管、污水井、雨水井相关安装要求见表6-14～表6-18。

表6-14　"张力"管径与跨距

d_N/mm	25	32	40	50	65	80	100	125	150
跨距/m	30	35	45	50	55	60	65	70	80

注：所谓"张力"即热力补偿器。

表6-15　污水井管径与间距

管径/mm	间距/m	管径/mm	间距/m
<700	50	>1500	120
700～1500	75		

表6-16　雨水井管径与间距

管径/mm	间距/m	管径/mm	间距/m
<700	75	>1500	300
700～1500	125		

表 6-17 室外排水管道安装的允许偏差和检验方法

项次	项目		允许偏差/mm	检验方法
1	坐标	埋地	100	拉线尺量
		敷设在沟槽内	50	
2	标高	埋地	±20	用水平仪、拉线和尺量
		敷设在沟槽内	±20	
3	水平管道纵横向弯曲	每5m长	10	拉线尺量
		全长（两井间）	30	

表 6-18 地下埋设雨水排水管道的最小坡度

项次	管径/mm	最小坡度/‰	项次	管径/mm	最小坡度/‰
1	50	20	4	125	6
2	75	15	5	150	5
3	100	8	6	200～400	4

第十节 排污有关设施

一、生活污水处理设施选址与通风

作为用户应根据自身“产污”情况，选用适合要求的处理设施。我们这里说的是安装选址注意事项。

1. 安装位置近于市政排放点。
2. 如果选用地下室，应在专用隔间内，处理设施必备通风条件。
3. 此种设施应远离给水泵站、清水池，最近距离 10m。
4. 处理设施敞开式换气能力应为 15 次以上；有盖设施至少每小时换气 5 次。
5. 设施噪声值应符合国标要求。
6. 设施安置地点应在所在地区的“下风口”。

二、化粪池

1. 按标准选用规格。最小尺寸长 1m；宽 0.75m；深 1.3m 以上；如果圆形直径 1m。实际上各型号是按上面比例、按相似理论放大而得。

2. 双格形式的第一格占 75% 容积；三格形式的第一格占 60% 容积，另外两格各占 20% 容积。

3. 格与格、池与连接井设通气孔。

4. 做好防水，防渗漏。

5. 顶板有人孔和盖子。

6. 在接户管下游。

7. 距外墙至少5m，不得伤及墙基础。

三、隔油池

1. 含食用油的水在池内停留2~10min。

2. 存油部分的容积为总池容积的四分之一，隔油池有效容积 $V=60Q_{max}t$，其中 Q_{max} 为含油的水秒流量（m^3/s），t 为污水停留时间（min）。

3. 出水管（出水口）距池底不小于0.6m。

4. 做防水，防渗漏。

四、集水池（坑）

1. 容积不小于最大水泵5min抽量，自动抽水泵不可频繁启动，每小时不得超过6次。实际上应根据某区域排污量定容积。限定启动次数是保护潜水泵和自控装置。

2. 池子底部满足吸水要求。

3. 池子在地下室时，池子要设密封盖和通风系统；开口池要设强制通风设施。

4. 池底坡向泵位（0.05坡度）。

5. 池子附近要有供冲洗用的净水口。

6. 水位指示、报警装置信号引入监控室。

7. 有可能多个集水坑的水进入排水池（根据情况，不一定非要设置）；排水池容积为6h生活排水量平均值。

五、排污泵

多用潜水泵，也有用高脚泵的情况。应该每坑两泵，一备一用，否则故障情况下污水无法排出，如果污池之间能互通，一泵抽多抗也是可行的。功率7.5kW、泵出口100mm以上泵（四寸泵）做成固定式；小于者为活动式。

排污泵出口应设止回阀。

六、通气管

为使排水系统空气流通、压力稳定、水封不被破坏，将排水与大气联通的管叫通气管。通气管还保障有害气体能排至室外。通气管形式很多，但目的是唯一的，常见的两种通气管见图6-10和图6-11。

图6-10伸顶通气管伸至户外，通过此管高层及以下各层均可与大气沟通。

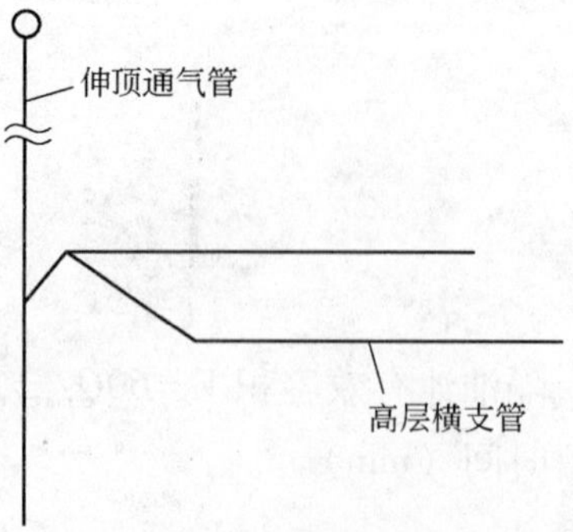

图 6-10 伸顶通气管

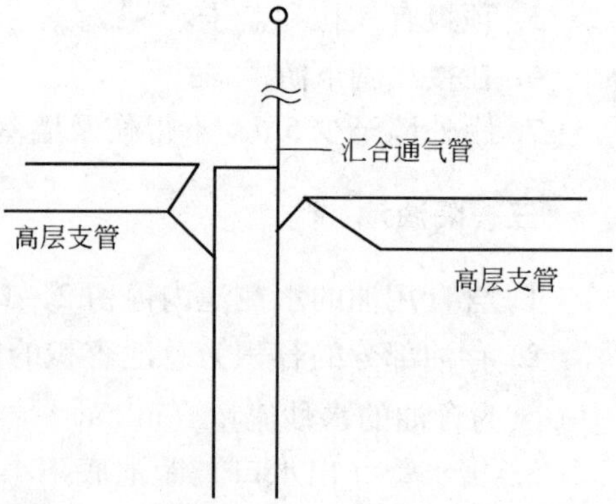

图 6-11 汇合通气管

有些情况，高层楼支管污水立管不允许或不可能伸至户外，可以借道与其它户外管连接，如图 6-11 所示，此时通气管叫汇合通气管。

有的 10 层或 10 层以上高层建筑生活污水立管设专用通气立管，形成双立管排水系统，见图 6-12 排水效果更佳。据要求还有三立管排水系统。

对通气管安装应符合下面要求。

1. 高出屋面至少 0. 3m，加防雨罩，要保障超过最大积雪厚度。

2. 4m 距离之内有门（如水箱间）窗，应高出屋顶 0. 6m，用弯头引向无门窗一侧。

3. 有人停留的平顶屋面，要求高出屋面 2m，做避雷装置 。

通气管径的确定，主要依据是排水能力和管子长度。伸顶排气管管径与排水立管管径相同，在高寒地区，应在室内顶部将管径放大一号。

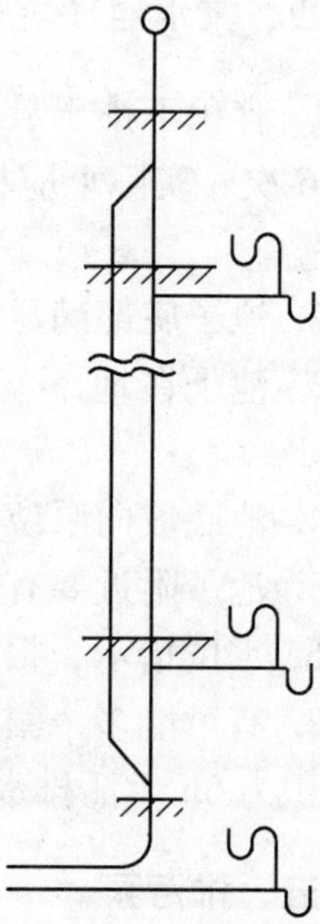

图 6-12 双立管排水系统

两根或多根污水立管通气汇合时，通气管截面积应为最大一根通气管截面积加上其余通气管截面积总和的四分之一。

第十一节 检查口与清扫口

一、概念

清扫口：装在排水横管上，用来清扫排水管的配件，称为清扫口。

检查口：装在排水立管及较长横管段上，做检查和清通用的口，称为检查口，是一个可开启、带检查盖的配件。

二、生活排水管道设置检查口、清扫口的规范

1. 铸铁管检查口间隔不大于10m；塑管每层设一个检查口；建筑最高层最低层设检查口，水平管拐弯处设检查口。立管检查口要高出地面1.0m允许误差±20mm,高出卫生器具0.15m。

2. 埋地管检查口要设在井内。

3. 地下室立管设检查口，检查口应在立管底部之上。

4. 立管检查口应便于查看。横干管上的检查口应“口朝上”。

5. 连接两个及以上大便器、三个及以上卫生洁具要设一个清扫口；塑管可连接四个以上卫生洁具，设一个清扫口。

6. 水流转弯处（45°左右）要设检查口、清扫口。

7. 横管排水，清扫口设在楼板地坪上，口端距墙至少0.15m。

8. 排水管起点的堵与墙间距要大于0.4m。

9. 100mm管径与大于100mm管径均用100mm直径清扫口。

10. 铸管清扫口为铜质器件；塑管清扫口要同质同材。

11. 排水立管底部或排出管上的清扫口到室外检查口的中心距执行表6-19。

表6-19　排水立管底部或排出管上的清扫口与室外检查口距离

管径/mm	50	75	100	100以上
最大间距/m	10	12	15	20

12. 排水横管直管段上检查口、清扫口最大间距执行表6-20。

表6-20　排水横管直管段上检查口与清扫口间距

管径/mm	种　类	对于生活废水的间距/m	对于生活污水的间距/m
50～75	检查口	15	12
	清扫口	10	8
100～150	检查口	20	15
	清扫口	15	10
≥200	检查口	25	20

第十二节　卫生器具安装规范及验收标准

卫生器具的安装规范及验收标准见表6-21～表6-25。

表 6-21 卫生器具给水配件的安装高度

项次	给水配件名称		配件中心距地面高度/mm	冷热水龙头距离/mm
1	架空式污水盆（池）水龙头		1000	—
2	落地式污水盆（池）水龙头		800	—
3	洗涤盆（池）水龙头		1000	150
4	住宅集中给水龙头		1000	—
5	洗手盆水龙头		1000	—
6	洗脸盆	水龙头（上配水）	1000	150
		水龙头（下配水）	800	150
		角阀（下配水）	450	—
7	盥洗槽	水龙头	1000	150
		冷热水管上下并行其中热水龙头	1100	150
8	浴盆	水龙头（上配水）	670	150
9	淋浴器	截止阀	1150	95
		混合阀	1150	—
		淋浴喷头下沿	2100	—
10	蹲式大便器（台阶面算起）	高水箱角阀及截止阀	2040	—
		低水箱角阀	250	—
		手动式自闭冲洗阀	600	—
		脚踏式自闭冲洗阀	150	—
		拉管式冲洗阀（从地面算起）	1600	—
		带防污助冲器阀门（从地面算起）	900	—
11	坐式大便器	高水箱角阀及截止阀	2040	—
		低水箱角阀	150	—
12	大便槽冲洗水箱截止阀（从台阶面算起）		≥2400	—
13	立式小便器角阀		1130	—
14	挂式小便器角阀及截止阀		1050	—
15	小便槽多孔冲洗管		1100	—
16	实验室化验水龙头		1000	—
17	妇女卫生盆混合阀		360	—

表 6-22 卫生器具给水配件安装标高的允许偏差和检验方法

项次	项目	允许偏差/mm	检验方法
1	大便器高、低水箱角阀及截止阀	±10	尺量检查
2	水嘴	±10	
3	淋浴器喷头下沿	±15	
4	浴盆软管淋浴器挂钩	±20	

表 6-23　卫生器具的安装高度

项次	卫生器具名称			卫生器具安装高度/mm 居住和公共建筑	卫生器具安装高度/mm 幼儿园	备　注
1	污水盆（池）	架空式		800	800	
		落地式		500	500	
2	洗涤盆（池）			800	800	自地面至器具上边缘
3	洗脸盆、洗手盆（有塞、无塞）			800	500	
4	盥洗槽			800	500	
5	浴　盆			≤520		
6	蹲式大便器	高水箱		1800	1800	自台阶面至高水箱底
		低水箱		900	900	自台阶面至低水箱底
7	坐式大便器	高水箱		1800	1800	自地面至高水箱底
		低水箱	外露排水管式	510	370	自地面至低水箱底
			虹吸喷射式	470		
8	小便器	挂　式		600	450	自地面至下边缘
9	小便槽			200	150	自地面至台阶面
10	大便槽冲洗水箱			≥2000		自台阶面至水箱底
11	妇女卫生盆			360		自地面至器具上边缘
12	化验盆			800		自地面至器具上边缘

表 6-24　连接卫生器具的排水管管径和最小坡度

项　次	卫生器具名称		排水管管径/mm	管道的最小坡度/‰
1	污水盆（池）		50	25
2	单、双格洗涤盆（池）		50	25
3	洗手盆、洗脸盆		32～50	20
4	浴　盆		50	20
5	淋浴器		50	20
6	大便器	高、低水箱	100	12
		自闭式冲洗阀	100	12
		拉管式冲洗阀	100	12
7	小便器	手动、自闭式冲洗阀	40～50	20
		自动冲洗水箱	40～50	20
8	化验盆（无塞）		40～50	25
9	净身器		40～50	20
10	饮水器		20～50	10～20
11	家用洗衣机		50（软管为30）	

表 6-25 卫生器具安装的允许偏差和检验方法

项次	项目		允许偏差/mm	检验方法
1	坐标	单独器具	10	拉线、吊线和尺量检查
		成排器具	5	
2	标高	单独器具	±15	
		成排器具	±10	
3	器具水平度		2	用水平尺和尺量检查
4	器具垂直度		3	吊线和尺量检查

第十三节 本章小结

提供了饮用水标准。自来水出水场时是合格产品，到了用水点应以化验数据为准判断是否合格。

所有供水设施均应有检疫证明。饮用水箱目前大多数都用不锈钢制成（多为 S304），也有用搪瓷水箱的用水点。建议不要用玻璃钢做饮用水箱。

对各种设施安装均给出了安装、验收标准。

给排水管间距必须符合规范，有一种误解“给水有压力，可以离排水管距离小些”，不可以以此为依据，违背规范。

管道通球实验是检验是否通畅，这一点人们给予了关注。所以管路清洗也显得更为重要。

饮用水管用含游离氯的水泡 24h 再进行冲洗，检验合格后方可饮用。目前状况是用清水冲洗，肉眼认定已清洁即完工。

对于排水管，安装时标高值、坡度值很重要，必须执行图纸要求，或按规范实施，如果用塑管，要有保护措施。

对排污设施，要特别关注排污泵，因为它是动态设备，常见故障“泵烧毁，自控失灵”。集水坑应做漏水检测。

对各种卫生洁具安装均给出了规范要求和验收标准。新型、不常见的卫生设施有规范可套用；新型设施往往给出安装方法。

除已给出的《生活饮用水卫生标准》（GB 5749—1985）外，还有《生活饮用水标准》（GB 5749—2006），目前卫生检疫部门多以前者为评定标准。

《饮用净水水质标准》（CJ 94—1999（试行）），是对直接饮用水而言的，符合此标准的水可直接饮用。

《给水排水构筑物工程施工及验收规范》（GB 50141—2008）是个很新的规范，2008 年 10 月 15 日发布，2009 年 5 月 1 日起实施，本章已遵循此规范。

第七章

制　冷

第一节　基础知识

一、压力单位换算

工程中常用的压力单位间的换算见表 7-1。

表 7-1　常用压力单位换算

工程大气压/$kgf \cdot cm^{-2}$	标准大气压/atm	mH_2O	mmHg	inH_2O	bf/in^2	MPa
1	0. 9678	10	736	393. 7	14. 223	0. 098

注：1bar = 10^5Pa，1Torr = 133. 3Pa。

二、能量单位换算

1 英马力 =746W　　1kW =3600kJ/h　　1 大卡 =4. 18kJ

1 公制马力 =735W　　1kW =860 大卡/小时 =3412Btu/h　　1mm H_2O =9. 8Pa≈10Pa

第二节　制冷系数与能效比

制冷机单位时间在规定工况下产冷量与主轴所耗的能量之比称为制冷系数（ε），现多用 COP 表示。

在规定工况下制冷量与总输入功率之比称为能效比，用 EER 表示。

第三节　制冷剂饱和态

饱和态是气液共存态，在某一动态平衡状态下，压力与温度对应同时出现。R22 在冷凝器里，如果压力为 1. 53MPa（绝对压力，下同），气液共同温度一定是 40℃；如果压力保持 2. 10MPa，则温度为 52℃。同样在蒸发器里，如果压力为 0. 25MPa，则温度为 -20℃。R22、R134a 饱和态时的相关参数见表 7-2。

表 7-2　R22、R134a 饱和态时的相关参数

R22		R134a	
温度/℃	压力/MPa	温度/℃	压力/MPa
0	0.5	0	0.29
10	0.68	10	0.42
30	1.19	30	0.77
40	1.53	40	1.02
45	1.73	45	1.16
-10	0.35	-10	0.2
-16	0.28	-16	0.16
-30	0.16	-30	0.08
-35	0.13	-35	0.07

第四节　简单介绍几种制冷剂

常用的三种制冷剂的物性参数见表 7-3。

表 7-3　常用制冷剂物性参数

项目 \ 制冷剂	R22	R134a	R152a
沸点/℃	-40.8	-26.5	-25
凝固点/℃	-160	-101	-117
燃烧性	微	微	有
毒　性	微	微	低
对臭氧层破坏性	微	无	无
20℃饱和蒸汽压/MPa	0.9	0.6	0.54

其中 R134a，自身性能尚可，但常规用的润滑油、干燥剂、橡胶、漆包线等都与 R134a 不适应，需要换成与 134a 相适应的材料。R152a 不存在上面问题，但排气温度高，制冷量小。R142b 毒性与 R22 相近，最大优点是冷凝压力低，80℃时压力为 1.35MPa，很适合天车空调机。R502 有 R22 的优点，但严重破坏臭氧层。总之，用制冷剂的问题很复杂，目前工程中仍广泛用着 R22。

第五节　关于臭氧层

碳氢化合物中氢原子完全被氟氯原子置换生成的氟利昂对大气臭氧层破坏严重；氢原子部分被氟氯原子置换的生成物轻微破坏臭氧层；氢原子只有一部分被氟置换的生成物不含氯原子，对臭氧层无破坏作用。看来氯是破坏臭氧层的元凶，以氟利昂12为例：

$$CF_2Cl_2 \xrightarrow{\text{紫外线}} CF_2Cl + Cl$$
$$Cl + O_3 \longrightarrow ClO + O_2$$
$$ClO + O \longrightarrow Cl + O_2$$

氯元素将 O_3 各个击破，使其变成 O_2，从而破坏了臭氧层。

第六节　工　况

无论制冷事业如何进展，工况认定是必须的，对R22有表7-4所示参数。

表7-4　R22工况参数（℃）

参数/工况	蒸发温度	吸气温度	冷凝温度
标　准	-15	-15	30
空　调	5	15	40

谈制冷量必须先知道工况，否则无意义。

第七节　基本循环

在某限定工况要求下，压缩机从蒸发器吸来低温气体，经压缩变为高温、高压的气体，高温、高压气体经冷凝器散热后连续液化，液化后的液体经膨胀阀节流降压后很少部分汽化，大量低压液体进入蒸发器，这些液体在汽化过程中制冷。在冷凝器和蒸发器里均存在着饱和问题。

图7-1是循环原理图，其中的四大件将在第八节重点介绍。

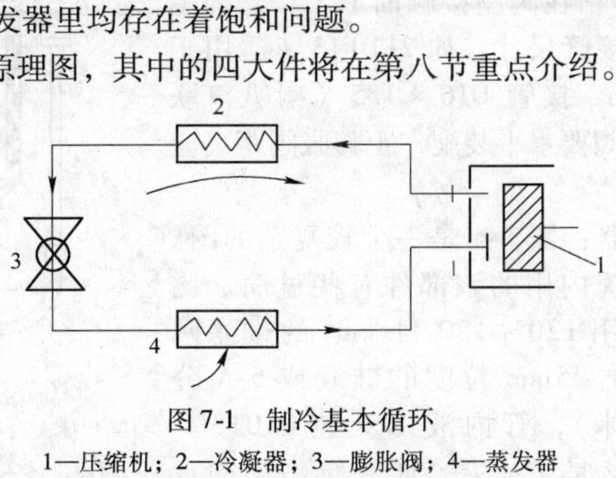

图7-1　制冷基本循环

1—压缩机；2—冷凝器；3—膨胀阀；4—蒸发器

图 7-2 是一个完善的压缩制冷流程图，我们先介绍几个辅助件。

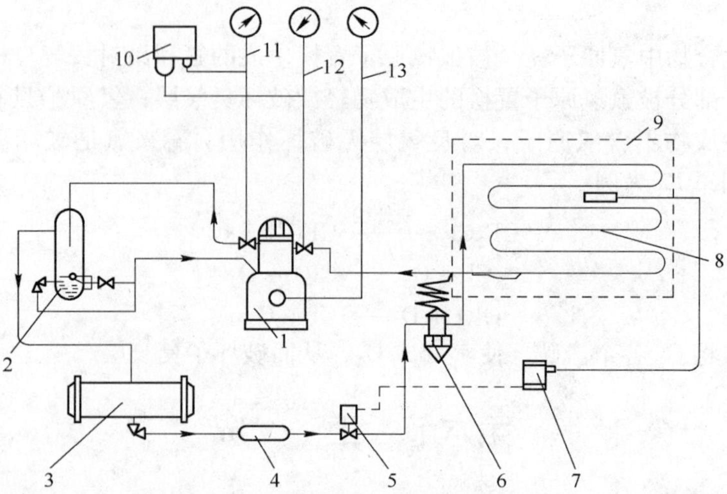

图 7-2 氟单级压缩制冷流程图

1—冷冻机；2—油分离器；3—冷凝器；4—干燥过滤器；5—电磁阀；6—热力膨胀阀；7—温度调节器；8—蒸发排管；9—冷库；10—高低压继电器；11—高压表；12—低压表；13—油压表

1. 油分离器：是受压容器，承压能力要求高，值得注意的是气体进出口位置。它的容量与压缩机匹配，和压缩机排气口相通。YF159 型桶体直径 159mm，接管 dn32，见图 7-3。

2. 电磁阀：未画分体图。位于膨胀阀前，停车时自动将高低压分开，防止下次开车发生“液击”。使用时注意电压值。如果发生“封不住”了，很可能是污物粘在阀座接触面上了。它的主要尺寸是通径和接管尺寸，如 2FDF13（适用于 R22），通径 13mm，接管 D16 × 1.5（喇叭口联接）。按规范电磁阀要水平装配，距膨胀阀距离应在 300mm 以上。

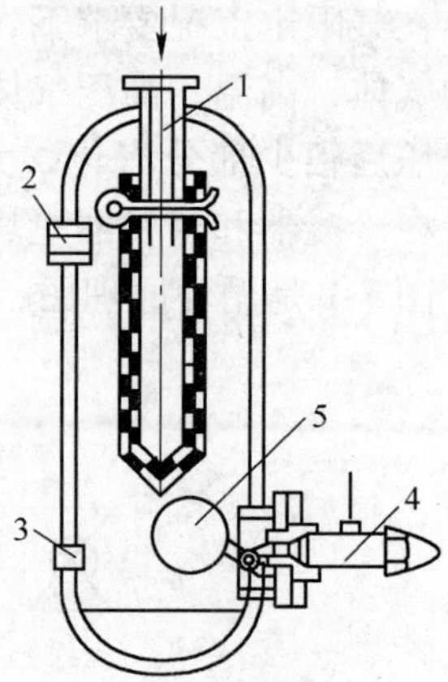

图 7-3 氟油分离器

1—气体入口；2—气体出口；3—手动回油口；4—自动回油口；5—浮球

3. 干燥过滤器：图 7-4 是一个较复杂的图。目前许多制冷系统内用的该部件有些过简。比较理想的做法是用 120 ~ 180 目/cm^2 的过滤网（不锈钢）内装 3 ~ 5mm 粒度的硅胶或 5-A 分子筛（$A = 1/10^{10}$米），管内液体流速 0.013 ~ 0.033 m/s，它应该是防冰塞、防系统污染的重要工具，是可拆卸的部件，位于冷凝器（贮液器）后、电磁阀前。

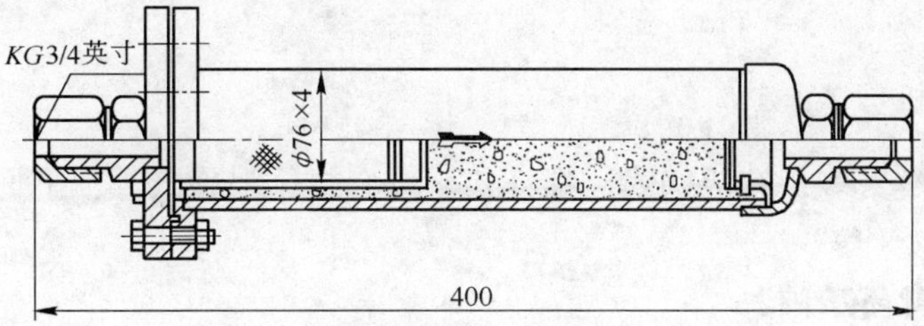

图 7-4 干燥过滤器

4. 高低压继电器：图 7-5 为器件原理图，作用原理是低压过低停车，高压过高停车。其中 1 是低压调节盘，17 是高压调节盘，它们是调定高低压额定值的元件。该设备是监视高低参数的工具，也是安全和节能设备。KD 后加 S 的型号意思是要求手动复位。

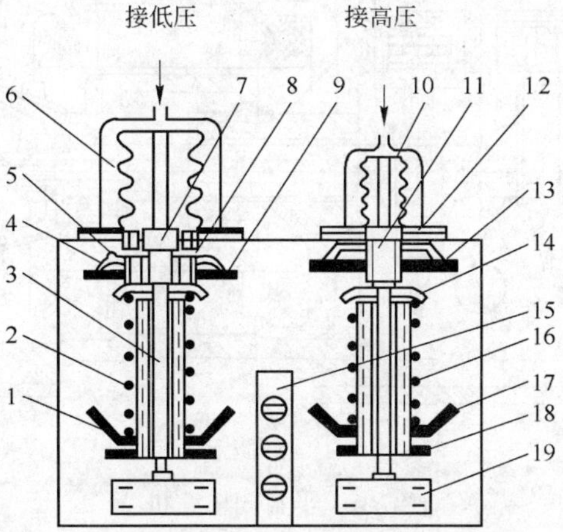

图 7-5 KD 型压力控制器的原理图

1—低压调节盘；2—低压调节弹簧；3—传动杆；4—蝶形弹簧；5—调整垫片；
6—低压波纹管；7—传动芯棒；8—调节螺丝；9—低压压差调节盘；
10—高压波纹管；11—传动螺丝；12—垫圈；13—高压压差调节盘；
14—弹簧座；15—接线架；16—高压调节弹簧；
17—高压调节盘；18—支架；19—微动开关

5. 汽液分离器：流程图中未画。应该装在压缩机吸气口前，它是一个比吸气管直径大得多的筒状容器，从蒸发器出来的制冷剂蒸汽突然膨胀，将带回的含液蒸汽中的液滴留下（或汽化），防止压缩湿行程。

第八节 四大件

一、压缩机

压缩机种类繁多，有活塞式、螺杆式、离心式、涡旋式等。下面介绍几种常用的压缩机。

（一）半封闭压缩机

这种机器（图7-6）中电动机和吸气接触起冷却作用，不存在轴封问题，拆端盖可更换电机。这种机器要求电机漆包线耐油，耐氟利昂腐蚀。反过来，选用油时要注意其酸值，同时要注意油和氟的含水量，还要注意油的击穿电压。

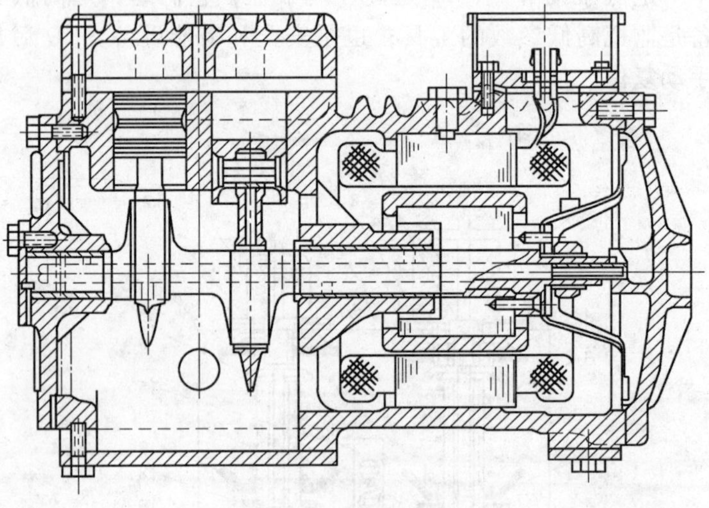

图7-6 半封闭压缩机

下面提供几个尺寸，见表7-5，供验收或找故障原因时参考。

表7-5 3FW5B 半封闭压缩机验收尺寸

名 称	装配间隙/mm	最大间隙/mm	名 称	装配间隙/mm	最大间隙/mm
汽缸与活塞	0.13~0.17	0.25	活塞环与环槽	0.02~0.045	0.1
连杆大头与曲轴颈	0.05~0.08	0.1	活塞销与连杆小头	0.05~0.08	0.1
活塞环搭口	0.2~0.3	1			

对压缩机来说，一般维修规律是700h小修、2500h中修、一年大修。了解几何尺寸，对维修保养时分析声音异常、耗油过大、抱轴等故障有用。压缩机运

转部分是很精密的，为此还要重视油泵前过滤，最好用20孔/cm^2丝网，网内加些磁性材料。对维修工作必须重视，不可以随意更换压缩机。

（二）全封闭压缩机

图7-7和图7-8展示的是全封闭压缩机和其中的汽缸装配图。这种结构中，电机在下方，压缩机在上方，滑管滑块代替了连杆。曲柄销旋转，滑块除绕曲柄中心旋转外还在滑管内滑动，使筒形活塞在汽缸内往复运动。活塞平顶有两道环槽，槽内油起密封和润滑作用，只有电源线和吸排气管与外界联系。切记电源线处存在漏气的可能。

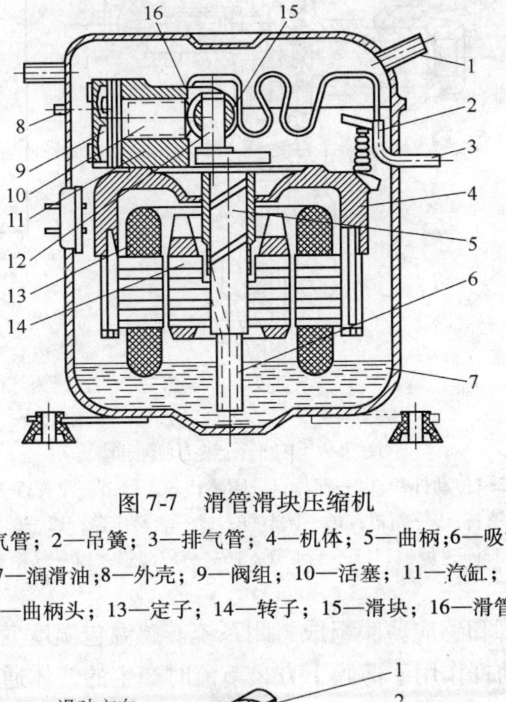

图7-7　滑管滑块压缩机

1—吸气管；2—吊簧；3—排气管；4—机体；5—曲柄；6—吸油管；7—润滑油；8—外壳；9—阀组；10—活塞；11—汽缸；12—曲柄头；13—定子；14—转子；15—滑块；16—滑管

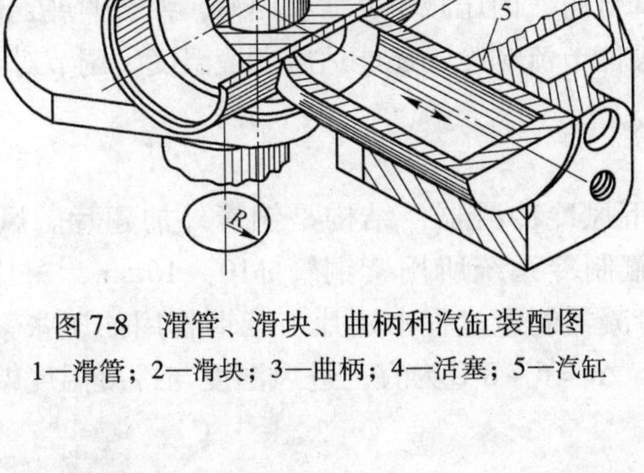

图7-8　滑管、滑块、曲柄和汽缸装配图

1—滑管；2—滑块；3—曲柄；4—活塞；5—汽缸

二、膨胀阀

外平衡膨胀阀不常用，这里只介绍内平衡热力膨胀阀（图7-9）。

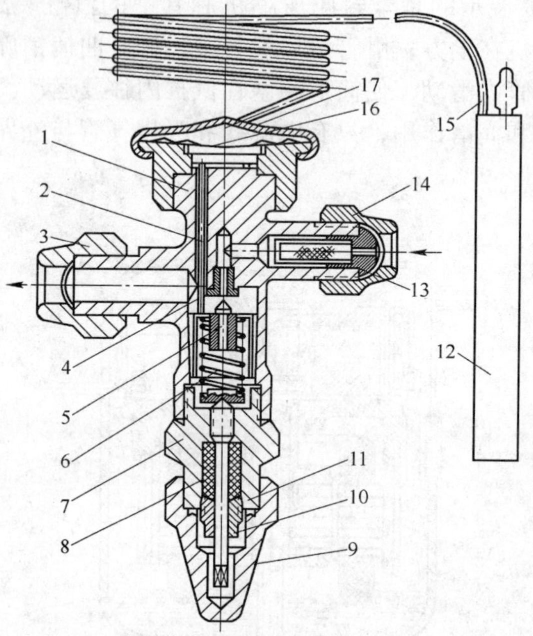

图7-9　内平衡热力膨胀阀

1—阀体；2—传动杆；3，14—螺母；4—阀座；5—阀针；6—弹簧；7—调节杆座；8—填料；9—帽罩；10—调节杆；11—填料压盖；12—感温包；13—过滤器；15—毛细管；16—感应薄膜；17—气箱盖

感温包、毛细管和感应薄膜组成封闭系统。感温包温度变化时会使薄膜上下游动。弹簧力通过传动杆作用于薄膜下方，节流时产生的气体通过传动杆和阀体间隙也作用于感应薄膜下方。两个力作用于下方，一个力作用于上方，保持节流阀有一定开度。热负荷增大，感应薄膜上方压力增大，薄膜下移通过传动杆，使阀开度增大。当感温包温度降低时，内压减小，薄膜回缩，弹簧伸展，传动杆上移，阀门自然关小。膨胀阀不但能节流制冷，还能适应环境温度，调节对蒸发器的供液量。

三、冷凝器

这里只介绍一下风冷冷凝器，结构是铜管外加翅片。风冷效果不如水冷效果，这是显然的。氟制冷系统所用紫铜管 $\phi10\sim16$mm，翅片厚度0.2mm左右，片距2～4mm。在冷凝器制造过程中翅片与紫铜管用油压张紧。进出空气温差事先取值，不宜过大，$\Delta t=6\sim8$℃为宜；进风温度与冷凝温度差取为10～15℃，此值是用风机的风压和风量保障的。迎面风速2~3m/s为宜。所谓冷凝面积是翅片面积和管子外表面积之和。

顺便介绍一下空气量的计算：

$$G_K = \frac{Q_K}{c(t_2 - t_1)} \tag{7-1}$$

式中　Q_K——冷凝器热负荷，为制冷量的1.3倍，$Q_K = 1.3Q_0$；

c——空气比热，大卡/公斤度(大卡/(kg·℃))，如果用此单位Q_K单位应为大卡；

$t_2 - t_1$——进出冷凝器风的温差，℃。

将空气量kg/h变为m^3/h时，空气比重取为$1.224kg/m^3$。

作为使用者应想尽方法提高冷凝效果，常见方法如下。

1. 冷凝器安装位置选好，通风好是首要条件。

2. 管内壁越清洁越好（运行前认真吹净）。

3. 内部不应有过多的空气（不可能绝对没有空气）。空气多，排气温度高，压力表针跳动。

4. 内壁油膜有影响，但对高温场合影响较小（1mm油膜热阻相当于33mm铁板热阻）。

5. 铜管多根并联为宜，如果一根铜管太长，下部蛇管积液，影响冷凝效果。

6. 清扫外面要尽量除去翅片间的尘埃和油污。

四、蒸发器

对蒸发器进行分析，制冷剂在蒸发器里是"沸腾"不是蒸发，管内壁与制冷剂温度只差2~5℃。传热强度取决于沸腾时气泡运动的速度。密度小，黏性小的制冷剂容易产生气泡，气泡运动速度也快，气泡容易脱离内壁，有利于散热，反之不利于散热。外面的翅片，强化散热，使管内壁气泡核心增多。油对蒸发器影响大，实验表明当含油浓度在6%~12%时有助于形成气泡，油量再多就影响散热了。作为运行者应尽量减少蒸发器中的油。

现在制冷行业多用冷风机形式，极少用冷却排管。冷风机最好用风管加喷嘴（对大冷库必须如此），各种设计蒸发器迎面风速都选取2~3m/s，建议选低值，以免风干。

图7-10是小冷库的一种吊顶冷风机制冷方式，对管簇要及时除霜，有霜会影响蒸发器内制冷剂的蒸发，同时又影响散冷效果。

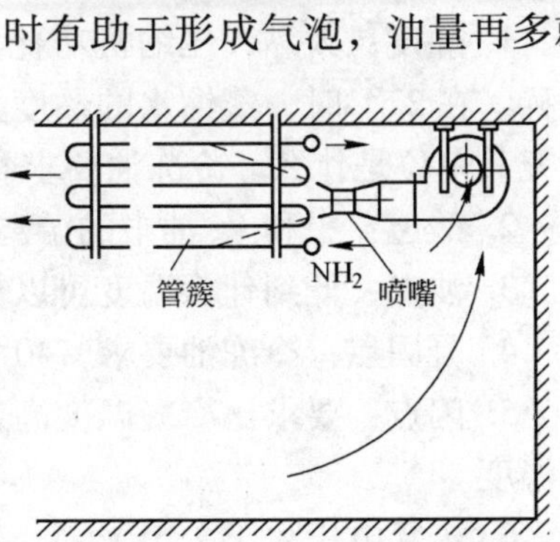

图7-10　吊顶式空气冷却器

第九节 运行参数分析

蒸发温度为 t_0，冷凝温度为 t_k，蒸发压力 p_0，冷凝压力 p_k。

刚开机时，环境温度高，蒸发温度 t_0，蒸发压力 p_0 都高，产冷量也高。因此产冷量是指稳定运行后，每小时的产冷量。

t_0 变化对系统的影响：t_0 升高，产冷量增加；t_0 下降，p_0 也下降，此时排气温度升高。如何理解这种现象？吸入高密度气体，气体在缸内走过短距离就可达到排气压力，吸入低密度气体，要经过长距离才能达到排气压力，气体与汽缸接触时间长，得到热量多，造成温度高。t_0 允许在一定范围内变化，然而变化不可太大，因为 t_0 必须低于被冷却物体若干度。从压焓图上可以看出，由于 t_0 提高，每千克制冷剂压缩功耗和制冷量是减少的；但同样由于 t_0 升高，单位时间里压缩机所压缩气体重量大大增加，因此总的功耗和制冷量还都是增加的。t_0 升高，p_0 也升高。冷凝压力为 p_k，p_k/p_0 叫压缩比，p_0 增加，压缩比减小，是降低排气量、温度下降的因素，但不是主导因素。

t_k 变化对系统的影响：冷凝器温度升高有两个原因，一是冷凝器自身的换热功能差，二是散热条件差。冷凝器温度升高，冷凝压力也升高（制冷剂液化不充分），造成压缩比 p_k/p_0 增加。冷凝器压力过高是不安全的。对定型的系统，维修人员要做到的就是及时清扫冷凝器，及时对蒸发器除霜。

第十节 对润滑油的要求

润滑油的三大功能：润滑、冷却、密封。

这里对油进行一点定性介绍。

1. 黏度：太黏，压缩机功耗大，太稀，失去润滑作用，润滑油遇氟利昂会变稀。在22℃时，蒸馏水的黏度为“1”，常用冷冻油应为“18”。初学者先不用研究其单位是什么。冷冻油要求黏度是指40℃时的黏度。

2. 酸值：中和1g 油中的游离酸所需 KOH 数。

3. 浊点：低到什么温度可以析出蜡。

4. 凝固点：冷冻油要求 -40℃或更低。

5. 闪点：要求比冷凝温度高 30℃ 以上。闪点就是油受热后以碳的形式析出的温度。

6. 击穿电压大于2.5kV。

7. 常用的15 号油性能：在40℃时运动黏度 13.5 ~16.5mm^2/s，闪点 150℃

以上，酸值不大于0.02mg/g。

第十一节　制冷工程中管径计算与压缩比

一、管径计算

计算出的管径数值为内径值。

制冷剂的压焓（lg*p*-*h*）关系见图7-11，横坐标为每公斤制冷剂的热焓，纵坐标为绝对压力的对数。

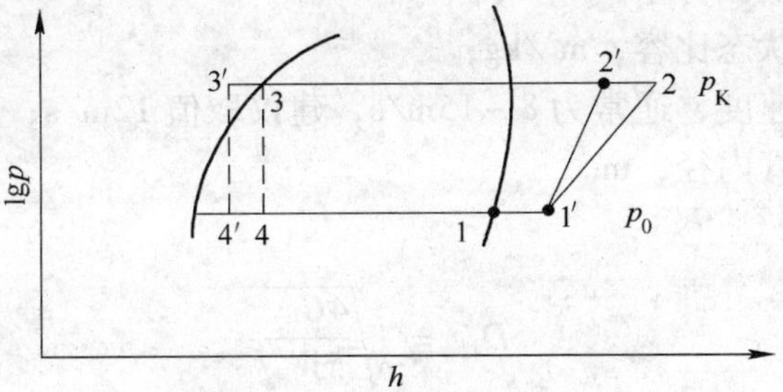

图7-11　制冷剂的压焓（lg*p*-*h*）图

一个循环，知道工况后，制冷剂循环量可以求出。

$$G = \frac{Q_0}{q_0} \tag{7-2}$$

式中　G——制冷剂循环量，kg/h；

Q_0——总制冷量，kW；

q_0——每公斤制冷剂产冷量，kJ/kg，$q_0 = h_1 - h_4'$，h_1 可直接查图，3点过冷4℃找出3′，3′点垂直引线可找出4′点。

提示几点：知道工况就知道 p_0、p_K，上面诸点分布在制冷剂lg*p*-*h*图的 p_0、p_K 线上。

公式中 Q_0 单位用kW，q_0 用kJ/kg（一般图上就用此单位）则 G 的单位为kg/s，再乘以3600则为小时重量循环量。

1点过热3℃后找出1′点；2点是排气状态点，求出 h_2 与 p_K 交点就是2点，$h_2 = h_1' + \frac{h_2' - h_1'}{\eta_i}$，其中 η_i 为指示效率，与 t_0、t_K 有关（知道 p_0、p_K 就能知道 t_0、t_K），由 h_1' 等熵压缩与 p_K 交点即是 h_2'，求出 h_2 与 p_K 交点就是状态点2。

氟利昂相关参数见表7-6。

表 7-6 氟利昂相关参数

t_0/℃	t_K/℃	η_i
5	40	0.87
-15	40	0.80
-20	40	0.78

1. 吸气管径

$$D_{吸} = \sqrt{\frac{4Gv_{1'}}{\pi W_{吸}}} \tag{7-3}$$

式中 G——制冷剂循环量，kg/s；

$v_{1'}$——吸气状态比容，m^3/kg；

$W_{吸}$——吸气速度，通常为 8～15m/s，建议取值 12m/s；

$D_{吸}$——吸气管内径，m。

2. 排气管管径

$$D_{排} = \sqrt{\frac{4Gv_2}{\pi W_{排}}} \tag{7-4}$$

式中 v_2——排气状态比容，由 2 点状态可查出数值，m^3/kg；

G——制冷剂循环量，kg/s；

$W_{排}$——排气速度，通常为 10～18m/s，建议取 15m/s。

3. 冷凝器至蒸发器液管管径

氟利昂液体比重因温度而变，但变化不大，见表 7-7。

表 7-7 氟利昂液体比重（kg/m^3）

种类 \ 温度/℃	-25	40	50
R22	1351	1133	1084
R134a	1370	1145	1103

注：R22 平均值 1189kg/m^3，R134a 平均值 1139kg/m^3。

$$D_{液} = \sqrt{\frac{4Gv_{液}}{\pi W_{液}}} \tag{7-5}$$

其中，$W_{液}$ = 0.5～1.5m/s，建议取为 1m/s；注意代入公式的 $v_{液}$ 是平均比重的倒数。

二、压缩比和中间压力

氨系统压缩比不得超过 8；氟利昂系统压缩比要小于 10。压缩比过高时，改用双级压缩，压缩比 $\sigma = \sqrt{p_0 p_K}$，这里求出的 σ 值为未定的中间压力。

第十二节　制冷工程中高、中、低温分类

制冷剂有高中低温之分：

1. 高温制冷剂：蒸发温度在0℃以上（$t_0>0$℃），这种制冷剂特性是压缩终了压力p_K在0.2～0.3MPa，很低，如R113。

2. 中温制冷剂：蒸发温度t_0在0～-60℃之间，$0.3<p_K<2.0$MPa，压力属于中压，如氨和R22。

3. 低温制冷剂：压缩终了压力很高，蒸发温度在-60℃以下，如R13、R503。如果是冷库，按蒸发温度分类：低温-33～-40℃，中温-28～-30℃，高温0～-15℃。其中，低温、中温要由双压缩完成。按库温分类：高温库0～16℃（如香蕉要求11～16℃，蛋类0℃左右），中温库0～-15℃（贮冰适宜），低温库-15～-20℃或-18～-23℃（贮存鱼、虾、肉等）。

第十三节　空调能效比

制冷量与耗电量的比值用EER表示，称为能效比。$EER=\frac{Q_0}{N}$，Q_0为冷量，N为耗电量，二者单位要统一。国内市场暂定5级，即2.6、2.8、3.0、3.2、3.4。2010年国家将发布新标准定为3级，EER过低产品不再允许生产。举例说明，1P空调机耗电735W，如果是2.6级产冷量1911W，如果是3.4级产冷量2499W。

第十四节　制冷系统加氟量的确定

制冷剂在系统里流动，如同人的血液循环，要有一个合适的量。这里提供几种加氟量的计算方法。

（一）按运行中各部位存贮量计算

1. 冷凝器，按氟占总空间15%容积计算重量，氟的比重前面已给出。

2. 贮液器，按其容积的70%计算氟量；有的系统冷凝、贮液在一个容器中，可按氟空间的20%计算容积。

3. 蒸发器，若氟在管内蒸发计算出所有“氟管”容积，取其70%计算氟重量；如果氟在管外蒸发，计算出氟空间，再取其70%计算氟重量。

4. 液管，计算所有液管容积，取其100%计算氟重量。

5. 油分离，按容积的15%～20%计算氟的重量。

这样做，算的氟量准确，但烦琐。

（二）按产冷量与加氟量关系确定加氟量

应该确立一个定性概念，即空调工况时每千瓦冷量所需制冷剂比冷藏工况时每千瓦冷量所需制冷剂多。

系统加多少氟是很难准确回答的问题，只能提供一个基本数量级，供调试时用，有时设备说明书给出加制冷剂的数量，但未必“准确无误”，因为各个系统接管不同，空间大小也不一样，风冷和水冷自身也有差异，因此很复杂，最后只能以运行结果来检验加制冷剂量是否合适。提供下列参考数值。

冷量3~60kW，一般风冷方式，每千瓦冷量加0.25~0.28kg氟；冷量60~200kW，一般水冷冷凝，千瓦冷量要加0.7~0.8kg氟；冷量200~600kW，水冷方式，千瓦冷量要加0.28~0.33kg氟；如果用氨做制冷剂，都用水冷方式，每千瓦冷量要加2.3~2.6kg氨。上面所说氟是R22，如果其它氟要修正一下，例如R142，则修正为1.1~1.3kg。

（三）提供一个验证加氟量是否正确的方法

做冷冻水，水进出口温差7~8℃，运行正常，证明加氟是合适的；

对R22冷风机组，t_0为7℃左右、p_0为0.5MPa左右、t_K为55℃左右、p_K为2.1MPa左右，证明加氟量“比较合适”。

第十五节 膨胀阀、电磁阀、毛细管的选用

详细选用方法见表7-8~表7-11。

表7-8 适用于R22的内平衡膨胀阀

D_g FPF/mm	冷量/kW	接管/mm	
		进 口	出 口
0.8	1.86	D10×1	D12×1
1	2.30	D10×1	D12×1
1.2	2.91	D10×1	D12×1
1.5	3.60	D10×1	D12×1
2	4.77	D10×1	D12×1
3	10.00	D10×1	D12×1
4	17.40	D10×1	D12×1
5	21.50	D12×1	D16×1
6	26.30	D12×1	D16×2
7	30.20	D12×1	D16×2

表 7-9　适用于 R22 的电磁阀 2FDF

型号＼项目	通径/mm	接管规格	连接方式
2FDF3	3	D8 × 1	喇叭口
2FDF6	6	D8 × 1	
2FDF8	8	D10 × 1	
2FDF10	10	D12 × 1	
2FDF13	13	D16 × 1.5	
2FDF16	16	D19 × 1.5	
2FDF19	19	D22 × 1.5	

表 7-10　适用于氟利昂的 627 型电磁阀

项目＼型号	62701	62702	62703	62704
公称直径/mm	25	3	50	16
连接螺纹	1″	$1\frac{1}{2}$″	2″	$\frac{3}{4}$″
额定压力/MPa	1.57	1.57	1.57	1.57

表 7-11　毛细管选用表

压缩机功率/W	毛细管内径/mm	毛细管长度/m	压缩机功率/W	毛细管内径/mm	毛细管长度/m
60	0.66	4.57	150	0.79	1.83
90	0.66	3.35	250	0.91	1.22
125	0.66	1.52	400	1.24	2.03

第十六节　选择冷凝器、蒸发器时的相关计算

一、冷凝器

1. 光管自然对流风冷状态。

冷凝面积　　$$F = aV + b \tag{7-6}$$

式中　F——冷凝面积，m^2；

V——冰箱容积，m^3；

a——系数2.54；

b——系数0.44。

2. 强迫对流（风冷）。

$$F = \frac{Q_K}{K\Delta t_m} \tag{7-7}$$

式中，$Q_K = 1.3Q_0$，$\Delta t_m = 8 \sim 12℃$ 为对数平均温差，K 值：氨为 14 ~ 35 W/(m²·℃)，取 25W/(m²·℃)，氟为 24 ~ 28W/(m²·℃)，取 24W/(m²·℃)。

空气量
$$G_K = \frac{Q_K}{c(t_2 - t_1)} \tag{7-8}$$

式中 c——空气比热，1005J/(kg·K)；

t_1，t_2——空气进出温度，建议 $t_2 - t_1$ 取6~8℃，$t_K - t_1$ 取10~15℃，风速2~3m/s为宜。

做上面计算注意单位制。

3. 水冷冷凝器。

对氟利昂制冷剂：卧式 $K = 800 \sim 900$W/(m²·℃)，套管式 $K = 1100$ W/(m²·℃)，$\Delta t_m = 5℃$，仍用公式7-7求 F 值。

对氨制冷剂：立式 $K = 700 \sim 800$W/(m²·℃)，卧式 $K = 700 \sim 900$ W/(m²·℃)，$\Delta t_m = 4 \sim 6℃$，仍用式7-7求出 F 值。

二、蒸发器

1. 自然对流，冷却空气的蒸发器。

$$F = \frac{Q_0}{K\Delta t} \tag{7-9}$$

式中，Δt 取值7~15℃（取8℃比较适宜），K 值见表7-12。

表7-12 *K* 值表

Δt/℃	5	10	15
K 值/W·(m²·℃)$^{-1}$	9.3	11.63	13.95

2. 强迫对流，氟制冷剂冷却空气的蒸发器。

$\Delta t = 15℃$（冷间与蒸发温度之差），$K = 30 \sim 40$W/(m²·℃)。

3. 蒸发制冷，制造合格冷水工况。

氟制冷剂：（1）干式壳管式，水在管外流动，$K = 500 \sim 550$W/(m²·℃)。（2）卧式壳管式，水在管内流动，氟在壳内管间蒸发制冷，$K = 350 \sim 400$W/(m²·℃)。

对氨制冷剂，$K=450\sim500\mathrm{W/(m^2\cdot℃)}$。

温差问题，Δt_m 与 Δt 如何取舍，下节讨论。

第十七节　对数平均温差与算术平均温差

在这里不做公式推导，只通过实例来分析两种温差的不同。

某冷凝器，冷凝温度 $t_K=32℃$，进水温度 $t_1=24℃$，出水温度 $t_2=28℃$，求两种温差。

$$\Delta t_1=t_K-t_1=32-24=8℃$$

$$\Delta t_2=t_K-t_2=32-28=4℃$$

算术平均温差　$$\Delta t=\frac{\Delta t_1+\Delta t_2}{2}=\frac{8+4}{2}=6℃$$

对数平均温差 $\Delta t_m=\dfrac{\Delta t_1-\Delta t_2}{2.3\lg\dfrac{\Delta t_1}{\Delta t_2}}=\dfrac{8-4}{2.3\lg\dfrac{8}{4}}=5.78℃$，其中 2.3 是把 ln 变为 lg 的系数。

一般情况，$\dfrac{\Delta t_1}{\Delta t_2}\leqslant2$ 时可用算术平均温差，计算结果误差不超过 10%。日本资料介绍 $\Delta t_1/\Delta t_2\leqslant3$ 也可用算术平均温差。

第十八节　氟系统管路存油弯

一、冷凝器与压缩机的连接

二者连接示意见图 7-12。

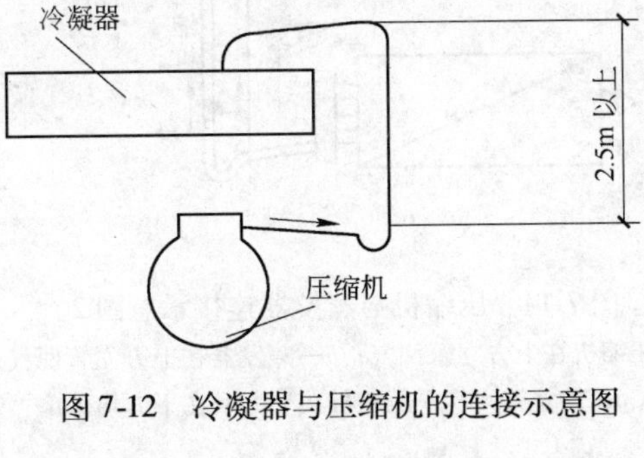

图 7-12　冷凝器与压缩机的连接示意图

二、压缩机与蒸发器的连接

二者连接方式见图 7-13 和图 7-14。

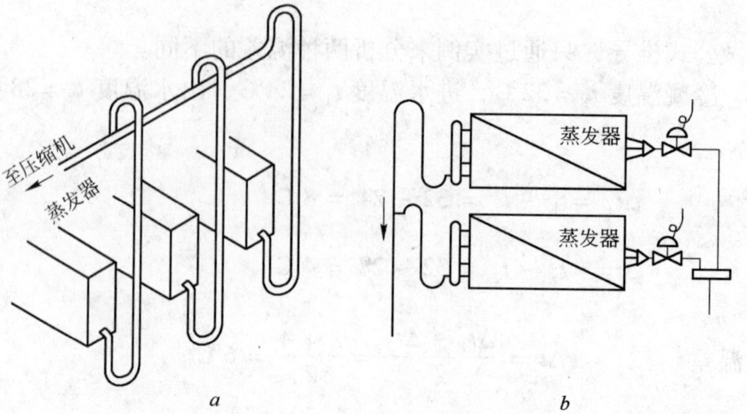

图 7-13　压缩机与蒸发器连接示意图 1

a—蒸发器在下方多台并联立管回气；*b*—蒸发器在上方两台并联立管回气

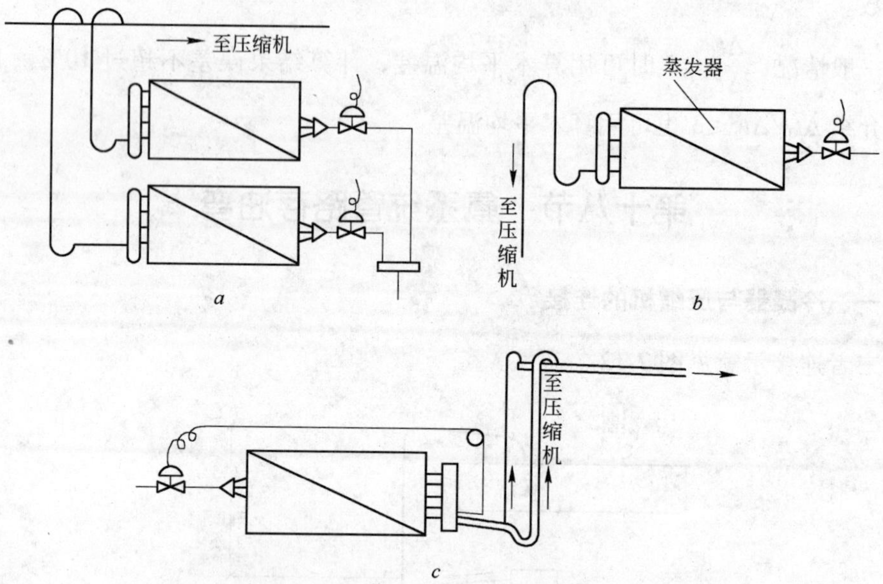

图 7-14　压缩机与蒸发器连接示意图 2

a—压缩机在上方立管回气；*b*—蒸发器在上方立管回气；

c—双立管回气，压缩机在上方、在下方均可

紫铜管曲率半径要求三倍以上管外径。

第十九节　两个冰箱启动线路

图 7-15 是冰箱启动线路图，称为重锤式启动方式。刚启动时，启动电流大，通过工作绕组 CM 的电流很大，励磁线圈中电流也大，磁力吸合衔铁使 CS 成为通路，帮助工作绕组工作，当转速到额定值 75% 以上时电流减小，衔铁脱落，只有工作绕组工作。

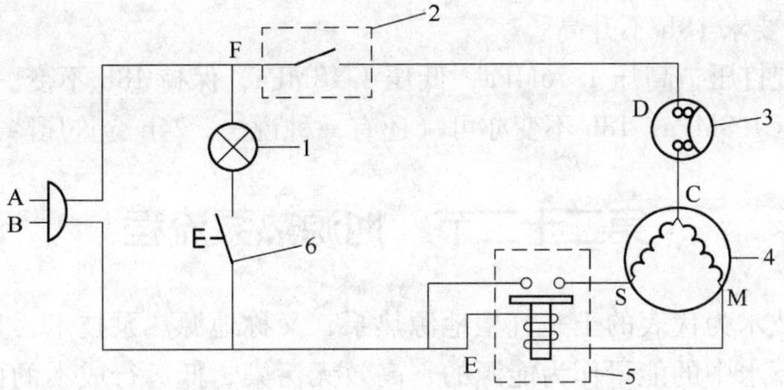

图 7-15　直冷冰箱电路

1—门灯；2—温控器；3—热保护器；4—压缩机；5—启动器；6—灯开关

图 7-16 是 PTC 启动方式。PTC 是一种正温度系数的热敏电阻器件，它是陶瓷原料中渗入微量稀土元素烧制成的半导体晶体结构件，温度升高电阻增大。因启动电流大，PTC 很快升温至 100℃左右，阻值近万欧姆，几乎断路，只剩工作绕组工作。PTC 寿命长，无噪声。

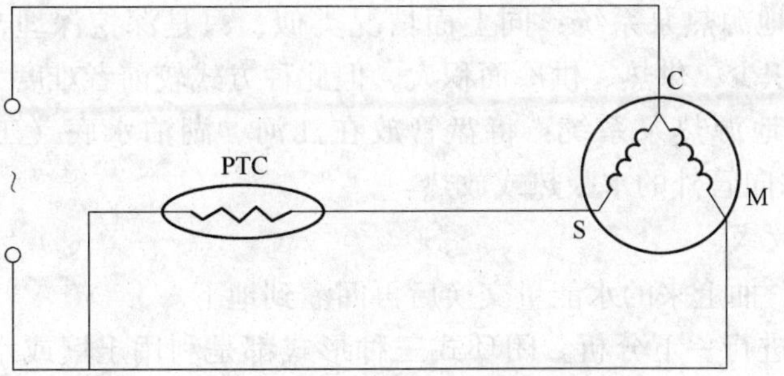

图 7-16　PTC 启动线路

第二十节　小型冷库估算

用 110mm 聚苯板或 80mm 聚胺酯发泡板保温，冷库低温 -15℃时，库容对冷量需求为380～400W/m³，此值对估算冷量很有用。库容量多大为用户需要量，有了此量可估冷量，有了冷量取COP值4.5（左右），则耗电量 $=\frac{Q_0}{COP}$，其中 Q_0 为冷量。估算时注意单位。

第二十一节 制冷系统抽空打压

系统保真空是很难的。用真空泵抽空抽到比大气压低2667～4000Pa（20～30mm Hg），要求18h不升高。

对氟系统打压，高压1.76MPa，低压1.18MPa，保持18h不变。一般实操时，整个系统打压1.8MPa，18h不变亦可（还有一种说法，24h允许压降0.03MPa）。

第二十二节 地源热泵流程

以美国技术为代表的土—气型地源热泵，又称地源热泵技术，是利用浅层常温土壤或地下水中的能量作为能源的、高效无污染、低运行成本的可冷、可热技术。按运行模式的不同，地源热泵技术可分为闭环式和开放式。

（一）闭环式的三种情况

1. 水平式地源热泵系统：蛇形管（又称盘管）平铺于土壤中，目前多为耐腐蚀塑管。夏天，制冷系统中冷凝水向土壤中散热，而后回流继续起冷却作用；冬天，水在管内吸收土壤热量，水温升高后，回流到蒸发器，使蒸发效果强化。冬天，制冷系统中，四通换向阀换向后，室内机组变为散热器。在制冷系统里，蒸发器运行良好，制热效果必然好。

2. 垂直式地源热泵系统：同上面情况类似，只是深挖深埋，蛇管立放。这种方式占地面积少，供热、供冷面积大，但此种方式较前者难度大，投资多。

3. 潜水式地源热泵系统：将盘管放在江河、湖泊水底（工艺上要保障安全），管内的水向管外的水吸热或放热。

（二）开放式

打井抽水。抽上来的水能量交换后再回灌到地下。

对（一）进行一下分析。闭环式三种形式都是利用土壤或水底的“冬暖夏凉”为制冷循环提供冷凝条件和强化冬季制冷条件。冬季制冷实际上是为室内机制热创造条件。众所周知，空调机通过四通阀，冬天将室内机变为冷凝器，将室外机变为蒸发器，由冷凝器制热。然而，冬天室外温度－5℃以下，“蒸发”困难，有的设备甚至在冬季室外机组里加一个小容量电热，保证蒸发器高效运行，进而保障室内冷凝器高效制热。

举一个现实例证。中关村华夏科技大厦，以 HDPE 管（高密度聚乙烯管）做换热器，上下两根集管 D_N50，用 695 组 U 形管（D_N32）将上下 D_N50 管联接起来组成系统，埋深 69 米，属于垂直式地源热泵系统。

将盘管放在水底也是有条件的，统计规律表明，每冷吨冷量要求水面 280m^2 以上，水深要求 2m 左右。因为向水底放热，水域温度有可能发生变化，如与自然态温度差值在 3℃以上，对鱼类和水产品将产生不良影响。

对（二）分析。打井抽水与回灌应由有资质的水文地质单位施工，先打勘测井，勘测内容有地下水深度、水平高度、水的物理特性、不同深度温度变化、水样化学分析和微生物检测等。其中水质氯化物分析很重要，直接影响换热设备选材。值得注意的问题有：（1）取水易，回灌难。回灌井数需多于取水井数（2∶1）。（2）布井困难，有建筑群的地方布井更困难。（3）由于冬季从地下提取的热量与夏季向地下排放的热量不相等，使地下温度场发生变化，出现“冷坑”、“热坑”现象，同时影响地下水 pH 值。

综合分析（一）（二）：（1）借助地下水或土壤的“冬暖夏凉”协助制冷循环，实现节能。（2）制冷循环中的产冷或产热，以热风的形式送入建筑物，因此被称为土—气型地源热泵。

另外，北欧各国早于土—气型，搞过水—水型地源热泵机组，含义是从地下水取热，向地下水排热，经过水—水型地热泵机组转换成热水或冷冻水，然后送到各房间风机盘管内。这种方式在地源热泵机组内有一次能量交换过程，有能量损失。

分类方法是人为的一种研究方法，要掌握的知识是地源热泵的原理。下面介绍一个完整循环，见图 7-17。

图 7-17 中内圈为一普通制冷循环。压缩机吸入低温、低压制冷剂气体，经压缩机压缩变为高温、高压气体，此气体在冷凝器内散热后液化，液体经膨胀阀

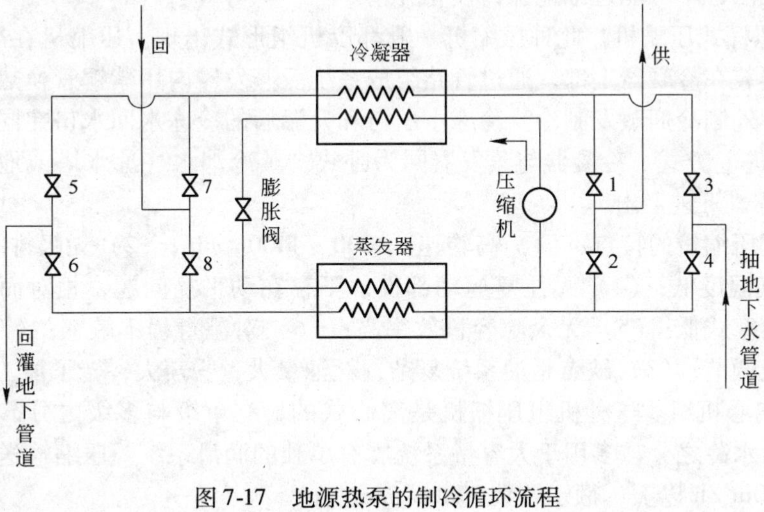

图 7-17　地源热泵的制冷循环流程

（又称节流阀）后小部分汽化，大部分为低压液体，低压液体在蒸发器内汽化，汽化过程中制冷。

制冷循环是个专业性很强的问题，这里只能简单介绍一下。

下面说明一下图 7-17 所示流程夏天和冬天如何给用户提供冷、热水。夏天运行，回水经过阀 8（夏天关闭阀 7），流经蒸发器变为冷水后，经阀 2（关闭阀 1）提供给用户。值得注意的问题是地下水如何利用。夏天运行，抽出的地下水经阀 3（阀 4 关闭），流经冷凝器，升温后经阀 5（关闭阀 6）回灌到地下。利用地下水做冷凝器的冷却水，这就是利用地下能源。冬天运行，回水经过阀 7（关闭阀 8），流经冷凝器，被加热成热水，经阀 1（关闭阀 2）为用户提供合格的热水。同样值得注意的是，冬天运行，抽出地下水，水温相对较高，流经阀 4（关闭阀 3）进入蒸发器，经过阀 6（关闭阀 5）回灌到地下，利用地下水的热量保障了蒸发器正常工作，这又是利用地下能源。这就解决了空气源热泵中蒸发器在 -5℃以下工况不能正常工作，而导致冬天不能正常制热的问题。

图 7-17 所示水流程中，相邻阀（如 1 与 2、3 与 4 等）可用三通阀，一只阀起两个作用。笔者认为，现流程对操作者有好处，避免了误操作，容易发现阀门故障。图 7-17 中的“供”与“回”管内介质是水。“供”、“回”的冷热水可以通过换热器变为冷热风送到用户，也可以将冷热水送入风机盘管。

第二十三节 制冷系统有关设备安装

一、两种制冷压缩机

这里介绍的目的是让安装人员安装设备时、监理人员验收设备时有一个基本准则，无法也不可能过细地探讨设备详情。

1. 螺杆式压缩机。此种压缩机一般都以机组形式出现。压缩机在冷凝器旁，蒸发器安装在冷凝器上部，通过管路组成系统。蒸发器内用紫铜管换热，水在管内流，管外制冷剂蒸发制冷。冷冻水出口和升温后的冷冻水回水口在同一端，属“上出下进”方式。冷凝器与蒸发器同为卧式，其冷却水（凉水塔或地下水为水源）也是“下进上出”。

螺杆压缩机的特点：（1）高转速，3000～4400r/min；（2）无吸排阀活塞等；（3）排气温度低；（4）无往复运动部件，不存在动平衡问题，相对而言对基础要求比活塞式低；（5）无余隙容积效率高；（6）对湿行程不敏感；（7）输气量近乎无级调节；（8）缺点是油系统复杂，耗油量大，噪声大，转子加工难度大。

2. 离心机组。这种机组压缩机是离心式的，有单级与多级之分，冷凝方式有风冷、水冷之分，多用于大容量系统。有单独的润滑系统。压缩输送制冷剂气量在 $2500m^3/h$ 以上，额定转数 7780r/min。

二、设备安装

设备具体安装要求如下。

1. 螺杆机、离心机机组均为卧式，一定要留出抽出蒸发器（冷凝器）内换热管的空间，离心机进出管弯头处要加导流片。

2. 水平度要求：活塞机、螺杆机纵横水平度每米误差不得超过 0.2mm。离心机，因为离心运转，纵横水平度每米误差不得超过 0.1mm。

3. 做钢筋混凝土减振台（300mm 左右厚），下设复合减振器。多个减振器一起使用应“负担均匀”。减振器地脚必须拧紧，不允许有位移。

4. 立式冷凝器垂直度要求每米误差不得超过 2mm；卧式冷凝器水平度要求每米误差不得超过 1.5mm，而且要倾向放油端。蒸发器情况同冷凝器。

5. 水泵安装。纵横水平度每米误差不得超过 0.1mm，设备在设计负荷下，连续运行 2h 参数稳定为合格，运行中电机电流不超值。离心泵联轴器连接，径向位错允许 0.1mm；轴倾斜每米不得超过 0.8mm。手摇泵安装距地 800mm 为宜。

6. 测试水泵径向振幅（径向跳动量）可按表 7-13 核对。

表 7-13　不同转速时的水泵径向振幅

转速/$r \cdot min^{-1}$	600～750	750～1000	1000～1500	1500～3000
径向振幅/mm	0.12	0.10	0.08	0.06

第二十四节　螺杆式压缩机

一、螺杆式压缩机概况

螺杆式压缩机（图 7-18）靠容积改变压缩气体。两个螺旋形转子（单边非对称摆线圆弧齿形）相互啮合，转动后改变气体所占的容积。凸转子外伸，功率由此输入。凸转子为阳转子，凹转子为阴转子。制冷剂吸、排气管在对角线位置。转子齿槽与机体内圆柱面及端面空间容积为工作容积，又称基元容积。阳转子被电机带转动后，带动阴转子与其反向旋转，转速一般在 3000～4000r/min，因此螺杆机有一个复杂的油系统，喷油后可起冷却作用，在齿间还可起密封作用，减少摩擦，提高机械效率，还能降噪，喷油后可降噪 10～15dB。油系统有油分离器、油冷却器、油过滤器、油泵、油压调节阀、油加热器及相应管路，还需有油压、油温保护等自控元件。

二、螺杆式压缩机形式

1. 开启式：一般以机组形式出售。单边不对称齿形，啮合特性好。寿命可连续运行 60000h，高、中、低温度运行都能在高效点上。缺点是噪声大，易泄漏。

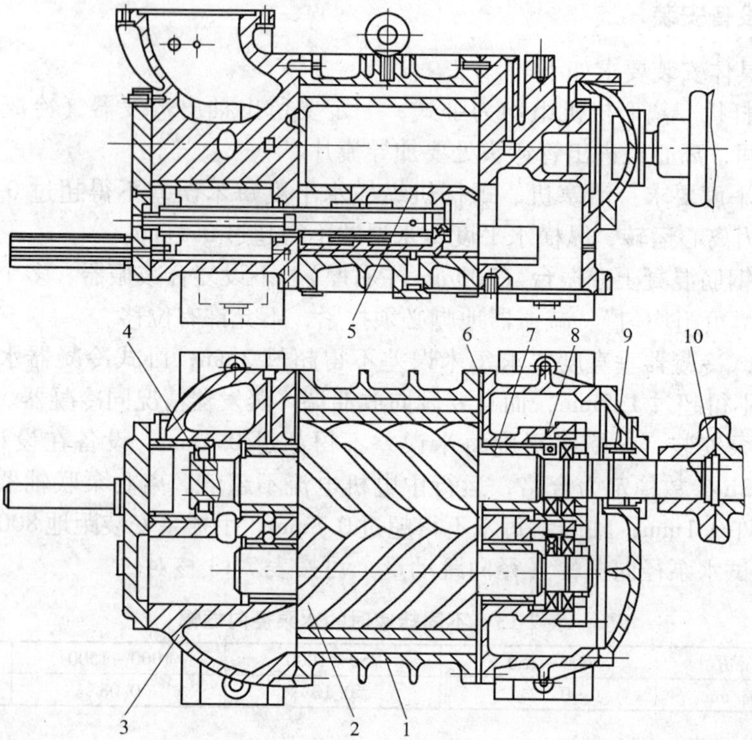

图 7-18 螺杆式制冷压缩机剖面图

1—机体；2—阴、阳转子；3—吸气端座；4—平衡活塞；5—滑阀；6—排气端座；7—主轴承；8—径向止推轴承；9—轴封；10—联轴器

2. 半封闭式：冷量 10～100kW，用 R134a 时 t_K 达 70℃亦可运行。用 R404a 或 R407C 时 t_0 可低至 −45℃。在大压差下工作近年来发展很快。阳转子与电机同轴，内容积比可实现无级调节，省去了冷却器。

3. 全封闭式：电机主轴与阳转子直联，利用吸排气压差供油，节省了油泵。冷量 200kW 左右。

三、螺杆式压缩机标识（GB/T 13410—2003）

国标规定的螺杆式压缩机标识方法见图 7-19。

四、螺杆式压缩机组标识（GB/T 13410—2003）

前四个单元与压缩机表示法完全一样；五单元，机组配置，单机或其它；六单元，封闭、半封闭、开启式不表示；七单元，电机额定功率，阿拉伯数字加 kW；八单元，名义工况温度，高温 G，中温 Z，低温 D。

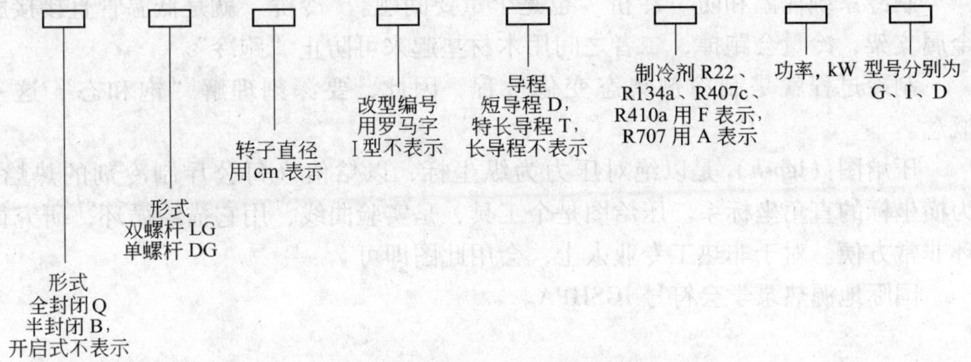

图7-19　螺杆式压缩机标识

五、螺杆式压缩机的特点

1. 转速高，3000～4000r/min；
2. 无进排阀；
3. 由于喷油，排气温度低（90℃左右）；
4. 无往复运动件，对基础要求不高；
5. 排气压力可以高（与活塞式比）；
6. 不怕湿行程；
7. 无余隙容积，容积效率高；
8. 油路复杂，处理设备附件多，噪声大。

第二十五节　本章小结

本章首先要掌握的知识是制冷设备（部件）的安装。要了解系统抽空打压程序及具体要求；同时要明确不同系统加氟量；要了解润滑油性能及选用方法。

所有运行系统都要提高效率、节约能源，对制冷系统要研究制冷系数和能效比，调整好运行参数对节能非常重要。

为配合环保，简单介绍了臭氧层问题。

为配合新技术，同时也是节能措施，介绍了地源热泵知识。由于是新技术，近年才制定了相关规范，《地源热泵系统工程技术规范》GB 50366—2005（2009年版），可供施工遵循。

通过分析循环可定量选用压缩机、冷凝器、蒸发器、膨胀阀（毛细管），亦可合理选用管径。

存油弯是个工艺问题，对不同流程中如何使用存油弯做了介绍。

制冷系统保温和防“冷桥”也是个重要问题。“冷桥”就是低温管直接接触金属支架，冷量会跑掉，二者之间用木材垫起来可防止“跑冷”。

制冷过程就是制冷剂集态变化过程，因此，要深刻理解“饱和态”这一概念。

压焓图（lg$p$-h）是以绝对压力为纵坐标，以焓值（每公斤制冷剂的热焓）为横坐标的直角坐标系。压焓图是个工具，是实验曲线，用它描绘循环，研究循环非常方便。对于非热工专业人士，会用此图即可。

国际地源热泵学会符号 IGSHPA。

第八章

天 然 气

第一节　天然气性质及管内经济流速

人们意识中的天然气指地下能源中的可燃气体，广义地讲空气也是天然气体。这里所说的天然气是以甲烷为主要成分的可燃气体。以我国陕西省天然气为例，其组成如表8-1所示。

表8-1　我国陕西省天然气组成

名　称	化学式	百分比/%	名　称	化学式	百分比/%
甲　烷	CH_4	95.9494	硫化氢	H_2S	0.0002
乙　烷	C_2H_6	0.9075	二氧化硫	SO_2	3.00
丙　烷	C_3H_8	0.1367	水	H_2O	0.062

天然气标准热值 $H_C = 35.005MJ/m^3$，相当于人们熟悉的8360.8大卡/m^3。爆炸极限是上限5.1%，下限15.36%，指的是在空气中的容积比。通常所说的天然气热值 $9 \sim 11kW/Nm^3$，符号 Nm^3 为标准立方米，只写 m^3 亦可。燃烧物有高位热值和低位热值之分，对使用者而言，低位热值才是被摄取值。

流速决定了管道的过流量，同时也决定了沿程（局部）阻力损失。因此不同管径的管道在输送天然气时都有一个经济流速，见表8-2。

表8-2　天然气经济流速表

管径/mm	流速/$m \cdot s^{-1}$	管径/mm	流速/$m \cdot s^{-1}$
≥800	12 ~ 18	200	7
500 ~ 700	10 ~ 16	100	6
400	9	<80	4
300	8		

说明一点，经济流速也是一个范围值，不能理解为某一固定值。因为流速与管道材质、内壁处理、外界温度等因素有关。

天然气是地下能源,长距离输送靠外加动力,通常用活塞式压缩机或离心式压缩机增压。人们为了利用天然气,建造了调压站,调压站的功能是“该增压就增压,该减压就减压”。

通常将天然气分高、中、低三种压力级别：低压天然气，压力小于5kPa；中压天然气，压力5～150kPa；高压天然气，压力0.3～0.8MPa。还有的资料做如下分级：低压天然气，压力0.005MPa；中压天然气，压力0.005～0.1MPa；高压天然气，压力0.1MPa以上。第一种分级法，中压、高压之间缺乏连续性；第二种分级法连续性好，但高压缺上限。笔者认为，两种分级法均可用，二者的数量级范围是一致的。

第二节 天然气调压站与其它建筑物（构筑物）的规范距离

调压站的建造必须保证安全，因此规定了调压站与其它建筑物（构筑物）的最小距离，这个距离是不可改变的，极特殊情况，要由权威技术部门和安全机构出据文字依据和变通方案，方可改变。具体数据见表8-3。

表8-3 天然气调压站建造安全规范

调压站建造形式	入口天然气压力级别	最小距离/m			
		距建筑物、构筑物	距主要公共建筑物	距铁道、电车轨道	公路边
地上独立建筑	高压A	10	25	15	8
	高压B	8	25	12.5	6.5
	中压A	8	25	10	5.0
	中压B	6	25	10	5.0
地下独立建筑	中压A	5	25	10	—
	中压B	6	25	10	—

表中高、中压又分A、B，因为高压自身、中压自身又有高低压力之分。另外，笔者认为调压站最好不要设在地下。

第三节 天然气管道

天然气管道的相关安全距离、与建筑物（构筑物）或相邻其它管道的净距见表8-4。

表 8-4　天然气管道与建筑物（构筑物）或相邻其它管道的净距（m）

项　目		低压天然气管道	中压天然气管道		高压天然气管道	
			A	B	A	B
建筑物基础		0.7	1.5	1.0	6.0	4.0
给水管		0.5	0.5	0.5	1.5	1.0
排水管		1.0	1.2	1.2	2.0	1.5
电力电缆		0.5	0.5	0.5	1.5	1.0
通讯缆	直　埋	0.5	0.5	0.5	1.5	1.0
	导管内	1.0	1.0	1.0	1.5	1.0
其它燃气管	$D_g \leqslant 300$	0.4	0.4	0.4	0.4	0.4
	$D_g > 300$	0.5	0.5	0.5	0.5	0.5
热力管	直　埋	1.0	1.0	1.0	2.0	1.5
	沟　内	1.0	1.5	1.5	4.0	2.0
电杆基础	≤35kV	1.0	1.0	1.0	1.0	1.0
	>35kV	5.0	5.0	5.0	5.0	5.0
照明电杆		1.0	1.0	1.0	1.0	1.0
铁　轨		5.0	5.0	5.0	5.0	5.0
有轨电车		2.0	2.0	2.0	2.0	2.0
街、树		1.2	1.2	1.2	1.2	1.2

表 8-4 中距离为平面最小间距。在垂直高度上的间距有以下规定，见表 8-5。

表 8-5　天然气管道与建筑物（构筑物）及其它管道的垂直间距（m）

项　目	与天然气管垂直距离	项　目		与天然气管垂直距离
给排水管及其它燃气管	0.15	电　缆	直　埋	0.5
			导管内	0.15
热力管沟顶部或底部	0.15	铁道轨底		1.2
		电车轨道底		1.0

天然气管道有套管时，以套管外壁计算距离。

第四节　天然气管材强度计算及防腐

天然气室外管道和中、低压管道可用铸铁管、钢管；高压管道必须用钢管。当压力小于 0.4MPa 时可用塑管，多为大口径（150mm 以上）PE 管。

管壁厚度可按下式计算。

$$\delta = \frac{pD}{2[\sigma]} + C \tag{8-1}$$

式中　p——管内压力，MPa；

D——管外径，m，确切值应为壁厚中间外径，即内外径之间中心圆直径；

$[\sigma]$——不同材质的许用应力，MPa，在材料手册中可查到；

δ——壁厚，m。

C——修正值，不同性质的土壤加不同的修正值，微腐蚀土壤 $C=1\text{mm}$，中等腐蚀土壤 $C=2\text{mm}$，强腐蚀土壤 $C=3\text{mm}$。

如果做计算，特别要注意单位的统一，否则会产生大错。

管道防腐工作是天然气工程的重要环节。

一、沥青绝缘层防腐

沥青绝缘层防腐工艺见表 8-6。

表 8-6 沥青绝缘层防腐工艺表

土壤种类	防腐级别	施工工艺	每层沥青厚度/mm	总厚度/mm
一般土壤	普 通	防锈漆、沥青、玻璃布、沥青、玻璃布、沥青、外层防腐专用聚乙烯塑料布一层	2	6
高腐蚀土壤	加 强	沥青四层、玻璃布三层、专用聚乙烯塑料布一层	2	8
高腐蚀土壤	特加强	沥青 5 ~ 6 层、玻璃布 4 ~ 5 层、外层专用聚乙烯塑料	2	10 或 12

二、塑料绝缘层防腐

管外涂两层密封防腐胶，外层包高密度聚乙烯或低密度聚乙烯。

三、三层防腐涂层

第一层环氧树脂，中间涂抹以聚烯烃为主的共聚物三层，厚度 0.3 ~ 0.4mm，外层为低、中密度聚乙烯。管道内层防腐依据行标《钢质管道粉末内涂层技术标准》（SYJ 4042—89）来施工。内层涂层用热固环氧树脂的管多用于油气管道。

第五节 室内燃气管道安装与检验

一、一般规定

1. 安装前所有技术文件齐全；执行中华人民共和国行业标准 CJJ 94—2009，备案号 J264—2009，2009 年 4 月 7 日发布，2009 年 10 月 1 日起实施。

2. 施工方案须经过主管部门批准。

3. 未经原设计单位同意（书面）不得在梁、柱和结构缝上开孔。

4. 燃气管道穿墙时必须设套管：在套管内不允许有连接接头（螺旋焊缝及经探伤合格的接头除外）。套管与管道间用防水材料填实。套管穿墙时与两侧墙面齐平；穿楼板时，上端高出地面5cm，下端齐平。

5. 燃气管道套管公称尺寸执行表8-7。

表8-7 燃气管与套管配套表（mm）

燃气管 D_N	10	15	20	25	32	40	50	65	80	100	150
套管 D_N	25	32	40	50	65	65	80	100	125	150	200

6. 对阀门，安装前对10%抽样试压；室外阀门要有保护设施。寒冷地区输湿燃气时，对阀门要保温。阀门宜设开关标识，按阀门标识流向安装，施工时将阀门置于关闭状态。

二、引入管

1. 地下室、半地下室、设备层和地上密闭房间、地下车库安装燃气设施时，引入管应使用10号、20号钢无缝管（或有同等及以上性能的其它金属管材）；管道必须焊接连接，焊缝质量按《现场设备、工业管道焊接工程施工及验收规范》（GB 50236）进行评定，Ⅲ级为合格，焊缝质量内部要求执行《无损检测金属管道熔化焊环向对接接头射线照相检测标准》（GB/T 12605），Ⅲ级为合格。以上两项需100%检查。

2. 引入管与建筑物外墙之间净距宜为0.10～0.15m。

3. 引入管上端弯曲处设置清扫口，宜焊接连接，焊缝执行GB 50236标准。

4. 引入管保温层应平整，凹凸偏差不超出±2mm。

5. 输送含水量高的湿燃气应坡向室外，坡度≥0.01。

6. 引入管在北京地区埋深800mm以上。

7. 进入室内的燃气管应进行等电位联结。

三、室内燃气管道

1. 一般规定

（1）执行GB 50028的有关规定。

（2）低压管径 D_N 小于等于50mm时，用镀锌管及镀锌管件。

（3）D_N 大于50mm时，用焊接管或无缝管。

（4）铜管道宜用TP2铜管及铜管件；暗埋敷设时，应采用塑覆铜管或包有绝缘保护材料的铜管。

（5）用薄壁不锈钢管，壁厚不应小于0.6mm。

（6）工作压力小于10kPa、环境温度小于60℃时，可用铝塑复合管及专用管件。

（7）铜管应采用承插式焊接；薄壁不锈钢管采用承插氩弧焊或卡压式（卡套式）机械连接。

（8）燃气管道支撑形式见表8-8。

表8-8 不同管径不同墙体天然气管支撑形式

公称尺寸	砖砌墙壁	砼 墙	石膏空心墙	木 墙	楼 板
$D_N15 \sim D_N20$	管 卡	管 卡	管卡、夹层管卡	管 卡	吊 架
$D_N25 \sim D_N40$	管卡、托架	管卡、托架	夹层管卡	管 卡	吊 架
$D_N50 \sim D_N65$	管卡、托架	管卡、托架	夹层托架	管卡、托架	吊 架
D_N65 以上	托 架	托 架	另设支架	托 架	吊 架

2. 焊接要求

设计压力大于或等于10kPa时，焊接连接方式较多。

（1）执行GB 50235及GB 50236规范。

（2）不等壁厚对接焊时，内壁错边不得大于1mm，外壁错边不得大于3mm。

（3）在管道上开孔接支管，孔边离开环焊缝100mm以上；当小于100mm时，应对支管与母管焊缝进行探伤。对明管焊缝外观100%检查，内部探伤不少于5%；暗焊缝100%内外检查。对法兰焊缝要进行10%外观检查。

3. 铝塑复合管连接

铝塑复合管用卡套式铜管件连接，质量标准应符合行标CJ/T 190和CJ/T 111，连接时将铝塑管内层聚乙烯（应为交联聚乙烯）削坡口（20°～30°角、深1～1.5mm），用整圆器整圆，再与铜管件连接。

4. 避雷与接地

沿墙和屋面明敷室内燃气管道时，不得布置在屋面上的檐角、屋檐、屋脊等易受雷击的部位；燃气管布在避雷区内时应每隔25m与避雷网8mm以上镀锌圆钢进行联接。管道任何部位接地电阻不得大于10Ω。

建筑物外敷设燃气管道，当与其它金属管道平行且净距小于100mm时，每30m用6mm^{2}铜绞线将两种管道跨接。燃气管道法兰连接时应该用6mm^{2}金属导线跨接。螺纹连接时也要用金属导线跨接。

5. 管子切口与弯曲

（1）切口表面应平整，无裂纹、重皮、毛刺、凹凸、缩口、熔渣等缺陷。

（2）切口倾斜偏差不应大于管外径的1%，绝对值不得超过3mm；凹凸误差不得超过1mm。

（3）弯管时用弯管机，焊接管纵缝在弯管时放在中性线位置上。

（4）各种管子的曲率半径执行表8-9。

表8-9　各种管材弯曲半径与管直径关系

管子种类	钢　管	铜　管	不锈钢管	铝塑复合管
最小弯曲半径	3.5D	3.5D	3.5D	5D

6. 法兰连接

（1）法兰位置应便于检修，不得紧靠墙壁。

（2）法兰片应垂直于管子轴线，法兰孔互相对正。

（3）法兰垫宜用聚四氟乙烯或耐油石棉橡胶材料，后者在使用前用油浸泡。不锈钢法兰使用非金属垫。

（4）螺栓紧固后，螺栓外露螺纹1～3扣，并应做防腐处理。

7. 螺纹连接

（1）套丝前切管要正，焊接管焊缝若出现开裂，此管禁用。

（2）管螺纹参数应符合表8-10。

表8-10　不同管径管材套丝螺纹数

管子公称尺寸 d_n	$d_n < D_N20$	$D_N20 < d_n \leqslant D_N50$	$D_N50 < d_n \leqslant D_N65$	$D_N65 < d_n \leqslant D_N100$
螺纹数/扣	9～11	10～12	11～13	12～14

（3）螺纹连接宜用聚四氟乙烯胶带做密封材料；输送湿燃气可用油麻或螺纹密封胶。

8. 燃气管与墙距离等问题

室内明设或暗封形式敷设的燃气管与装饰后墙面净距应满足维修检查需要，见表8-11。

表8-11　燃气管与后墙净距（mm）

管子公称尺寸	$< D_N25$	$D_N25 \sim D_N40$	D_N50	$> D_N50$
与墙净距	≥30	≥50	≥70	≥90

9. 燃气管道在竖井内

（1）土建和其它管道工程完工后再敷设燃气管道。

（2）燃气管穿越竖井的隔断板时应加套管；套管与管道之间要求有不小于10mm的间隙。

（3）燃气管宜为黄色，明显区别于其它管道。

（4）燃气管与其它管道相隔距离应满足安装和维修需要。

（5）各立管接头应置于离各层地面1.0～1.2m处。

10. 暗埋形式燃气管

（1）埋管的管槽不得伤及建筑物钢筋，槽宽宜为被埋管外径加20mm；槽深要保障覆盖层厚度10mm以上。

（2）未得业主书面同意不得在承重柱、梁、墙上开槽。

（3）被埋燃气管不得与任何金属结构接触；无法避让时要用绝缘材料隔开。

（4）被埋管不允许有机械接头。

（5）在暗埋管全长上加设耐冲击金属防护装置，金属装置的厚度以1.2mm为宜。

11. 铝塑复合管安装

（1）D_N小于等于20mm的管可直接校直；D_N25以上的管子先在地面上校直，再安装。

（2）管道位置应远离热源。

（3）与灶具净距不得小于0.5m，而且严禁在灶具正上方。

（4）阀门固定和操作力矩均不得传递给铝塑管。

12. 软管与立管

（1）软管与管道连接处必须严密、牢固，既密封又有强度，不可脱落。

（2）软管长度不应超过2m，不得有接头。

（3）软管与移动式工业用气设备连接时，总长度不得超过30m，中间最多允许两个接口。

（4）软管应低于灶具30mm以上。

（5）软管不得穿过墙、楼板、顶棚、门和窗。

（6）非金属软管不得分支管。

（7）立管安装应垂直，每层偏差不应大于3mm/m，全长偏差小于20mm，上下层因土建原因无法垂直时，用“乙”字弯工艺解决（俗称灯叉弯）。燃气管交叉敷设时，大管置于小管外侧。

13. 燃气管道不同管材支架间距等问题

（1）每个楼层立管至少有支架一处。

（2）水平管上设阀门，在阀门进气口侧1m范围内设支架。

（3）不锈钢波纹管、铝塑管与阀门连接，阀门需做支撑。

（4）水平管道转弯处，在其转角两侧设托架或管卡：

1）钢管不大于1.0m；

2）不锈钢波纹软管、铜管、薄壁不锈钢管每侧不大于0.5m；

3）铝塑管每侧不大于0.3m。

（5）五幅表格（表8-12～表8-16）。

表 8-12 燃气管道与电气设备、相邻管道最小净距（cm）

名 称		平行敷设	交叉敷设
电气设备	明装绝缘电线或电缆	25	10
	暗装绝缘电线或电缆	5（从管外或槽边算起）	1
	电插座、电源开关	15	不发生
	电压小于 1000V 的裸线	100	100
	配电盘、配电箱电表	30	不发生
相邻管道		应保证燃气管道、相邻管道的安装、检查和维修	2
燃 具		主立管与燃具水平净距不得小于 30cm；灶前管与燃具水平净距不得小于 20cm。燃气管在燃具上方时，如果有抽油烟机，管子要在抽油烟机上方；无抽油烟机，燃气管与燃具垂直距离在 100cm 以上。	

表 8-13 钢管支架最大间距（m）

公称直径 D_N	最大间距	公称直径 D_N	最大间距
15	2.5	100	7.0
20	3.0	125	8.0
25	3.5	150	10.0
32	4.0	200	12.0
40	4.5	250	14.5
50	5.0	300	16.5
65	6.0	350	18.5
80	6.5	400	20.5

表 8-14 铜管支架最大间距

外径/mm	15	18	22	28	35	42	54	67	85
垂直敷设/m	1.8	1.8	2.4	2.4	3.0	3.0	3.0	3.5	3.5
水平敷设/m	1.2	1.2	1.8	1.8	2.4	2.4	2.4	3.0	3.0

表 8-15 薄壁不锈钢管支架最大间距

外径/mm	15	20	25	32	40	50	65	80	100
垂直敷设/m	2.0	2.0	2.5	2.5	3.0	3.0	3.0	3.0	3.5
水平敷设/m	1.8	2.0	2.5	2.5	3.0	3.0	3.0	3.0	3.5

表 8-16 燃气用铝塑复合管支架最大间距

外径/mm	16	18	20	25
水平敷设/m	1.2	1.2	1.2	1.8
垂直敷设/m	1.5	1.5	1.5	2.5

14. 燃气管安装允许偏差和管段阀门抽查数量及保温刷漆要求

（1）纵横弯曲，每30m直管段查2段，不足30m查1段；分隔墙两侧各算一段。

（2）立管垂直度，一根立管为一段，两层及两层以上按楼层分段，各抽5%，但总数不少于10段。

（3）引入管阀门100%检查。

（4）其它阀门抽查10%，且不少于5只。

（5）管道保温每20m查一处，且不少于5处。

（6）涂漆要求：

1）非镀锌管，两道防锈底漆，两道面漆；

2）镀锌管，两道面漆；

3）设计文件未明确规定时，燃气管道宜为黄色。

室内燃气管道安装允许偏差见表8-17。

表8-17 室内燃气管道安装后检验允许偏差

项目			允许偏差
标高			±10mm
水平管道纵横方向弯曲	钢管	管径小于等于 D_N100	2mm/m 且≤13mm（管段总值）
		管径大于 D_N100	3mm/m 且≤25mm（管段总值）
	铝塑复合管		1.5mm/m 且≤25mm（管段总值）
立管垂直度	钢管		3mm/m 且≤8mm（管段总值）
	铝塑复合管		2mm/m 且≤8mm（管段总值）
引入管阀门	阀门中心距地		±15mm
管道保温	厚度（δ）		$+0.1\delta$ -0.05δ
	表面不整度	卷材或板材	±2mm
		涂抹或其它	±2mm

第六节 低压天然气管路计算

除特殊情况，人们常用的天然气为低压天然气（5kPa以下）。依据耗能统计规律，找出了用户数、同时工作系数、耗气量三者关系，再按经济流速计算出管径及压力降（又称比摩阻Pa/m），组成表8-18。

相同的用户数有多种管型可选，而且阻力损失也不超标，笔者认为100Pa/m压降均符合要求，同时建议，以压降值居“中”者选管径。如30户用气总管选用ϕ40管，压降7.76Pa/m；60户用气总管选ϕ50管，压力降8.05Pa/m；如果用户500户或600户只能选ϕ75管。极端情况，如15户用气，选ϕ20也允许，只是压降达101.19Pa/m，阻力损失偏大。

表8-18　低压天然气管道单位长度压降计算表

户数	同时工作系数	流量 /$m^3 \cdot h^{-1}$	单位长度压力降 $\Delta p/L$/$Pa \cdot m^{-1}$							
			ϕ15	ϕ20	ϕ25	ϕ32	ϕ40	ϕ50	ϕ75	ϕ100
1	1.0	1.6	8.59	1.96	0.614					
2	1.0	3.2	34.35	7.81	2.46	0.686				
3	0.85	4.08	55.84	12.69	3.99	1.12	0.351			
4	0.75	4.8	77.28	15.57	5.52	1.55	0.486			
5	0.68	5.44	99.27	22.56	7.04	1.98	0.623			
6	0.64	6.14		28.78	9.05	2.53	0.794	0.241		
7	0.60	6.72		34.44	10.8	3.02	0.955	0.288		
8	0.58	7.42		42.03	13.19	3.69	1.16	0.351		
9	0.56	8.05		49.58	15.56	4.35	1.37	0.415		
10	0.54	8.64		56.92	17.88	4.99	1.57	0.476		
15	0.48	11.52		101.19	31.79	8.88	2.79	0.846		
20	0.45	14.40			49.67	13.87	4.36	1.33	0.146	
25	0.43	17.20			70.87	19.79	6.23	1.89	0.207	
30	0.40	19.20			88.31	24.66	7.76	2.36	0.258	
40	0.39	24.96				41.68	13.12	3.97	0.436	
50	0.38	30.4				61.83	19.46	5.89	0.646	0.130
60	0.37	35.52				84.41	26.56	8.05	0.882	0.177
70	0.36	40.32					34.23	10.37	1.14	0.228
80	0.35	44.80					42.26	12.8	1.40	0.282
100	0.34	54.40					62.31	18.88	2.07	0.416
200	0.31	99.20						62.77	6.88	1.38
300	0.30	144.0							14.50	2.91
400	0.29	185.6							24.08	4.83
500	0.28	224.0							35.08	7.04
600	0.26	249.6							40.11	8.01

第七节 燃气计量表安装及检验

一、许可证和特殊认证制度

（1）施工单位必须在安装前查验相关文件，不符合要求的产品不得使用。

（2）所用管材、管件设备的规格必须符合国家现行有关标准及设计文件规定。燃具、用气设备和计量装置等必须经国家主管部门认可的检测机构检测，出据有法律效应的检测报告，不合格者不得选用。

二、燃气计量表安装通用要求

（1）有出厂合格证、质量保证书，标牌上有 CMC 标志、最大流量、生产日期、编号和制造单位。

（2）计量表性能、规格、适用压力均符合设计文件要求。

（3）计量表使用时应在检定有效期内，超过检定有效期、倒放、侧放的燃气表要复检。

（4）按产品说明书要求安装，安装位置便于检修和抄表。

（5）计量表前的过滤器，按说明书要求安装。

（6）计量表与其它设备的净距按表 8-19 执行。

表 8-19 燃气计量表与燃具、电气设施之间的最小水平净距

名称	与燃气计量表的最小水平净距/cm	名称	与燃气计量表的最小水平净距/cm
相邻燃气管道	便于安装、检修	配电盘、配电箱、电表	50
家用燃气灶具	30（高位装表）	电源插座、电源开关	20
热水器	30	燃气计量表	便于安装、检修
电压小于 1000V 的裸线	100		

注：所谓裸线是指不在管槽内的电线，导线自身外层是有绝缘皮的。

（7）100% 目测计量表外观；20% 抽查表支架牢固度、涂漆情况。

（8）富氧燃烧时，要 100% 查验表后止回阀及泄压装置是否符合设计要求。

三、室外、家用燃气表

（1）室外计量表要 100% 装在防护箱内。防护箱应有排水通风功能；安装在楼梯间的燃气计量表应有防火性能或放在防火表箱内。

（2）家用燃气表 20% 抽查法兰、丝扣是否符合规范；商业、工业用燃气计量表100%抽查法兰、丝扣是否符合规范。

（3）家用燃气计量表安装在橱柜内时应满足抄表、检修、更换要求，并能自然通风。

四、商业、工业企业燃气计量表

（1）流量小于65m³/h的计量表，高位安装时，距墙不宜小于30mm，并要加固；低位安装时，应平稳地装在高度不小于200mm的砖砌支墩或钢架上，表后距墙不小于30mm，要100%目测尺量。

（2）流量大于65m³/h的计量表，平正地安装在高度不小于200mm的砖砌支墩或钢架上，表后距墙不小于150mm，100%目测尺量。

（3）燃气计量表与设备水平距离：距金属烟囱不应小于80cm；距砖砌烟囱不小于60cm；距炒菜灶、大锅灶、蒸箱和烤炉等灶具、灶边不小于80cm；距沸水器及热水锅炉不宜小于150cm。由于位置有限不能满足上面要求时，可加隔热板适当缩小净距。100%目测尺量。

（4）多台计量表并联时，每台表进气管要加阀门。

五、计量表安装允许误差

计量表安装允许误差见表8-20。

表8-20　燃气计量表安装后允许偏差和检验方法

最大流量	项　目	允许偏差/mm	检验方法
<25m³/h	表底距地面	±15	吊线尺量
	表后距墙饰面	5	
	中心线垂直度	1	
≥25m³/h	表底距地面	±5	吊线尺量
	中心线垂直度	表高的0.4%	水平尺

第八节　用气设备的安装与检验

一、一般规定

1. 查燃具和用气设备的合格证、质量保证书。
2. 查产品铭牌，看出厂日期。
3. 核对性能、规格、型号、数量是否符合设计文件要求。

4. 家用燃具应采用低压燃气设备；商业用气设备也宜采用低压燃气设备。

5. 家用、商业用及工业企业用燃具和用气设备的安装场所应符合现行国家标准《城镇燃气设计规范》（GB 50028）。

6. 烟道应符合燃具和用气设备的要求。对旧烟道断面及烟道抽力校核，不能满足排烟要求者不得使用。

二、家用燃具

1. 明确燃气种类及压力，确保燃具上接气口、进出水压力及接口与燃具说明书一致。

2. 热水器和采暖炉应安装牢固，无倾斜，与支架有良好接触，便于操作。

3. 燃具与水、气连接必须准确牢固，密封性好。

4. 排烟装置与室外相通，烟道有1%坡向燃具的坡度，有防倒风装置。以上各项100%查验，目测与尺量。

5. 100%目测和尺量表8-21中的数据。

表8-21　燃具与电气设备、相邻管道间最小净距（cm）

名　称	与燃气灶具的水平距离	与燃气热水器的水平距离
明装的绝缘电线或电缆	30	30
暗装或管内绝缘电线	20	20
电插座电源开关	30	15
小于1000V的裸线	100	100
配电盘、配电箱、电表	100	100

6. 燃气灶具灶台高度不宜大于80cm；灶具与墙净距不小于10cm；与侧墙净距不得小于15cm；与木门、窗、木质家具净距不得小于20cm，抽查10%，不得少于1台。

7. 燃具与可燃墙壁、地板和家具之间应设防火隔热层，隔热层与三者之间间隔应大于10cm。

8. 嵌入式燃气灶具与灶台连接处应做防水密封，灶台下面的橱柜应根据气源性质，在适当位置开不小于80cm^2 的与大气连通孔。抽查20%，不得少于1台。应将电源线接在有漏电保护功能的系统上，电源插座要防水，要可靠地接地。100%检查。

三、商业用气设备

1. 用气设备之间留有操作、维修空间；用气设备前面应留1.5m通道。设备在地下室、半地下室或地上密闭室时，应严格执行设计文件。

2. 用气设备与可燃墙壁、地板和家具之间要加耐火隔热层，其自身厚度不小于1.5mm，与三者之间间距应大于50mm。有设计要求时，按图纸施工。100%目测尺量检查。

3. 砖砌燃气灶将燃烧器置于灶膛中心，对准锅的中心。保证火的外焰有效地接触锅底，燃烧器支架周围有足够的空间。100%目测尺量检查。燃气灶高度80cm为宜，封闭的炉膛与烟道之间应装爆破门，爆破门按设计图纸加工。100%检查，目测尺量查阅设计文件。

4. 沸水器安装应符合下列规定：

（1）安装房间设通风装置。

（2）有单独烟道，使用公共烟道时，设“防串烟”机构。烟囱要高于屋顶1m以上，要求结构合理，有防倒风装置。

（3）沸水器与墙净距不宜小于0.5m；沸水器顶部距屋顶的净距不应小于0.6m；两台或两台以上沸水器其间净距不应小于0.5m；100%检查，手段是目测尺量和查阅设计文件。

四、工业企业生产用气设备

1. 安装场所应符合国家标准《城镇燃气设计规范》（GB 50028）的规定；用气设备在地下室、半地下室或地上密闭室时，应严格按设计要求施工。

2. 用气设备与供气系统连接时，应按设计文件进行核查，不符合设计要求不得连接。

3. 用气设备为通用产品时，其燃气、自控、鼓风及排烟等系统的检验应符合设计或产品说明书的规定。用气设备为非通用产品时，其各系统的检验应符合下列规定：

（1）燃烧器的供气压力必须符合设计文件的规定；

（2）用气设备应符合现行国家标准《城镇燃气设计规范》（GB 50028）的相关规定，100%检查设备铭牌、产品说明书及设计文件。

4. 燃烧装置除符合设计要求外，还应符合下列规定：

（1）使用鼓风机时，在管道上装止回阀，在管道上加装泄爆装置；

（2）燃气及空气管道上应安装最低压力和最高压力报警、切断装置；

（3）封闭炉膛及烟道应按设计文件施工，烟道泄爆装置的加工及安装位置应符合设计文件规定。检查数量：100%检查。检查方法：查阅设计文件和目视检查。

5. （1）用气车间进口，各用气设备进口前设独立阀门；

（2）每支燃烧器进气管上的阀门应有启闭标记；

(3) 有鼓风机的燃烧器，风管上的阀门应有启闭标记；

(4) 大型或互联装置的鼓风机，其出口设置阀门；

(5) 放散管、取样管、测压管前设置阀门。检查数量：100% 检查。检查方法：目视检查、查阅设计文件和尺量检查。燃气管道、阀门和用气设备的气密性用压缩空气、测漏仪、压力表、U 形压力计或发泡剂检查。

五、烟道检验与相关计算

（一）烟道检验

1. 用气设备烟道按设计要求加工。民用设备水平烟道长度不宜超过 5m；商用水平烟道不应超过 6m，并应有坡向燃具 1% 的坡度。查阅文件及尺量，100% 检查。

2. 烟道抽力应符合国家标准《城镇燃气设计规范》（GB 50028）的有关规定，测量、计算及检测，数量 100%。

3. 商用大锅灶、中餐炒菜灶、烤炉、西餐灶等设施的烟道应按设计要求安装。查图集和设计文件，检查数量 100%。

4. 镀锌板烟道，卷缝均匀严密，烟道沿流向插接，插接处不应有明显缝隙和弯折。目测抽查 20%，且不少于 5 处。

5. 用钢板制造的烟道，连接面平整无缝隙且牢固；保温材料及厚度应符合设计要求，保证烟气温度在出口时高于露点。目测手感检查，数量 100%。

6. 砌筑烟道，砌块黏合严密，表面平整，其厚度应保证烟气出口不结露。目测手检，数量 100%。

7. 烟道支架（吊）结构和设置位置符合设计文件，涂膜色泽一致。100% 目测检查和查阅设计文件进行核对。

8. 多台设备合用一个水平烟道时应设置导向机构。检查数量：100% 检查。检查方法：目测和查阅设计文件。

（二）烟道计算

提供一下烟道抽力计算方法。

$$p = (\gamma_{外} - \gamma_{内}) \cdot H \quad (8\text{-}2)$$

式中 $\gamma_{外}$——外界空气比重，kg/m^3（或 N/m^3）；

$\gamma_{内}$——烟囱内空气比重，kg/m^3（或 N/m^3）；

H——烟囱高度（图 8-1），m；

p——抽力，kg/m^2。

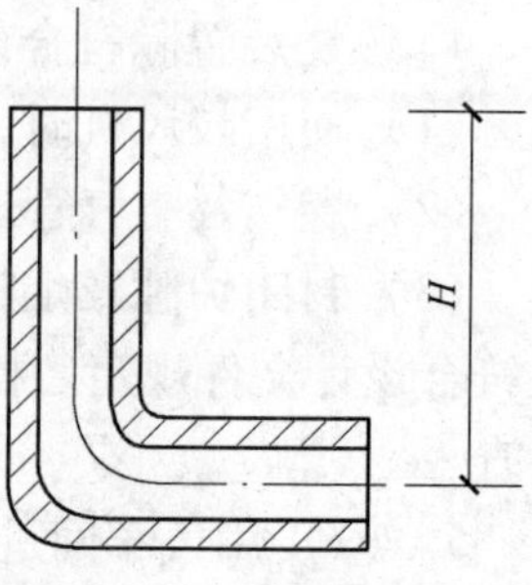

图 8-1 烟囱高度示意图

不同温度时的空气比重见表 8-22。

表 8-22 空气物理性质

温度 t/℃	比重 γ/kg · m^{-3}	温度 t/℃	比重 γ/kg · m^{-3}
-50	1.548	140	0.854
-30	1.453	180	0.779
-10	1.342	200	0.746
0	1.293	250	0.674
10	1.247	300	0.615
30	1.165	350	0.566
50	1.093	400	0.524
70	1.029	500	0.456
100	0.946		

烟道内流过的气体不完全是空气，但内外部空气比重之差是气体流动动力，即所谓抽力。对已建成的系统，烟囱进出口气体温度可测，将其平均温度作为比重依据；外界空气比重，先按季节、按气象资料定温度，然后定下空气比重。如果只是取暖，外界温度按0℃取比重值。如果是新系统，烟囱进出口气体温度可根据具体情况选取合适的数值。

第九节 试验与验收

一、一般规定

1. 从引入管阀门到燃具阀门为试验段，这一段中含计量器具（天然气流量表）。引入阀以外的气体分配支管另做试验，按《城镇燃气输配工程施工及验收规范》（CJJ33）有关规定操作。

2. 严禁用可燃气体和氧气进行试验。

3. 试验前制定好试验方案和安全应急措施。

4. 试验前除涂漆、隔热层、保温层外其余部分均按设计文件完工，并得到业主监理单位确认。

5. 压力表量程应为被测最大压力的 1.5 ~ 2 倍。弹簧压力表精度等级不低于 0.4 级；U 形压力计的最小分度值不得大于1mm。

6. 试验过程中若发现缺陷，应在系统内压力降至大气压后再做调整，并重新试验。

7. 家用燃具的试验与验收应符合国家现行标准《家用燃气燃烧器具安装及验收规范》（CJJ 12）的有关规定。

8. 暗埋敷设的燃气管系，强度与严密性试验应在未隐蔽前完成。

二、强度试验

1. 试验管段为引入管阀门至燃具接入管阀门管段。

2. 试验管段与非试验管段要断开，并有标记（记录），安全泄放装置要拆除，但要保障管系连通。

3. 对管系做完吹除工作。

4. 所谓强度试验是用合适的压力考验系统承压能力。规范确定试验压力值为1.5倍设计压力，且不得低于1.0MPa。在1.0MPa下满足下面要求为合格。

（1）低压系统稳压0.5h，认真检漏后无压力降；

（2）中压系统稳压1h无压力降；

（3）中压以上系统，达到试验压力50%时，停止15min，检查无压降，再慢慢升压至试验压力，稳压1h无压降。

三、严密性试验

在强度试验合格后进行，程序类似强度试验，综合起来看只是压力值降低，要求稳压时间长，更接近使用（运行）状况。

试验要求：

1. 试验压力不小于5kPa，居民用户稳压15min；商业、工业企业用户不少于30min，无渗漏、无压降为合格。

2. 系统中有不锈钢波纹管、覆塑铜管、铝塑管和耐油胶管时，在5kPa压力下，稳压1h，无渗漏、无压降为合格。

3. 中压以上系统，压力不低于0.1MPa，稳压2h，无渗漏、无压降为合格。

4. 低压燃气管道严密性试验压力计装置应采用U形管。

四、验收

在施工单位自检基础上，监理组织预验收。施工单位向业主提交竣工报告并申请竣工验收，建筑单位（业主）组织有关部门进行验收。竣工验收包括以下内容：

（1）各参建单位向验收组汇报工程实施情况；

（2）验收组对工程实体质量功能进行抽查；

（3）签署工程质量验收文件。

工程竣工前，应具备下列文件和填写相应表格（规范表）：

（1）设计文件。

（2）设备管道组成件、主材合格证、鉴定书或质量证明书。

（3）施工安装技术记录、焊工资格备案表、阀门试验记录表、射线探伤检验报告表、超声波试验报告、隐蔽工程记录、燃气管道安装工程检查记录、室内燃气系统压力试验记录。

（4）其它。

第九章

电　梯

第一节　安全监察条例及相关规范

电梯是特种设备，国家十分重视电梯生产安装使用中的质量和安全问题。现将温总理对相关条例批示抄录如下。

《国务院关于修改<特种设备安全监察条例>的决定》，已经2009年1月14日国务院第46次常务会议通过，现予公布，自2009年5月1日起施行。

总理　温家宝

二〇〇九年一月二十四日

下面列出部分电梯相关规范，这些规范在制造安装电梯时是法规依据，这些规范内容与国务院第46次会议决定一致。以时间为序列举如下。

GB/T 7024—1997　电梯国家标准

GB/T 10058—1997　电梯技术条件

GB/T 10059—1997　电梯试验方法

GB/T 7025.1~3—1997　电梯主要参数及轿厢、井道、机房的型式与尺寸

GB/T 50310—2002　电梯工程施工质量验收规范

GB/T 18775—2002　电梯维修规范

GB 7588—2003　电梯制造与安装安全规范

GB 8903—2005　电梯用钢丝绳

另外，2002年4月1日以中华人民共和国建设部名义废止了下面两个规范。

GBJ 310—88　电梯安装工程质量检验评定标准

GB 50182—93　电气装置安装工程、电梯电气装置施工及验收规范

第二节　电梯工程仪器和量具的精度要求

规范中给出了安装精度要求，如电梯导轨的接茬处，要求间隙在0.5mm之

内，高低阶梯精度在0.15mm之内等。

只有仪器（仪表）精度符合要求才能量出精确尺寸，才能进一步满足规范要求。电梯工程中仪器和量具精度应满足如下要求。

1. 质量、力、长度、时间与速度检测误差在1%范围内。
2. 加、减速度检测误差在±5%范围内。
3. 电压、电流检测误差在±5%范围内。
4. 温度、湿度检测误差在±5%范围内。

第三节　电梯分类

本节是一些常识性问题，后面将详细讲解电梯各部分功能和结构。

一、按用途分类

电梯按用途分类详情见表9-1。

表9-1　电梯按用途分类

名　称	符　号	备　注	名　称	符　号	备　注
客　梯	TK	其中T为“梯”字头；K为“客”字头，下同	住宅电梯	TZ	
			杂货电梯	TW	又称服务梯
货　梯	TH		船用电梯	TC	
客货两用梯	TL		观光电梯	TG	
病床电梯	TB		车辆电梯	TQ	

二、按电梯速度分类

电梯按速度分类详情见表9-2。

表9-2　电梯按速度分类

名　称	电梯速度/$m \cdot s^{-1}$	适用场合	名　称	电梯速度/$m \cdot s^{-1}$	适用场合
超高速	3~10	超高层	快　速	1~2	16层以下
高　速	2~3	16层以上	低　速	<1	10层以下，货梯或客货两用梯

也有按拖动方式分类的说法：Z表示直流，j表示交流，Y表示液压动力。

第四节　电梯控制方式

控制部分是强弱电结合控制设备运行。此部分反映出电梯的先进性，对电梯电气部分要求有两条，一是操作自如，二是电子器件寿命要长，在维修周期内不可故障频出。电梯不同控制方式的代号见表9-3。

表9-3 电梯的控制方式代号表

控制方式	汉字说明	代 号	控制方式	汉字说明	代 号
手柄开关控制,自动门	手 自	SZ	信号控制	信 号	XH
手动开关控制,手动门	手 手	SS	集选控制	集 选	JX
按钮控制,自动门	按 自	AZ	梯群控制	群 控	QK
按钮控制,手动门	按 手	AS	微机集选控制	微集选	WJX

注：JX表示“集选”，含义是在信号控制基础上发展起来的全自动控制电梯，可以无电梯司机。

第五节 电梯的八大系统

1. 曳引系统：动力驱动运行（曳引机、钢丝绳、导向轮等）。
2. 导向系统：轿厢沿导轨上下运动。
3. 轿厢系统：轿厢架、轿厢。
4. 门系统：厢门、层门、开门连动机构等。
5. 重量平衡系统：平衡重（称为“对重”），用来平衡轿厢、曳引绳及随行电缆。
6. 电力拖动系统：提供电力，控制开停。
7. 电气控制系统：强电线路，提供电源、继电器、微机等控制各运动部件。
8. 安全保护系统：限速器、安全钳、缓冲器及各站保护装置。

第六节 电梯机房

电梯的供电容量应按最大用电负荷确定,电动机额定功率加上附属设备用电量(控制设备、信号变压器、接触器、继电器、轿厢风扇、照明及空调设备用电)。

供电方式采用“TN-S”（图9-1）或“TN-C-S”（图9-2）供电模式，电压波动值不得大于±7%。

图9-1和图9-2中PE为保护线，电源零线与接地线分开，接地电阻小于4Ω。

电梯供电导线线径根据下列条件来定。

1. 连续运行使用频繁的电梯，按长期工作制选线。
2. 使用频繁的客梯，多台运行时，负载持续率可按60%计算。
3. 货梯、杂货梯也按60%持续率计算负荷，选用电线。
4. 每台电梯单独装短路保护器。

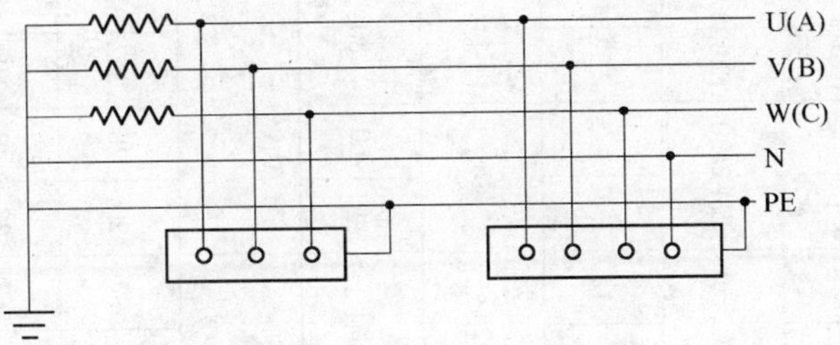

图 9-1　TN-S 低压配电系统

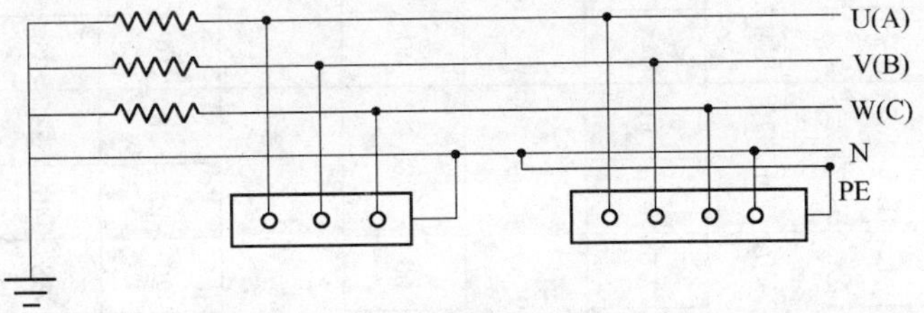

图 9-2　TN-C-S 低压配电系统

5. 电源进线应在机房便于操作和维修的位置。

6. 每台电梯设切断主开关，这一主开关能满足使用时最大电流需求，但它不应切断下列供电电路：1）轿顶电源插座；2）轿厢照明或通讯；3）机房照明和电源插座；4）井道照明。

7. 电源线路不应敷设在井道内。井道内明敷电缆及各类导线之线槽线管均应阻燃、耐潮湿。

8. 机房主机控制设备和轿厢的电气设备与建筑物用电设备用同一个接地体（等电位）。

9. 机房照度不得小于 150lx，机房室温 5 ~40℃之间。

第七节　常见的几种电梯参数及机房布局图

机房和井道是与土建工程同步建造的。下面介绍几种电梯的参数及机房尺寸。其中机房设备平面布置图是华北地区建筑设计标准化办公室认定的，电梯参数由厂家提供。

一、上海三菱电梯技术参数与机房布局

上海三菱电梯有限公司引进日本三菱电梯株式会社最新技术生产“上海三菱电梯”，其 SP-VF 系列电梯技术参数见表 9-4，机房布置及相关尺寸见图 9-3 和表 9-5。

表 9-4 SP-VF 系列电梯技术参数表

载客数	P6		P8				P9				P10				P11				P13				P15			
载重量/kg	450		550				600				680				750				900				1000			
速度 /m·s^{-1}	0.75	1	0.75	1	1.5	1.75	0.75	1	1.5	1.75	0.75	1	1.5	1.75	0.75	1	1.5	1.75	0.75	1	1.5	1.75	0.75	1	1.5	1.75
曳引机	EM-1665		EM-1660		EM-2470		EM-1660		EM-2470		EM-2430		EM-2470		EM-2430		EM-2470		EM-2430		EM-2470		EM-2430		EM-2470	
电动机功率/kW	3.7	4.5	4.5	5.5	9.5	11	4.5	5.5	9.5	11	5.5	7.5	9.5	11	5.5	7.5	9.5	11	7.5	9.5	13	15	7.5	9.5	13	15
最大停站数	16		16		24		16		24		16		24		16		24		16		24		16		24	
最大提升高度/m	40	60	40	60	80		40	60	80		40	60	80		40	60	80		40	60	80		40	60	80	
最小层楼距/m	2.5		2.5				2.5				2.5				2.5				2.5				2.5			
满载电流/A	11	13	13	15	19	22	13	16	20	23	15	19	22	26	16	20	25	28	19	24	28	32	20	26	31	35
启动电流/A	19	25	23	28	36	40	25	30	38	44	29	35	43	49	31	38	46	53	35	45	54	62	38	49	59	68
电源容量/kW	4	5	5	6	7	8	5	5	7	8	6	7	8	9	6	7	8	10	7	8	10	11	7	9	11	12
散热量/kW	0.64	0.81	0.76	0.99	1.45	1.69	0.81	1.05	1.57	1.86	0.93	1.22	1.80	2.09	0.99	1.34	1.98	2.33	1.22	1.57	2.38	2.79	1.34	1.74	2.62	3.08

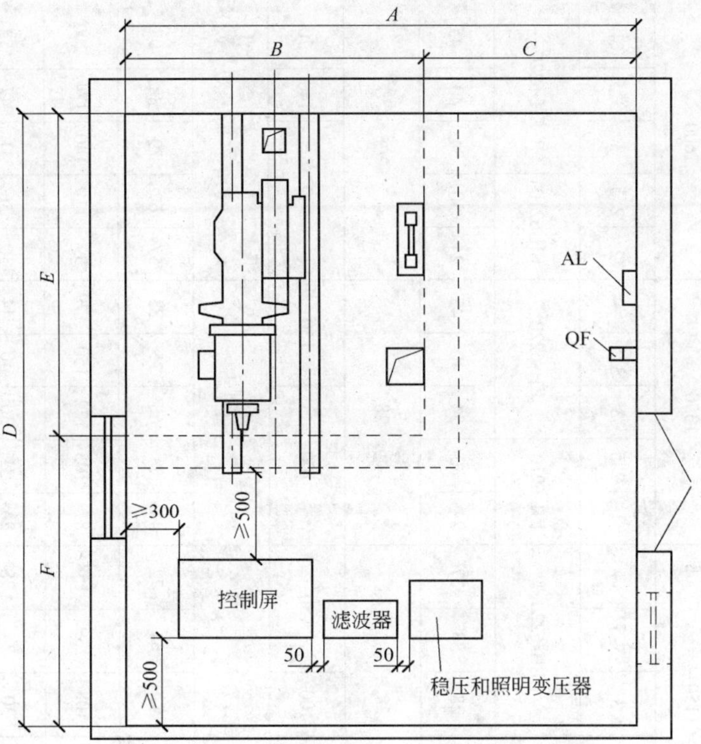

图 9-3　SP-VF 系列电梯机房设备平面布置

AL—照明箱明装，标高 1.5m；QF—电梯电源开关，标高 1.5m

表 9-5　SP-VF 系列电梯机房尺寸表

载客人数	速度/m·s^{-1}	主要尺寸/mm					
		A	*B*	*C*	*D*	*E*	*F*
P6	0.75，1	2100	1850	250	3200	1450	1750
P8	0.75，1	2100	1850	250	3400	1630	1770
	1.5，1.75	3050	1850	1200	3400	1630	1770
P9	0.75，1	2100	1850	250	3600	1700	1900
	1.5，1.75	3050	1850	1200	3600	1700	1900
P10	0.75，1	2100	1850	250	3600	1850	1750
	1.5，1.75	3050	1850	1200	3600	1850	1750
P11	0.75，1	2100	1850	250	3700	1950	1750
	1.5，1.75	3050	1850	1200	3700	1950	1750
P13	0.75，1	2400	2200	200	4100	1970	2130
	1.5，1.75	3250	2200	1050	3900	1970	1930
P15	0.75，1	2400	2200	200	4200	2120	2080
	1.5，1.75	3250	2200	1050	4000	2120	1880

上海三菱 MP-VF 系列 2～4m/s 电梯技术参数及机房布置分别见表 9-6、图 9-4和表 9-7。

表 9-6 MP-VF 系列 2～4m/s 电梯技术参数表

载客数	P13			P15					P17					P20					P24				
载重量/kg	900			1000					1150					1350					1600				
速度/m·s^{-1}	2	2.5	3	2	2.5	3	3.5	4	2	2.5	3	3.5	4	2	2.5	3	3.5	4	2	2.5	3	3.5	4
曳引机	EH-5100		EH-6200	EH-5100		EH-6200			EH-5100		EH-6220			EH-6210		EH-6220			EH-6210		EH-6220		
电动机功率/kW	18	22	28	18	22	28	33	37	18	22	28	33	37	24	30	34	40	45	24	30	34	40	45
最大停站数	28			28					28					28					28				
最大提升高度/m	100			100					60		100	150		100			150		100			140	70
最小层楼距/m	2.7			2.7					2.7					2.7					2.7				
满载电流/A	34	40	46	37	43	51	57	63	41	50	57	64	72	48	58	66	75	83	57	67	79	88	98
启动电流/A	62	75	91	68	81	99	130	145	78	92	108	139	158	87	103	122	150	179	99	119	140	174	200
电源容量/kW	18	21	25	20	24	27	31	34	22	27	30	34	38	26	31	36	40	44	30	36	41	47	52
散热量/kW	3.14	3.95	4.71	3.49	4.36	5.23	6.10	6.98	4.01	5.06	6.05	7.03	8.02	4.77	5.93	7.09	8.26	9.42	5.58	6.98	8.39	9.77	11.16

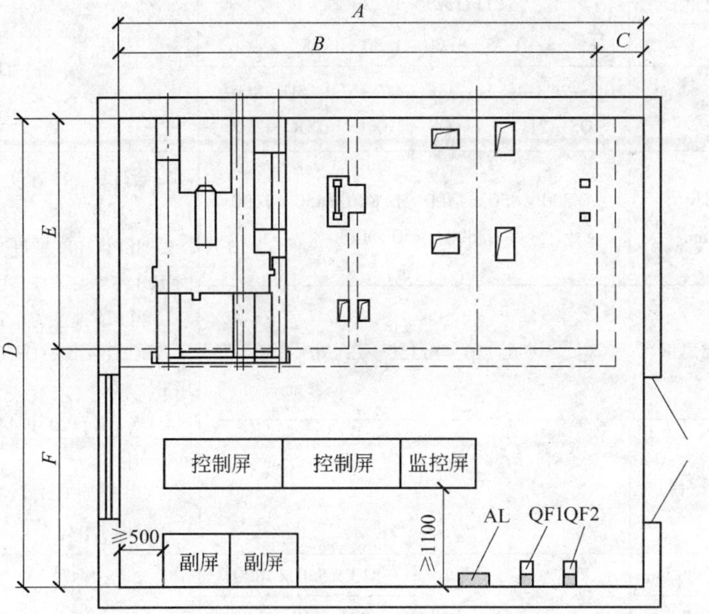

图 9-4　MP-VF 系列 2 ~4m/s 电梯机房设备平面布置

AL—照明箱明装，标高 1.5m；QF1、QF2—电梯电源开关，标高 1.5m

表 9-7　MP-VF 系列 2 ~4m/s 电梯机房尺寸表

载客人数	速度/m·s^{-1}	主要尺寸/mm					
		A	*B*	*C*	*D*	*E*	*F*
P13	2, 2.5	5500	4500	1000	4550	2150	2400
	3	5500	4500	1000	4550	2150	2400
P15	2, 2.5, 3	5500	4500	1000	4700	2300	2400
	3.5, 4	5500	4600	900	4950	2300	2650
P17	2, 2.5, 3	5800	5300	500	4550	2150	2400
	3.5, 4	5900	5400	500	4800	2150	2650
P20	2, 2.5, 3	5800	5300	500	4700	2300	2400
	3.5, 4	5900	5400	500	4950	2350	2600
P24	2, 2.5, 3	5800	5300	500	4950	2550	2400
	3.5, 4	5900	5400	500	5200	2550	2650

上海三菱 MP-VF 系列 0.75 ~1.75m/s 电梯技术参数及机房布置分别见表9-8、图 9-5 和表 9-9。

表 9-8 MP-VF 系列 0.75～1.75m/s 电梯技术参数表

<table>
<tr><td colspan="2">型 规</td><td colspan="3">P11、13、15、17、20、24</td><td rowspan="3">备 注</td></tr>
<tr><td colspan="2">速度/m·s^-1</td><td colspan="3">0.75 1.00 1.50 1.75</td></tr>
<tr><td colspan="2">操纵方式</td><td>2BC 2C～4C—OS—21C</td><td>3C～4C—OS—2100C</td><td>5C～8C—OC—2100C</td></tr>
<tr><td rowspan="3">控制屏</td><td>外形尺寸/mm</td><td colspan="3">A. 800×450×1400 B. 800×450×1690
C. 800×450×1800</td><td rowspan="3">1. 当 P11、P13 速度为 0.75～1m/s 时用 A。
2. 当 P11、P13 速度为 1.50～1.75m/s 时用 B。
3. 当 P15 速度为 0.75～1m/s；操作方式：2BC2C～4C—OS—21C 用 A，其余用 B。
4. 当 P17，P20，P24 速度为 0.75～1m/s时用 B。
5. 当 P17，P20，P24 速度为 1.5～1.75m/s 时用 C</td></tr>
<tr><td>重量/kg</td><td colspan="3">A. 120 B. 150 C. 170</td></tr>
<tr><td>数量/台</td><td colspan="3">1</td></tr>
<tr><td rowspan="3">群控控制屏</td><td>外形尺寸/mm</td><td></td><td colspan="2">813×550×1800</td><td rowspan="3"></td></tr>
<tr><td>重量/kg</td><td></td><td colspan="2">340</td></tr>
<tr><td>数量/台</td><td></td><td>1</td><td>2</td></tr>
<tr><td rowspan="3">稳压变压器</td><td>外形尺寸/mm</td><td colspan="3">A. 527×353×470
B. 727×453×600 C. 750×450×550</td><td rowspan="3">1. 当 P11、P13、P15 速度为 0.75～1.75m/s 时用 A。
2. 当 P17 速度为 0.75～1m/s 时用 A。当 P20、P24 速度为 0.75m/s 时用 A。
3. 当 P17 速度为 1.5～1.75m/s 时用 B。当 P20 速度为 1～1.50m/s 时用 B。
4. 当 P20 速度为 1.75m/s 时用 C。
5. 当 P24 速度为 0.75m/s 时用 A。当 P24 速度为 1m/s 时用 B。当 P24 速度为 1.50～1.75m/s 时用 C</td></tr>
<tr><td>重量/kg</td><td colspan="3">A. 75 B. 85 C. 160</td></tr>
<tr><td>数量/台</td><td colspan="3">1</td></tr>
<tr><td rowspan="3">照明变压器</td><td>外形尺寸/mm</td><td colspan="3">283×253×320</td><td rowspan="3">当无 100V 交流电压时配用照明变压器</td></tr>
<tr><td>重量/kg</td><td colspan="3">22</td></tr>
<tr><td>数量/台</td><td colspan="3">1</td></tr>
<tr><td rowspan="3">马达电抗器</td><td>外形尺寸/mm</td><td colspan="3">A. 450×350×363 B. 880×375×484</td><td rowspan="3">1. 当 P11、P13、P15 及 P17 速度为 0.75～1m/s 时用 A。
2. 其余用 B</td></tr>
<tr><td>重量/kg</td><td colspan="3">A. 50 B. 90</td></tr>
<tr><td>数量/台</td><td colspan="3">1</td></tr>
<tr><td rowspan="3">电源电抗器</td><td>外形尺寸/mm</td><td colspan="3">580×323×610</td><td rowspan="3">仅 P17 速度为 1.50～1.75m/s 及 P20、P24 时用</td></tr>
<tr><td>重量/kg</td><td colspan="3">40</td></tr>
<tr><td>数量/台</td><td colspan="3">1</td></tr>
</table>

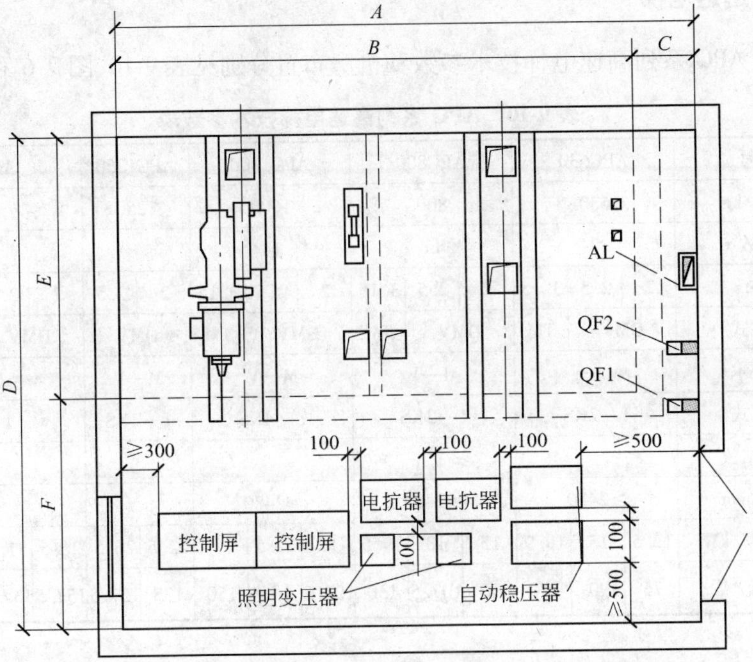

图 9-5　MP-VF 系列 0.75 ~ 1.75m/s 电梯机房设备平面布置

AL—照明箱明装，标高 1.5m；QF1，QF2—电梯电源开关，标高 1.5m

表 9-9　MP-VF 系列 0.75 ~ 1.75m/s 电梯机房尺寸表

载客人数	速度/m · s^{-1}	主要尺寸/mm					
		A	*B*	*C*	*D*	*E*	*F*
P11	0.75，1	4800	4100	700	4000	2100	1900
	1.5，1.75	4800	4100	700	4000	2100	1900
P13	0.75，1	5000	4500	500	4000	2100	1900
	1.5，1.75	5000	4500	500	4000	2100	1900
P15	0.75，1	4800	4500	300	4150	2250	1900
	1.5，1.75	4800	4500	300	4150	2250	1900
P17	0.75，1	5600	5300	300	4050	2100	1950
	1.5，1.75	5600	5300	300	4050	2100	1950
P20	0.75，1	5600	5300	300	4200	2250	1950
	1.5，1.75	5600	5300	300	4200	2250	1950
P24	0.75，1	5600	5300	300	4450	2500	1950
	1.5，1.75	5600	5300	300	4450	2500	1950

二、迅达电梯

迅达 APG 系列高速电梯技术参数和机房布置分别见表 9-10、图 9-6 和表 9-11。

表 9-10 APG 系列高速电梯技术参数表

型 号	APG630			APG800			APG1000			APG1250		APG1600		
载重量/kg	630			800			1000			1250		1600		
乘人数	9			11			14							
速度/$m \cdot s^{-1}$	2	2.5	3.15	2	2.5	3.15	2	2.5	3.15	2	2.5	2	2.5	3.15
驱动方式	DMV		TM	DMV		TM	DMV		TM	DMV		DMV		TM
控制技术	M—V			M—V			M—V			M—V		M—V		
控制方式	1—2KS			1—2KS			1—4KS			1—2KS		1—2KS		
最大停站数														
层楼距/mm	≥2480			≥2480			≥2480							
电动机功率/kW	12.5	15	19.9	15	18	19.5	18	22.5		22.5	26.5	26.5	31.5	32
启动电流/A	75	90	150	90	107.5	150	107.5	135	150	135	157.5	157.5	187.5	180

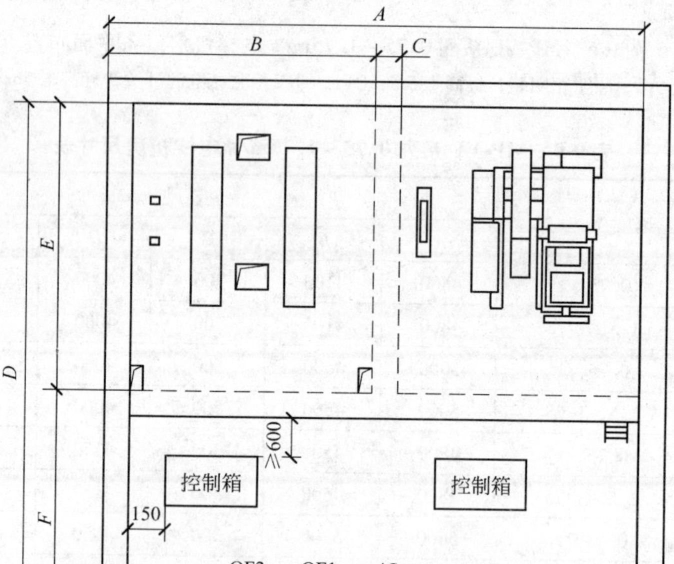

图 9-6 APG 系列高速电梯机房设备平面布置

QF1，QF2—电梯电源开关，标高 1.5m；AL—明装照明箱，标高 1.5m

表 9-11　APG 系列高速乘客电梯机房尺寸表

型　号		APG630	APG800	APG1000	APG1250	APG1600
载重量/kg		630	800	1000	1250	1600
机房尺寸/mm	*A*	3800	4000	5000	5400	5400
	B	1800	1900	2400	2600	2600
	C	200	200	200	200	200
	D	4700	4900	4900	4900	5200
	E	2100	2300	2300	2300	2600
	F	2600	2600	2600	2600	2600
控制箱外形(宽×深×高)/mm		1000×400×1700				

表 9-12 和表 9-13 为 APG 中速电梯参数，其机房布局仍可用高速电梯机房布局（图 9-6）。

表 9-12　APG 系列中速电梯技术参数（1）

型　号	APG630							APG800						
载重量/kg	630							800						
乘人数	9							11						
速度/m·s^{-1}	1		1.6	1.75	1	1.6	1.75	1		1.6	1.75	1	1.6	1.75
驱动方式	AC-2	D2			DS			AC-2	D2			DS		
控制技术	M—B							M—B						
控制方式	1—2KS							1—2KS						
最大停站数														
层楼距/mm	≥2480							≥2480						
电动机功率/kW	8	6.3	8	12.5	8	10	10	10	9	12.5	15	8	12.5	12.5
启动电流/A	61.6	40	55	75	47.5	57.5	57.5	75.6	55	75	90	47.5	72.5	72.5

表 9-13　APG 系列中速电梯技术参数（2）

型　号	APG1000							APG1250					APG1600			
载重量/kg	1000							1250					1600			
乘人数	14															
速度/m·s^{-1}	1		1.6	1.75	1	1.6	1.75	1		1.6	1	1.6	1	1.6	1	1.6
驱动方式	AC-2	D2			DS			AC-2	D2		DS		AC-2	D2	DS	
控制技术	M—B							M—B					M—B			
控制方式	1—3KS							1—2KS					1—2KS			
最大停站数																
层楼距/mm	≥2480							≥2480					≥2480			
电动机功率/kW	12.5	12.5	15	18	12.5	16	20	16	18	22	12.5	20	20	22.5	16	25
启动电流/A	92.4	75	90	107.5	72.5	95	117.5	95	107.5	135	72.5	117.5	120	135	95	145

三、APW、AB 、AS、AL 电梯

APW、AB 、AS、AL 系列电梯的技术参数和机房布置分别见表 9-14 ~ 表 9-17、图 9-7 和表 9-18 ~ 表 9-21。

表 9-14　APW 系列住宅电梯技术参数表

型　号	APW400				APW630				APW1000			
载重量/kg	400				630				1000			
乘人数	6				9				11			
速度/m·s^{-1}	1	1.6	1	1.6	1	1.6	1	1.6	1	1.6	1	1.6
驱动方式	AC-2	D2	DS		AC-2	D2	DS		AC-2	D2	DS	
控制技术	M—B				M—B				M—B			
控制方式	1KS				1KS				1KS			
最大停站数												
层楼距/mm	2480				2480				2480			
电动机功率/kW	6.3	6.3	6.3	8	8	9	8	10	12.5	12.5	10	16
启动电流/A	50.4	40	40	47.5	61.6	55	47.5	57.5	92.4	75	72.5	95

表 9-15　AB 系列病床电梯技术参数表

型　号	AB1600						AB2000			
载重量/kg	1600						2000			
乘人数										
速度/m·s^{-1}	0.63	1		1.6	1	1.6	0.63	1		1.6
驱动方式	AC-2		D2		DS		AC-2		D2	
控制技术	M—B						M—B			
控制方式	1—2KS						1—2KS			
最大停站数										
层楼距/mm	2480						2480			
电动机功率/kW	12.5	16	15	22.5	16	25	16	20	18	26.5
启动电流/A	101.5	133	90	135	164.5	203	95	120	107.5	157.5

表 9-16　AS 系列服务电梯（客货两用）技术参数表

型　号	AS630				AS1000				AS1600				AS2000
载重量/kg	630				1000				1600				2000
乘人数													
速度/m·s^{-1}	1		1.6		1		1.6		1		1.6		1
驱动方式	AC-2	DS		D2	AC-2	DS		D2	AC-2	DS		D2	AC-2
控制技术	M—B				M—B				M—B				M—B
控制方式	1KS				1KS				1KS				1KS
最大停站数													
层楼距/mm	2480				2480				2480				2480
电动机功率/kW	8	8	10	9	12.5	10	16	12.5	16	16	25	22.5	20
启动电流/A	61.6	47.5	57.5	55	92.4	72.5	95	75	133	164.5	203	135	120

表 9-17　AL 系列货梯技术参数表

型　号	AL1000		AL1600		AL2000		AL2500		AL3200	AL4000	AL5000	AKN200	AKN100
载重量/kg	1000		1600		2000		2500		3200	4000	5000	200	100
乘人数													
速度/m·s^{-1}	0.63	1	0.63	1	0.63	1	0.63	1	0.63	0.4	0.4	0.4	0.4
驱动方式	AC-2		AC-2		AC-2		AC-2		AC-2	AC-2	AC-2	交流单速	交流单速
控制技术	M—B		M—B		M—B		M—B		M—B	M—B	M—B	AKN/A	AKN/A
控制方式	1DE		1DE		1DE		1DE		1DE	1DE	1DE	1DE	1DE
最大停站数													
层楼距/mm													
电动机功率/kW	10	12.5	10	16	12.5	20	16	25	25	16	20	2.2	1.1
启动电流/A	75.6	92.4	75.6	95	92.4	120	95	147.5	147.5	95	120		

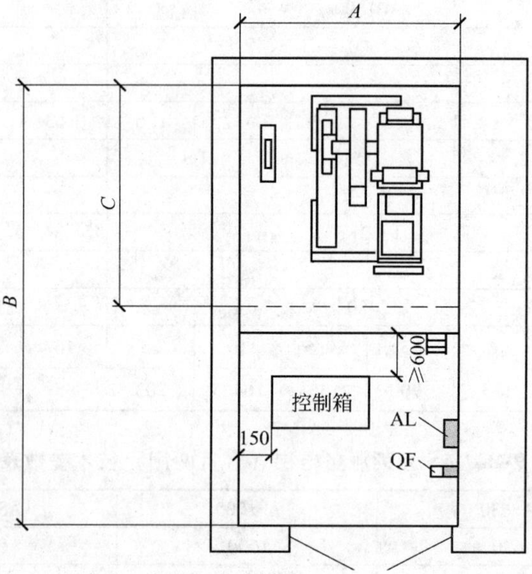

图 9-7 APW、AB、AS、AL 系列电梯机房设备平面布置

AL—照明箱明装，标高 1.5m；QF—电梯电源开关，标高 1.5m

表 9-18 系列住宅电梯机房尺寸表

型 号		APW400	APW600	APW1000
载重量/kg		400	630	1000
机房尺寸/mm	*A*	1600	1600	1600
	B	3200	3700	4200
	C	1600	2100	2600
控制箱外形（宽×深×高）/mm		700×400×1700		

表 9-19 系列病床电梯机房尺寸表

型 号		AB1600	AB2000
载重量/kg		1600	2000
机房尺寸/mm	*A*	2400	3400
	B	5200	5200
	C	3000	3300
控制箱外形(宽×深×高)/mm		700×400×1700	

表 9-20　系列客货电梯机房尺寸表

型　号		AS630	AS1000	AS1600	AS2000
载重量/kg		630	1000	1600	2000
机房尺寸/mm	A	1600	1800	3200	2400
	B	3700	4000	5200	5500
	C	2100	2600	3000	3300
控制箱外形（宽×深×高）/mm		700×400×1700			

表 9-21　系列货梯机房尺寸表

型　号		AL1000	AL1600	AL2000	AL2500	AL3200	AL4000	AL5000
载重量/kg		1000	1600	2000	2500	3200	4000	5000
机房尺寸/mm	A	2300	2800	3400	2900	3400	3900	4300
	B	4200	4700	4800	5800	5800	5800	6100
	C	2400	2800	2800	3600	3600	3600	3900
控制箱外形（宽×深×高）/mm		700×400×1700						

第八节　电梯结构与安全运行

电梯是机电一体化设备，同时又是国家认定的特种设备，因此从选型到安装运行必须给予高度重视。从事此项工作，一要严肃认真，二要有专业知识。

一、电梯概况

电梯是以曳引机为中心的多个机电设备的组合体，结构示意见图 9-8。曳引机又是机电组合件，曳引机电动机带动减速箱主轴，通过蜗轮蜗杆机构将低速传给曳引轮，曳引轮环槽与钢丝绳之间的摩擦力带动钢丝绳走动（通过导向轮），近而使钢丝绳两端的轿厢和对重可以“上上下下”，曳引原理见图 9-9。

这里强调几点：

1. 主机底座的重量及电机运行时轿厢及对重的重量由一固定钢梁承担。钢梁埋深有要求，如果埋在主柱中，要求超过中线 20mm；如果埋在承重墙中，也要埋过中线 20mm。

2. 导轨固定在支架上，支架的固定螺栓埋深要求 120mm 以上。

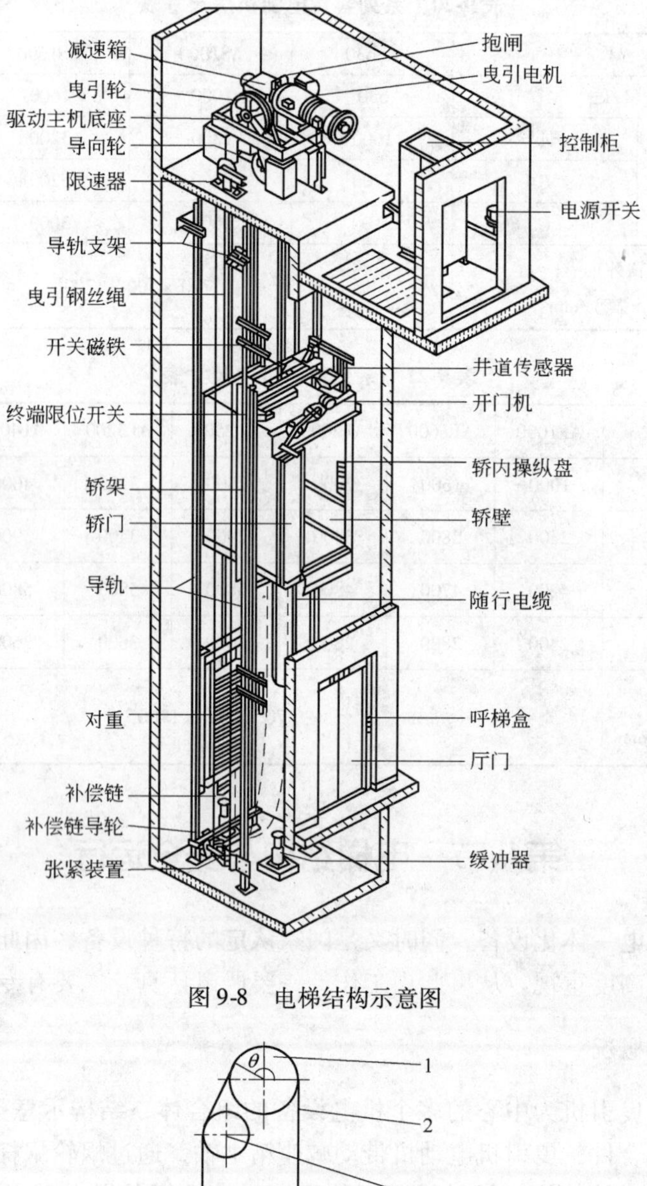

图 9-8 电梯结构示意图

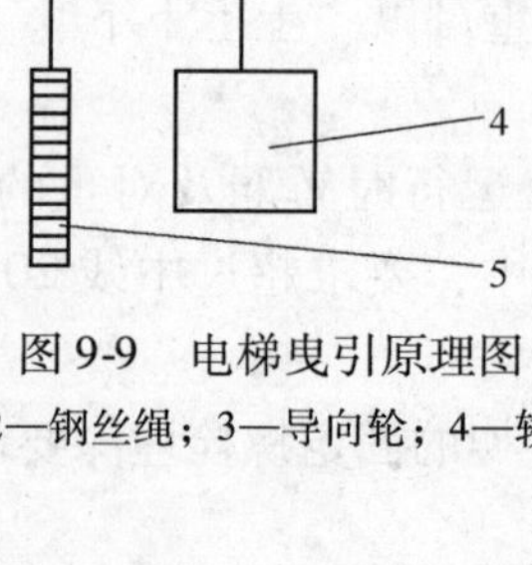

图 9-9 电梯曳引原理图

1—曳引轮；2—钢丝绳；3—导向轮；4—轿厢；5—对重

3. 控制柜前要留有0.6m×0.5m的空间。

4. 钢丝绳的导向轮越简单越好。要求省功、省力、减少摩擦，这样可延长钢丝绳寿命。导向轮安装要求牢固有刚性，轮轴与曳引轮轴平行。导轮可保障对重的钢丝绳与轿厢钢丝绳平行，因导轮而使钢丝绳对曳引轮有足够的包角。

《电梯工程施工质量验收规范》（GB 50310—2002），见附录2，供施工验收使用。

二、电梯主要组成部件

（一）曳引机与制动器

曳引机分为有齿轮曳引机和无齿轮曳引机，后者电动机直接拖动曳引机的曳引轮，此种形式多为2m/s以上电梯采用。我们只介绍一下有齿轮曳引机，见图9-10。

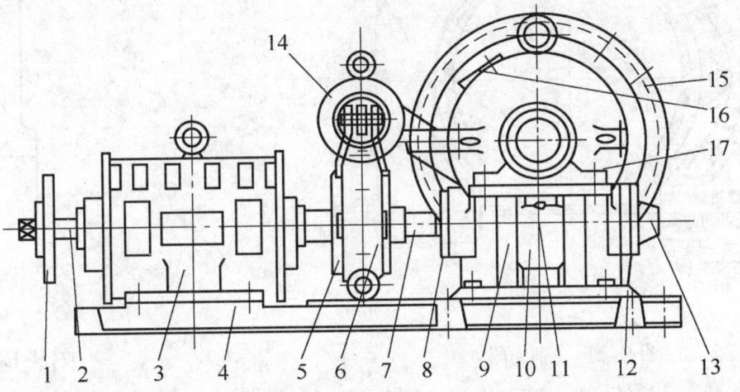

图9-10　有齿轮曳引机

1—飞轮；2—电动机轴；3—电动机；4—曳引机底座；5—制动轮；6—制动器臂；7—蜗杆轴；8—前轴承座；9—减速箱箱体；10—油位指示器盖；11—油标尺；12—后轴承座；13—箱体后盖；14—制动线圈；15—减速箱输出轮（曳引轮）；16—输出轴观察孔；17—减速箱上盖

曳引机是组合机构，由电动机、变速箱、制动器三大部分组成。变速箱（减速箱）输出轴直联件15，它就是曳引轮。减速箱用蜗轮蜗杆机构实现变速。制动器在电动机和变速箱之间，固定在同一机座上，总图9-8中“抱闸”就是制动器。制动器是电梯重要的安全设施，有类似汽车刹车器之作用。电梯上常用双瓦常闭电磁制动器，见图9-11。有电时，件号1吸住铁心件2，两瓦处于张开状态；一旦停电铁心不被吸引，在压簧作用下，两瓦趋向“合拢”抱住电机轴。停止运行时制动器在电梯额定负荷125%～150%的情况下保持轿厢不动，直到下次通电制动瓦才脱开。制动瓦与电机轴接触面有耐磨片（易损件），且摩擦系数较大。制动器是电梯运行中每每停止时都起作用的设备。它是“停车平稳”和“找准停层”的工具。它的这一点不同于在事故状态下才起作用的安全设施。

（二）曳引轮

曳引轮见图9-12，此轮与减速箱输出轴直联，轮子转动，靠绳与环槽之间的摩擦力带动轿厢升降。这一点很像一般传动机械中主动轮环槽与三角带之间摩擦力带动从动轮旋转。曳引轮环槽部分用耐磨材料制成，以减少磨损，尤其是减小对钢丝绳的磨损。

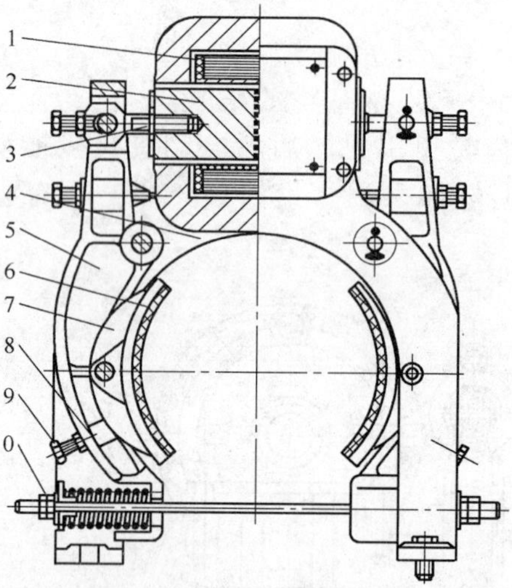

图9-11 制动器

1—线圈；2—铁心；3—拉杆；4—制动体；5—制动臂；6—闸带；7—制动瓦；8—压簧；9—制动瓦调节螺钉；10—制动臂调节螺母

图9-12 曳引轮

（三）限速器与安全钳

凸轮式限速器和双面楔块式安全钳分别见图9-13和图9-14。

限速器和安全钳联合作用下，卡住电梯导轨使轿厢停止，它是纯安全装置，非事故状态不起作用。国家规定“安全钳必须由限速器控制”不允许用其它方法（如气压、液压等）。

分析图9-13，由里向外，限速器轮、凸轮、棘轮穿在同一轴上，三者之间没有相互位移。限速器绳绕在限速轮环槽内，可带动三者一起回转，杠杆10用杠杆轴定位，杠杆可绕轴摆动。杠杆一端装有滚轮8，在弹簧6拉力下紧贴凸轮外缘；杠杆另一端装有棘爪，弹簧调节杆用来调节拉紧力。轿厢正常运行时，限速器绳带动限速轮转动，凸轮、棘轮亦转动。凸轮按外缘形状拨动着杠杆，正常运行时杠杆摆动角度很小，棘轮上棘齿与杠杆上棘爪不相

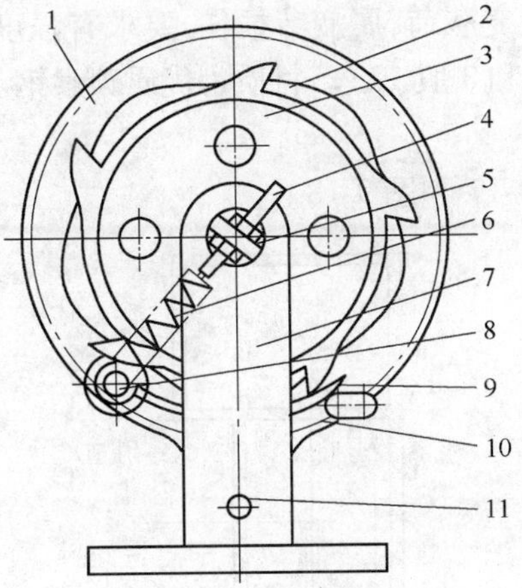

图 9-13　凸轮式限速器

1—限速器轮；2—凸轮；3—棘轮；4—弹簧调节杆；5—轮轴；6—弹簧；7—限速器支架；8—滚轮；9—棘爪；10—摆动杠杆；11—杠杆转动轴

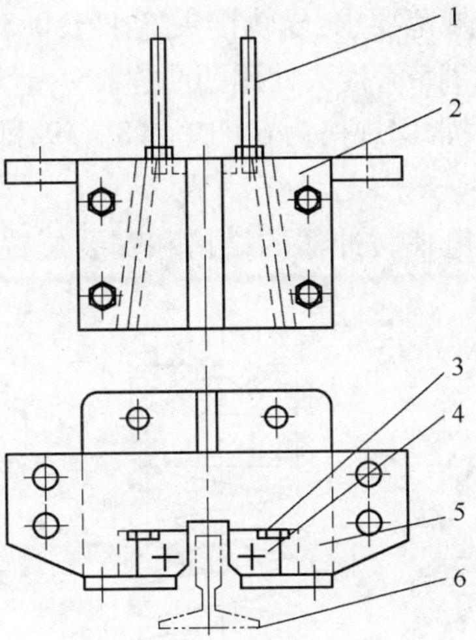

图 9-14　双面楔块式安全钳

1—拉杆；2—挡板；3—导引滑轨；4—楔块；5—钳座；6—电梯导轨

撞。当轿厢运行速度达到某一值后，杠杆摆角增大到使棘爪与棘齿相互啮合，限速器轮停转。限速器绳和轿厢是同步速的，当电梯超速行驶，使限速器动作时，限速绳通过安全钳杠杆系统提升图 9-14 中的拉杆 1，提起两个楔形块夹住导轨，使电梯停止。

图 9-14 中，钳座 5 用螺栓固定在轿厢架的底梁下部。挡板 2 可防尘，楔块 4 可在钳座内沿导引滑轨滑动。非超速时，楔块与电梯导轨之间保持 3 ~ 5mm 间隙。楔块与导轨接触面有凹凸花纹以增加摩擦力。

（四）导轨与钢丝绳

导轨固定在导轨架上，导轨架用螺栓固定在井壁上，埋深要求 120mm 以上。每根导轨要有两个以上导轨架固定，轿厢导轨和对重导轨分别见图 9-15 和图 9-16。

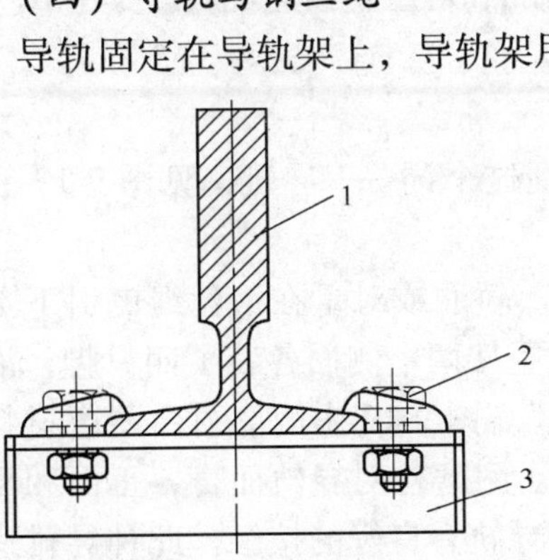

图 9-15　轿厢导轨

1—T 形导轨；2—固定螺栓；3—导轨架

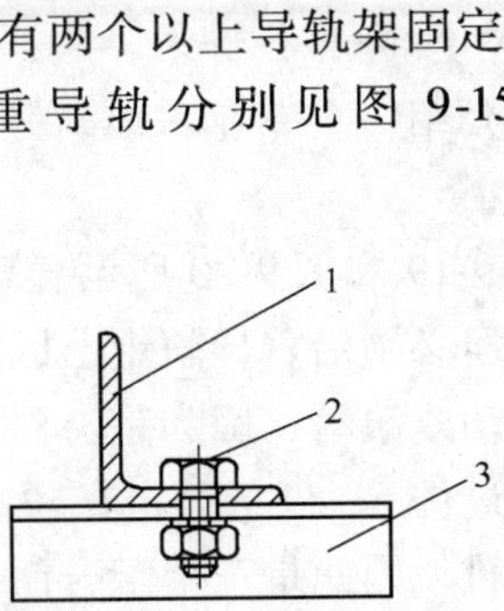

图 9-16　对重导轨

1—导轨；2—固定螺栓；3—导轨架

规范要求:导轨接头缝小于0.5mm;接头处不平度0.15mm以内;导轨架间距要小于2.5m,接头处用凹凸连接。钢丝绳承担交变载荷,属疲劳损伤,要求有强度、有韧性,常用规格为6×19和8×19,即6股19丝和8股19丝,材质为优质碳素钢。

(五) 电梯缓冲器

电梯缓冲器的结构和安装位置分别见图9-17和图9-18。

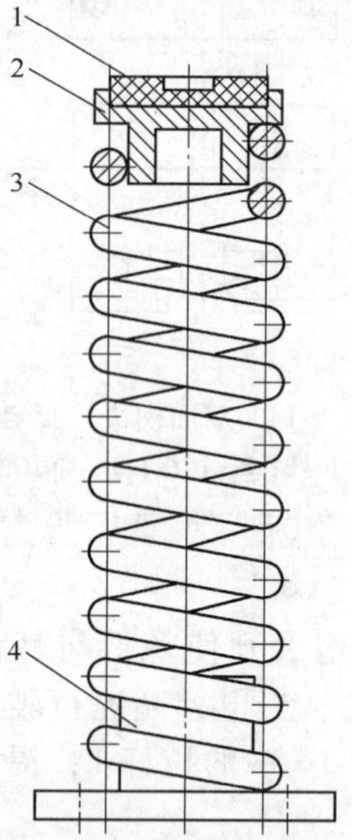

图9-17 缓冲器结构

1—橡胶垫;2—金属盘;3—弹簧;4—底座

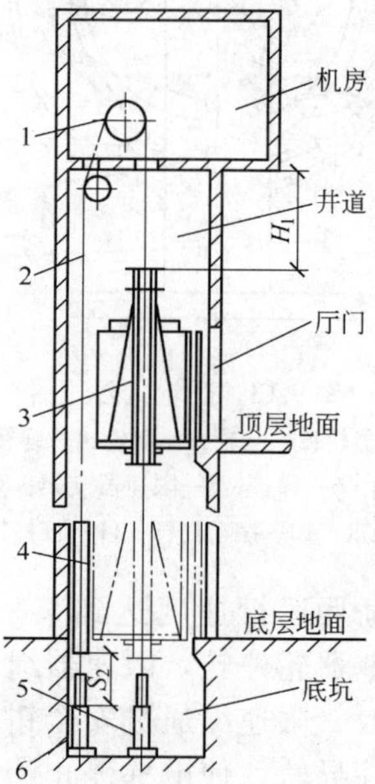

图9-18 缓冲器安装位置

1—曳引机;2—钢丝绳;3—轿厢;4—对重;5—轿厢缓冲器;6—对重缓冲器

为保护人身和设备安全,缓冲器可防止轿厢和对重直接撞坑底。其中H_1、S_2为轿厢最高位置、对重最低位置定型尺寸。

(六) 轿厢和轿架

先介绍一个专业术语,因为在正文中用到这个词——导靴,见图9-19和图9-20。

图9-19和图9-20所示导靴属滑动式导靴。轿厢或对重在钢丝绳曳引下上下移动,但必须沿着导轨走,因此在轿厢架和对重架两个侧面各装了四只脚,沿着导轨滑动或滚动,因为是“鞋”,故而叫“靴”。图9-19中耐磨衬由耐磨材料制成,通过件6、件7固定在轿厢架或对重架上。耐磨衬对导轨而言,正面和两侧包着导轨,因此是三个配合面,保障了导靴与导轨有良好的接触。此种导靴适用低速电梯。图9-20中靴头4通过弹簧7和靴座8可有小的相对“摆动”,即在电梯运行中可“自动对位”,使耐磨衬磨损均匀。弹性导靴可用于快速电梯中。

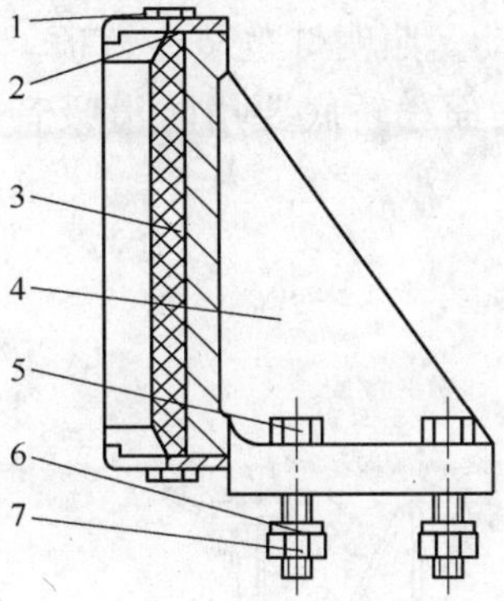

图 9-19　刚性导靴

1—螺钉;2—金属盖;3—耐磨衬;4—靴座;
5—螺栓；6—弹簧垫圈；7—锁紧螺母

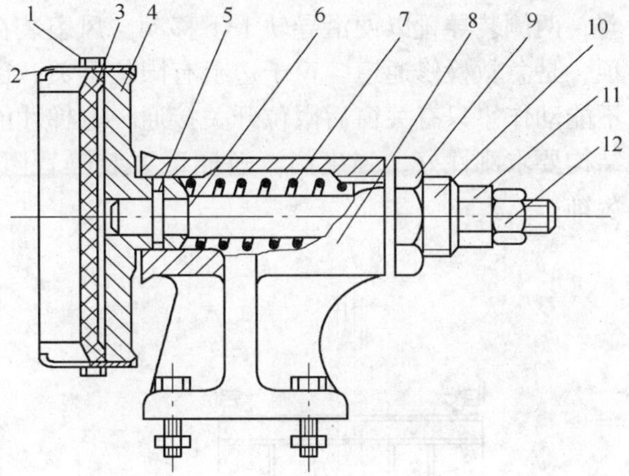

图 9-20　弹性导靴

1—螺钉；2—金属盖；3—耐磨衬；4—靴头；5—卡环；
6—靴轴；7—弹簧；8—靴座；9—调节螺母；
10—调节套筒；11—锁母；12—防松锁母

图 9-21 是滚动式导靴，通过件 9 与轿厢或对重固定，由三个橡胶轮正面和两个侧面夹在导轨上，弹簧有缓震和自动对位作用。此种导靴摩擦力小，噪声低适用于高速电梯。

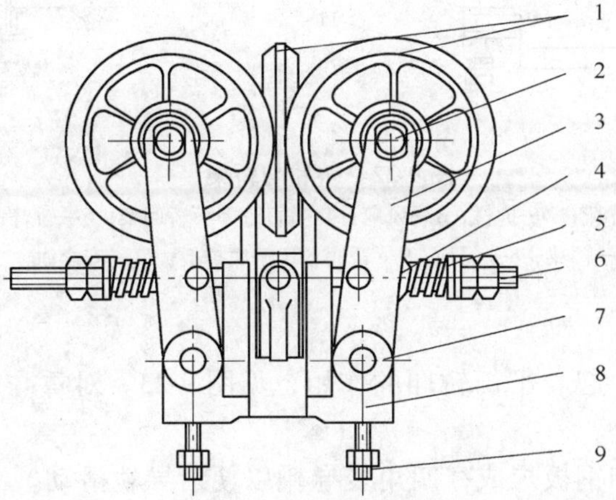

图 9-21　滚动式导靴

1—橡胶滚轮；2—轮轴；3—轮臂；4—弹簧；5—弹簧垫；
6，9—螺栓螺母组合；7—轮臂轴；8—固定座

图9-22表示出轿厢、轿架示意结构，轿厢装在轿架上，轿架由钢丝绳吊拉着，两侧装导靴以便沿导轨上下移动。风扇装在轿顶，向外开启的安全窗也在轿顶，是急救检修通道。窗子边上有限位开关，窗打开后，切断控制电源，电梯则不能动作。只有关窗后限位开关接通，电梯才能启动。照明灯也装在轿顶。轿架结构要求刚性好，强度高。轿厢壁要装隔音阻燃贴面。轿底要用防滑吸音材料装饰。

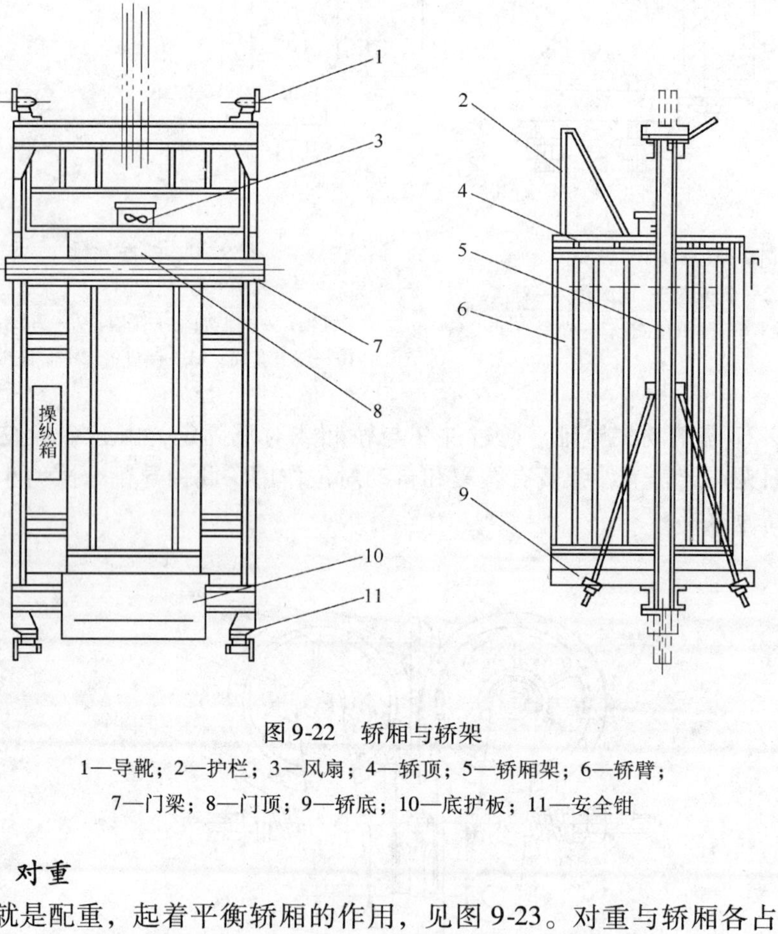

图9-22　轿厢与轿架

1—导靴；2—护栏；3—风扇；4—轿顶；5—轿厢架；6—轿臂；7—门梁；8—门顶；9—轿底；10—底护板；11—安全钳

（七）对重

对重就是配重，起着平衡轿厢的作用，见图9-23。对重与轿厢各占钢丝绳一端。

对重架用槽钢和钢板焊成，四角装导靴以便沿导轨滑动。图9-23中钢丝绳板2上面的梁是承力梁，要求刚性好，强度高。件3起减振作用。对重的重量按不同型号所规定的重量选取，调整好的对重块要用压板压牢，不可松动。对重块（条）材质为钢材或铸铁。

（八）超载装置与自动门机构

这是轿厢中两个自控机构，是机电一体化的执行机构，这里给予简单介绍。

图 9-24 是自动门机构示意图，位置在轿厢门上方。直流电机减速后，带动曲柄连杆机构，再通过回转臂带动轿门做水平移动，装在轿门上的所谓刀片组可以使厅门同步开或关。

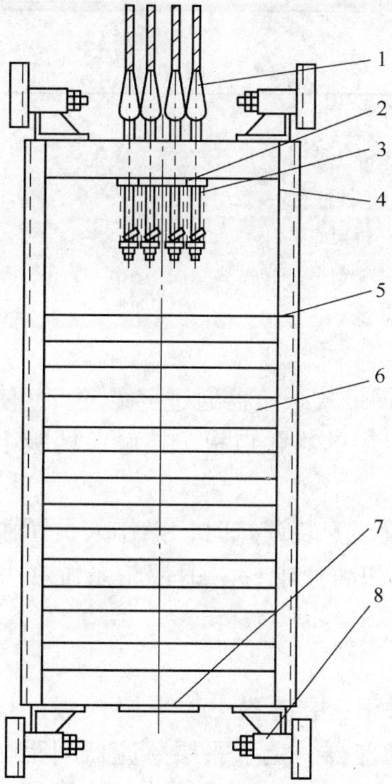

图 9-23　对重

1—钢丝绳头;2—钢丝绳板;3—钢丝绳头弹簧;4—对重架;5—对重压紧框;6—对重块(条);7—对重缓冲触板;8—对重导靴

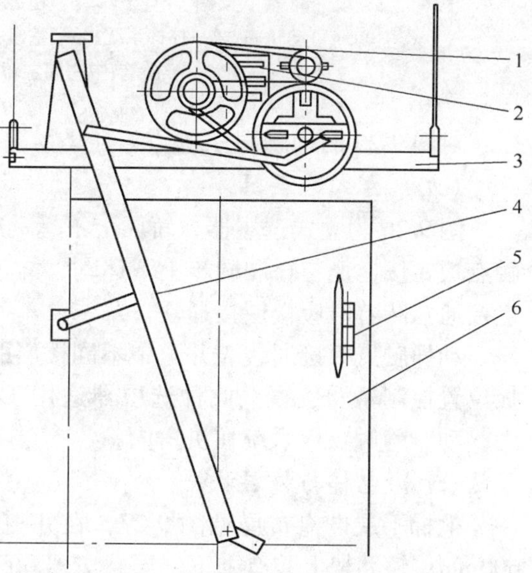

图 9-24　自动门机构

1—传动机构；2—电阻箱；3—执行机构；4—回转臂；5—刀片组；6—轿门

这里注意电阻箱的作用：随着机械运动控制微动开关进而改变电阻，以实现开和关都能逐级减速，达到平稳开启和关闭之要求。

上面所说的内容,给读者一个思路,没见过或者没注意过实物时仍然会不甚清晰,一旦见到实物就会一目了然。就图 9-24 而言,如果画出各个细部也是相当复杂的。

图 9-25 为超载自控装置，图中可动轿底 1 承载着重物，它可以上下移动，杠杆 2 可以将位移量放大,被放大的位移量控制着微动开关,实现不同的控制。若重物重量达到额定值 110% 时,设定的微动开关可切断控制电路,使电梯无法启动,同时有报警声和光显示。杠杆 2 和微动开关组是自控装置“非常敏感”的部件。

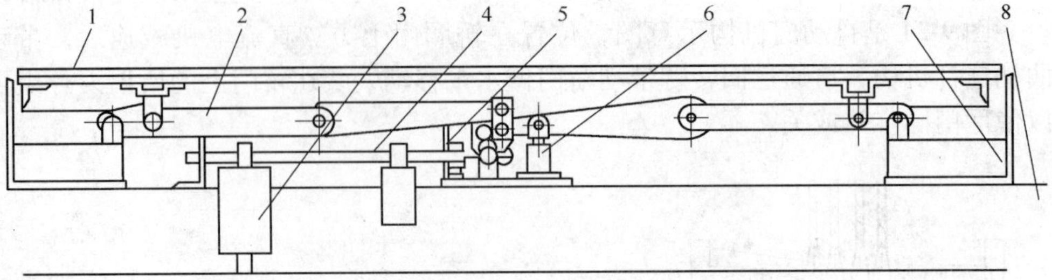

图 9-25 超载自控装置

1—可动轿底；2—杠杆系统；3—重锤；4—感重杠杆；5—微动开关组；
6—导向管；7—固定轿底；8—轿架底梁

对图 9-25 的理解同样是“见到实物，一目了然”。

（九）立式选层器

图 9-26 为立式选层器，轿厢上下运动时，钢带式减速器通过链条轮 5，使动触点板 8 按比例与轿厢同步上下运动，与不同分层的静触点板 7 接触，两板上触点接通意味着对应楼层接通。

动静触点板接通代表井道中不同楼层的位置。安装调试时，操作人员调整触板位置控制轿厢位置。此种选层器适用于快速和高速电梯。钢带轮系统在井道内，动、静触点板系统在机房内。

（十）电梯与楼层找平

电梯平层设施布局见图 9-27，在井道内对每一层设置一块平层铁板，长度 600mm；轿厢架上装有上下平层感应器和门区感应器，上下平层感应器间距初步可取 500mm。当轿厢停在某层时，平层铁板处在三个感应器缝槽内。平层铁板与感应器相对位置决定着平层精度，感应器实为永磁继电器。调整过程中可用改变上下平层感应器之间距离的方法修正找平精度，永磁继电器可以控制电梯开停主线路。

1. 轿厢与楼层不平且超过一定距离时，可缩短上下平层感应器间距，微调间距，试着看，经验丰富者可很快解决问题。

2. 向下运行，轿底高于厅门槛，向上调高上平层感应器位置；反之亦然。

3. 向上运动停站时轿底不到位，低于厅门坎，将下平层感应器向下移；反之亦然。

4. 平层铁板位置是可移的，改变铁板和永磁继电器相对位置就能改变停梯位置。

（十一）电梯停车前的减速

仍用图 9-27 说明电梯停止前是如何减慢速度的。井道内每个层站都装有层

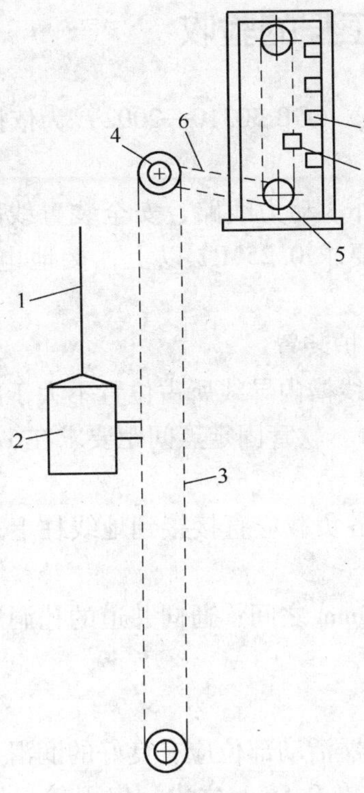

图 9-26　立式选层器

1—钢丝绳；2—轿厢；3—钢带；4—钢带轮；
5—链条轮；6—链条；7—静触点板；8—动触点板

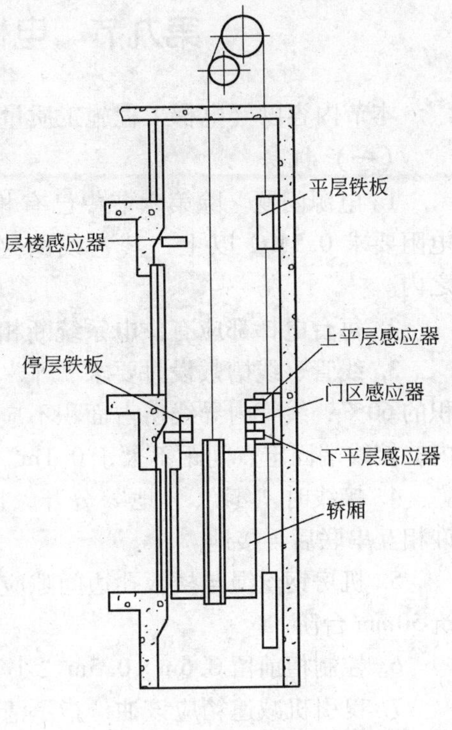

图 9-27　电梯平层设施布局图

楼感应器，轿厢架上则装有停层铁板，长度 1.0～3.0m，在其范围内供调节之用。当停层铁板插入层楼感应器缝隙中时，层楼感应器控制电梯减速，当电梯停止时，层楼感应器处于停层铁板中间位置为宜，如果位置不当，可进行调整。

（十二）电梯启动加速与停层减速

前面所说的各种感应器都是永磁性继电器，内部都是线圈和电阻组合（RL 组合），如果改变电阻值或线圈圈数（匝数）均可达到改变速度之目的。

1. 启动加速调整。如果发现启动迟缓，先减电阻阻值，再减少线圈匝数；如果启动过快，则做相反的调整。将时间继电器“延时调长”也是解决过快的方法。

2. 电梯减速太快如何解决？减速是个过程，如何在一定时间内，使电梯在空载、满载时、上下运行时均平稳、舒适，要调整的因素有三个：电阻值、线圈匝数、时间继电器延时长短。综合三个因素，合理增减各自的对应参数就能达到满意的效果。

第九节 电梯安装工程的验收

本节内容以《电梯工程施工质量验收规范》（GB 50310—2002）为依据。

（一）机房

1. 电源问题。除第六节中已有相关内容外，动力线路、安全装置线路绝缘电阻要求 0.5MΩ 以上，其它线路绝缘电阻要求 0.25MΩ 以上，接地电阻 4Ω 之内。

2. 每台电梯都应有供电系统断相、错相保护装置。

3. 线管、线槽敷设时要求“平”、“直”；线槽内导线所占位置不大于净截面积的60%；线管内导线所占面积不应大于40%。软管固定点间距要求在 1.0m 之内；接线端固定点间距不大于 0.1m。

4. 接线时“零”、“地”分开，接地线时各负载应直接接到地线柱上，不允许相互串联后再接地。

5. 机房钢丝绳与楼板孔边间隙应在 20～40mm 之间；通向井道的孔洞周围应筑 50mm 台阶。

6. 控制柜前留 0.6m×0.5m“小开阔地”。

7. 曳引机减速箱应该油位指示清晰。限速器活动部位应有良好的润滑。

8. 限速器轮、选速器、钢带轮垂直度偏差在 0.5mm 之内。曳引轮、导向轮在满载或空载时垂直度偏差不大于 2.0mm。

9. 限速器有出厂封存标记，应无拆动痕迹，与安全钳联动时无抖动迹象。

10. 梯速小于4m/s 的机房噪音不应大于55dB；梯速大于4m/s 的机房噪音应小于 85dB。

（二）轿厢

1. 底盘平面水平偏差不应超过 0.003；梯速小于 4m/s 时厢内噪声应小于 55dB；梯速大于4m/s 时厢内噪声应不大于60dB。

2. 曳引绳头组合能保障各股受力均匀，偏差不超过5%，每个绳头锁母后要有开口销，防止螺母松脱。

3. 钢丝绳应符合《电梯用钢丝绳》（GB 8903—2005）规范。

4. 轿顶应设有不能自动复位的红色停车开关，轿厢检修开关接通后，轿内所有控制开关都应失效。

5. 超载装置动作灵敏，超载能报警且不能关门。

6. 各种安全保护开关不受钢丝绳、钢带、皮带正常摆动的影响。

（三）层站

1. 层站指示信号灯和按钮按图纸要求安装，做到信号清晰、按钮实现动作准确。

2. 层门地坎不平度要求小于0.002，地坎高出装修地面2~5mm。

3. 门扇与地坎、门扇与门套间隙，客梯6mm以内，货梯8mm以内。

4. 层门地坎至轿厢地坎水平距离偏差不得大于3mm，且最大距离不得超过35mm。

5. 层门强迫关门装置必须动作正常。

6. 动力水平滑动门，在关门1/3行程后，阻力严禁超过150N。

7. 层门门锁必须动作灵活。

8. 电梯平层要求：梯速小于0.63m/s时准确度±15mm；梯速大于0.63m/s、小于1m/s时准确度±30mm；其它调速方式准确度要求±15mm。

（四）井道

1. 导轨安装必须符合土建布置图。

2. 每列导轨工作面与安装基准线每5m允许偏差：轿厢导轨和有安全钳的对重导轨允许偏差0.6mm；不设安全钳的对重导轨允许偏差1.0mm。

3. 电梯冲顶时导靴不脱轨。

4. 两列面对面导轨间距误差：轿厢导轨0~2mm；对重导轨0~3mm。

5. 轿厢导轨和设安全钳的对重导轨，导轨接头处台阶不应大于0.05mm，如超值就须修理平整，修理长度要150mm以上。

6. 井道照明：顶部往下0.5m、底部往上0.5m各装一灯；其余灯距不大于7.0m即可。

7. 随行电缆安装要求：两端固定可靠，不打结，不扭曲，轿厢一旦撞到缓冲器，电缆不得触坑底和轿底，电缆不得碰撞线槽。

第十章

电　工

第一节　铜、铝导线载流能力

国内所建民宅按60W/m² 指标供电，写字楼和工业厂房另有指标。了解了导线载流能力，可供选型。铝线目前使用不多，但也提供数据供参阅，见表10-1。铜导线载流能力见表10-2。

表 10-1　铝导线载流能力

导线截面积/mm²	1,1.5,2.5	4	6	10	16	25	35	50	70	95	120
倍数 = $\frac{载流量}{截面积}$/A·mm⁻²	9	8	7	6	5	4	3.5	3	3	2.5	2.5
电流/A	9,14,23	32	48	60	90	100	123	150	210	238	300

表 10-2　铜导线载流能力

导线截面积/mm²	1,1.5,2.5	4	6	10	16	25	35	50	70	95	120
倍数 = $\frac{载流量}{截面积}$/A·mm⁻²	14	11	9	8	7	6	5	4	4	3	3
电流/A	14,21,25	44	54	80	112	150	175	200	280	285	360

无论铜材还是铝材、多股穿一根管时，载流能力下降，计算方法为载流相加，再乘以折扣系数，见表10-3。

表 10-3　载流能力下降时的计算参数

根　数	2	3	4
折扣系数	0.8	0.7	0.6

就目前市场状况来看，应注意选用正规厂家产品，假冒产品中有的铜材质量不佳，有的将“铝线”扮成“铜线”，号称“百米一盘”，足一百米者几乎没有。

第二节　计算电流的方法

这是工程中经常遇见的问题，已知用电设备的功率，接线时如何选用线径非常重要，先介绍最原始的公式，三相电的功率为各项电流与电压及其夹角余弦乘积的三倍，即 $P = 3P_P = 3U_PI_P\cos\varphi$ ，其中 P 为总功率，P_P 为每项的有功功率。

电工学告诉我们，在 Y 形接法中，$U_L = \sqrt{3}U_P$，$I_L = I_P$ ；在△形接法中，$U_L = U_P$，$I_L = \sqrt{3}I_P$ 。其中 U_L 为线电压，I_L 为线电流，U_P 为相电压，I_P 为相电流。

无论 Y、△何种接法，用线电压、线电流表示各量间关系都很方便，因为线电压已知（380V），线电流可用钳形表量出。

Y 形接法：

$$P = 3P_P = 3U_PI_P\cos\varphi$$
$$= 3\frac{U_L}{\sqrt{3}}I_L\cos\varphi$$
$$= 3\frac{U_L\sqrt{3}}{\sqrt{3}\sqrt{3}}I_L\cos\varphi$$
$$= \sqrt{3}U_LI_L\cos\varphi \qquad (10\text{-}1)$$

△ 形接法：

$$P = 3P_P = 3U_PI_P\cos\varphi$$
$$= 3U_L\frac{I_L}{\sqrt{3}}\cos\varphi$$
$$= 3U_L\frac{I_L\sqrt{3}}{\sqrt{3}\sqrt{3}}\cos\varphi$$
$$= \sqrt{3}U_LI_L\cos\varphi \qquad (10\text{-}2)$$

结论：知道三相设备功率就可通过式 10-1 或式 10-2 求出电流，知道电流就可以确定导线线径。这其中 U_L 为已知，380V；$\cos\varphi$ 可根据使用情况选定。对测算电流而言，可取 $\cos\varphi = 0.95$。如果是单相设备，功率是电流与电压的乘积，计算电流就更容易了。

第三节　电工学基本知识与经验数据

工程中，不会在现场推敲欧姆定律。现引入几个概念，深入认识一下“电”。

$$R = \frac{\rho l}{F} \tag{10-3}$$

式中　ρ——电阻率，$\Omega \cdot m$；

l——导线长度，m；

F——导线截面积，m^2；

R——电阻，Ω。

$\frac{1}{R}$为电导，单位名称西门子（S）。

电流单位安培（A），符号 I，

$$I = \frac{Q}{t} \tag{10-4}$$

式中　Q——电量，C；

t——时间，s。

1C（1 库伦）是什么概念，国际库伦定义：从硝酸银溶液中能析出 0.001180 克银的电量被定义为 1 库伦。每秒钟流过导线 1 库伦电量，这个电流强度被称为 1 安培。通过上面概念知道，电流为何物，在导线里流动的电流会受阻、会发热。

下面提供一下常用设备的电流估算方法。

三相变压器电流值是其视在功率的 1.5 倍。一台视在功率 50kVA（50 千伏安）的三相变压器，其电流值 $I_{额} = 1.5P = 1.5 \times 50 = 75A$。

三相电热设备其电流值也为其功率的 1.5 倍。某三相电热设备功率 30kW，其额定电流 $I_{额} = 1.5 \times 30 = 45A$。

第四节　三相五线制

本节标题就强调了重复接地。五线制的说法人们在技术交流过程中常提起，文字表达不多见。我们把重复接地算做“线”，形成格局：三相→四线 + 重复接地→五线制。强调一点，接地产生故障时，弱电设备（如电脑）首当其冲受害。

一、接地和接零

用户用电是从变压器副边引出的，该种情况被视为零线接地，即工作接地，见图 10-1。这种接地对低压侧起稳压作用；对三相不平衡有自调作用。

二、保护接地

有的系统属低电压电网，中性点未接地，而设备外壳接地，此举为保护接地，见图 10-2，接地电阻要求小于 4Ω。

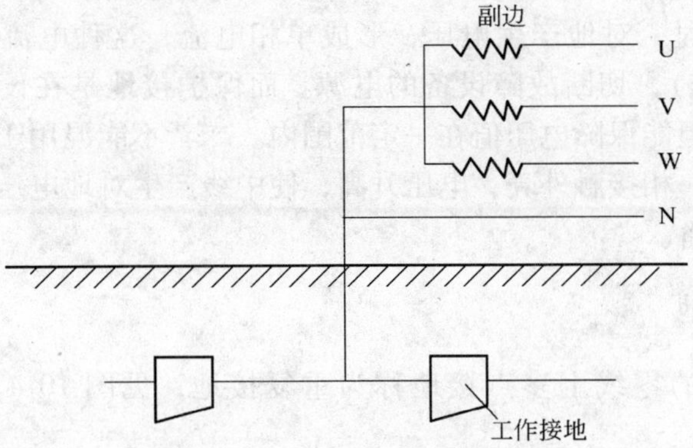

图 10-1 零线接地

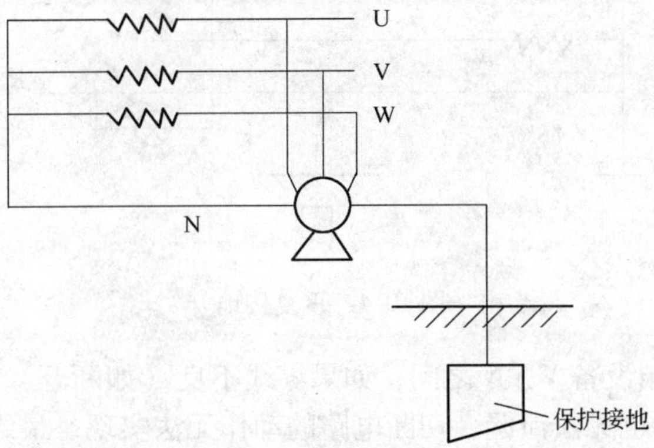

图 10-2 保护接地

三、保护接零

保护接零电路示意见图 10-3。

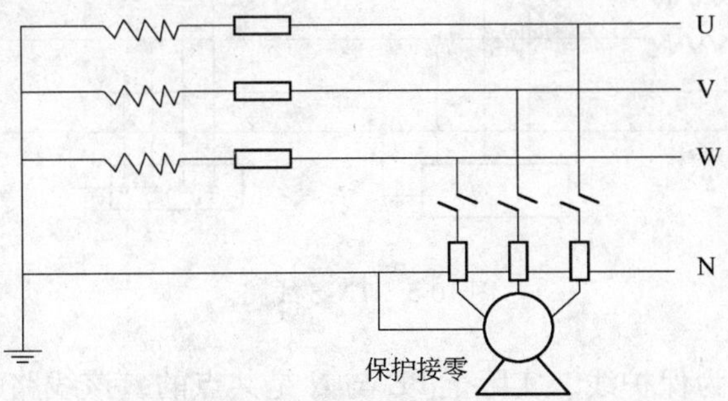

图 10-3 保护接零

在220/380三相四线制中，电网中广泛应用保护接零。零线阻值很小，当电气设备单相碰壳时，对地产生电压，形成单相电流，这种电流使保护装置脱扣（包括熔断器动作），切断故障设备的电源。而保护接地是在设备漏电时，外壳对地电压升高，但能保障电压值在一定范围内。二者不能混用于同一系统，保护接地因某一设备一相接触外壳，电压升高，使中线产生对地电压，严重时会烧毁与中线相连的设备。

四、重复接地

三相四线制的零线上多点接地称为重复接地，见图10-4，要求阻值10Ω以下。

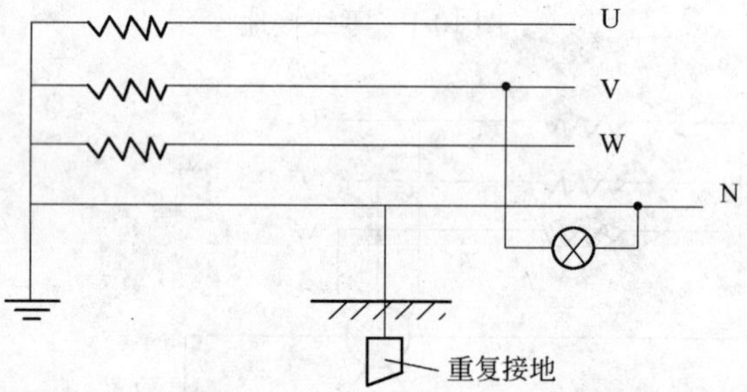

图10-4　重复接地

图10-4中单相设备V、N之间，如果零线不良（如断开），缺重复接地，单相设备电流很大时也无法泄漏，切断电路的动作无法实现，最终会烧毁设备。

上面的讨论告诉我们，三相电必须四线制（有零线），再加一项重复接地，可以理解为五线制，目的是“安全用电”。下面一个线路称TN-S线路，见图10-5。

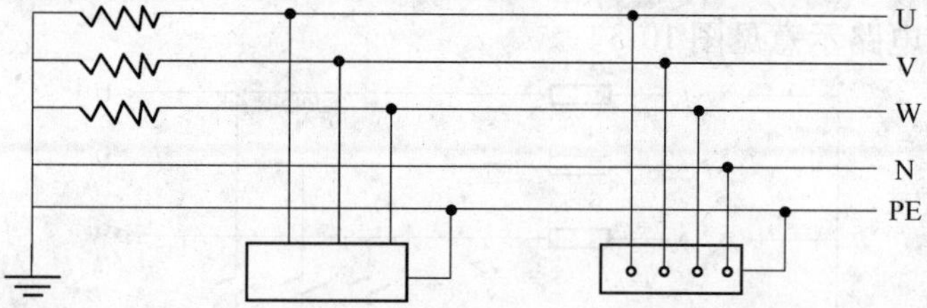

图10-5　TN-S线路

其中PE被称为保护线，实际上PE与N是共点的，该线路的特点：

一点直接接地，设备外壳与工作零线相连，保护线与零线严格分开，很符合五线制。

线路模式可以多种多样，但万变不离其宗，必须有保护接地。

第五节 电机接线和交流接触器选用

一般情况下，3kW 以下容量用 Y 形接线，4kW 以上电机采用三角形接线。交流接触器是一个比较重要的部件，要求其触头电流是用电设备额定值的 1 ~ 1.4 倍，详细数据见表 10-4。

表 10-4 电机功率与交流接触器触头电流的匹配

型 号	主触头电流/A	辅触头电流/A	可控电机最大功率/kW	
			220V	380V
CJ0-10	10	5	2.5	4
CJ0-20	20		5.5	10
CJ0-40	40		11	20
CJ0-75	75	10	22	40
CJ10-10	10	15	2.2	4
CJ10-20	20	5	5.5	10
CJ10-40	40		11	20
CJ10-60	60		17	30
CJ10-100	100		30	50
CJ10-150	150		43	75
CJ12-100	150	10		50
CJ12-150				75

第六节 漏电保护

中国 1994 年强制执行漏保相关规范。线路里安装“漏保”是为了保护人身安全和设备不受损害。下面介绍一下单相和三相漏保开关。

一、单向设备漏保开关

单相设备漏保电路见图 10-6。

正常情况下，经过 1 的电流 $i_1 = i_2$，方向相反，磁通为零。

当人体触电后有 i_3 入地，$i_1 \neq i_2$，互感器产生电动势，其输出信号经 2 放大，足以驱动 3 在 0.1 秒内脱扣，即 S_1 断开。

以下几点在使用时要注意。

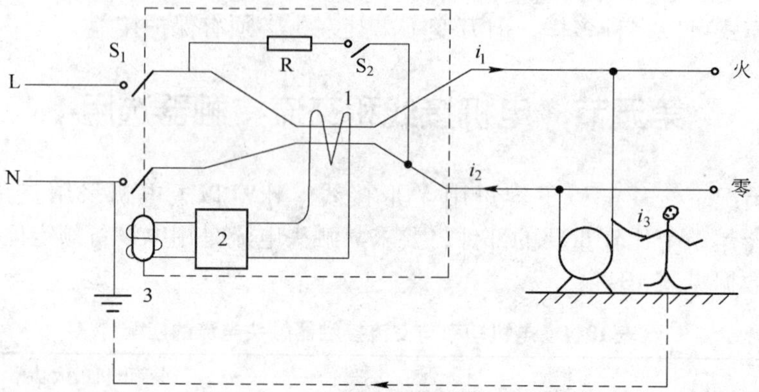

图 10-6　单相设备漏保电路

S_1—主开关；S_2—试验开关；1—互感器；2—电子驱动电路；
3—脱扣器；R—相当于人体阻值的试验电阻（1000Ω 左右）

（一）用户用试验开关 S_2，试运行时，看能否脱扣，如不脱扣，说明漏保开关失效。

（二）漏保开关要严格按说明书接线，区分开电源侧和负载侧。

（三）按极分类：单相两极两线制和两极三线制；三极三线制、三极四线制、四极四线制等。

（四）接线前确认系统采用何种安装方式（接地或接零）；确认被保护的设备是单相还是三相，最终按接线图接线。不论哪种漏保开关，它的电源线（火线和工作零线）都必须接到漏保开关有关接线端子上，使负荷电流经过主开关穿过互感器。保护零线则不得穿越互感器，按常规方式直接接到设备的接地保护点上。电流型漏保开关，要求动作电流 50 ~ 100mA，反应时间不大于 0. 1s。

二、三相设备漏保开关

三相设备漏保电路见图 10-7。

正常运行时通过互感器的一次电流为零。这里需弄清一个问题，电流是矢量，有方向、有变化周期，所说为零是综合效果为零，并不是没有电流流过。做试验时，合上开关 S，有电流通过实验电阻 R，一次电流不再为零，互感器二次侧感应出信号，当信号到某一标准时，脱扣器起作用，自动开关断电。当人体触电时，通过人体有电流入地，造成一次电流不再为零，二次侧产生感应信号，使脱扣器起作用。注意点与单相设备接漏保开关一样。

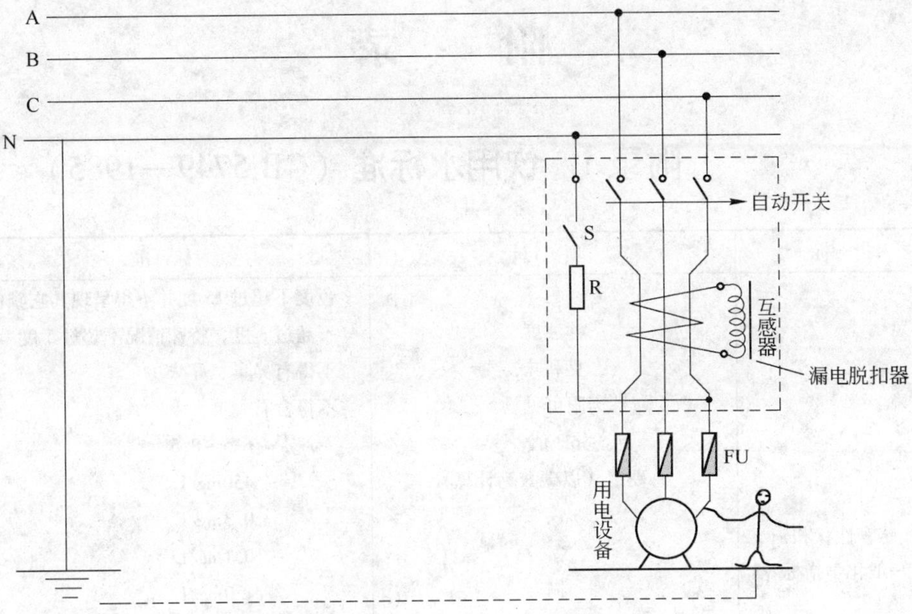

图 10-7　三相设备漏保电路

第七节　本章小节

电有强电、弱电之分。电气线路要给强电设备提供电能，也要为弱电设备提供电能。因此，选线（选电缆）是第一步，本章给出了不同材质、不同线径的载流能力；给出了电流计算方法；给出了经验数据，而且是可靠的经验数据。

本章提出“五线”制的说法，目的是强调重复接地。接地如果不良，系统里的弱电设备“受伤最严重”，因此本章特别强调接地。

本章还强调了漏电保护的“对号入座”特点，我们注意到不少用户“接了漏保，动不动就跳闸”这不是“漏保”之罪，而是选型不合适。

一个用户确定用电容量后，变压器输出端接入配电柜，对配电柜而言，此端是输入端。配电柜内除“母带”、“地线”外，设有许多端子和变压器。端子与用电设备连接（有 220V、380V 两种电压）；这里的变压器是小变压器，小变压器副边输出不同低电压，6. 3V、12V、24V、36V 等，供不同设备使用。

本章重点是安全用电。

附　录

附录1　饮用水标准（GB 5749—1985）

指　标	项　目	标　准
感官性状和一般化学指标	色	色度不超过15度并不得呈现其它颜色
	浑浊度	不超过3度，特殊情况不超过5度
	臭和味	不得有异臭、异味
	肉眼可见物	不得含有
	pH值	6.5～8.5
	总硬度（以碳酸钙计算）	450mg/L
	铁	0.3mg/L
	锰	0.1mg/L
	铜	1.0mg/L
	锌	1.0mg/L
	挥发酚类（以苯酚计）	0.002mg/L
	阴离子合成洗涤剂	0.3mg/L
	硫酸盐	250mg/L
	溶解性总固体	1000mg/L
	氯化物	250mg/L
毒理学指标	氟化物	1.0mg/L
	氰化物	0.05mg/L
	砷	0.05mg/L
	硒	0.01mg/L
	汞	0.001mg/L
	镉	0.01mg/L
	铬（6价）	0.05mg/L
	铅	0.05mg/L
	银	0.05mg/L
	硝酸盐（以氮计）	20mg/L
	氯　仿	60μg/L
	四氯化碳	3μg/L
	苯并（a）芘	0.01μg/L
	滴滴涕	1μg/L
	六六六	5μg/L

续附表1

指　标	项　目	标　准
细菌学指标	细菌总数	100个/mL
	总大肠菌数	3个/L
	游离余氯	在与外界接触30min后应不低于0.3mg/L；集中式给水除出厂时符合上述要求外，管网末端不应低于0.05mg/L
放射性指标	总α放射性	0.1Bq/L
	总β放射性	1Bq/L

注：Bq——贝可（勒尔），放射性活度。

附录2 电梯工程施工质量验收规范（GB 50310—2002）

1 总 则

1.0.1 为了加强建筑工程质量管理，统一电梯安装工程施工质量的验收，保证工程质量，制订本规范。

1.0.2 本规范适用于电力驱动的曳引式或强制式电梯、液压电梯、自动扶梯和自动人行道安装工程质量的验收；本规范不适用于杂物电梯安装工程质量的验收。

1.0.3 本规范应与国家标准《建筑工程施工质量验收统一标准》GB 50300—2001 配套使用。

1.0.4 本规范是对电梯安装工程质量的最低要求，所规定的项目都必须达到合格。

1.0.5 电梯安装工程质量验收除应执行本规范外，尚应符合现行有关国家标准的规定。

2 术 语

2.0.1 电梯安装工程 installation of lifts，escalators and passenger conveyors

电梯生产单位出厂后的产品，在施工现场装配成整机至交付使用的过程。

注：本规范中的“电梯”是指电力驱动的曳引式或强制式电梯、液压电梯、自动扶梯和自动人行道。

2.0.2 电梯安装工程质量验收 acceptance of installation quality of lifts，escalators and passenger conveyors

电梯安装的各项工程在履行质量检验的基础上，由监理单位（或建设单位）、土建施工单位、安装单位等几方共同对安装工程的质量控制资料、隐蔽工程和施工检查记录等档案材料进行审查，对安装工程进行普查和整机运行考核，并对主控项目全验和一般项目抽验，根据本规范以书面形式对电梯安装工程质量的检验结果作出确认。

2.0.3 土建交接检验 handing over inspection of machine rooms and wells

电梯安装前，应由监理单位（或建设单位）、土建施工单位、安装单位共同对电梯井道和机房（如果有）按本规范的要求进行检查，对电梯安装条件作出确认。

3 基本规定

3.0.1 安装单位施工现场的质量管理应符合下列规定：

1　具有完善的验收标准、安装工艺及施工操作规程。

2　具有健全的安装过程控制制度。

3.0.2　电梯安装工程施工质量控制应符合下列规定：

1　电梯安装前应按本规范进行土建交接检验，可按附录A表A记录。

2　电梯安装前应按本规范进行电梯设备进场验收，可按附录B表B记录。

3　电梯安装的各分项工程应按企业标准进行质量控制，每个分项工程应有自检记录。

3.0.3　电梯安装工程质量验收应符合下列规定：

1　参加安装工程施工和质量验收人员应具备相应的资格。

2　承担有关安全性能检测的单位，必须具有相应资质。仪器设备应满足精度要求，并应在检定有效期内。

3　分项工程质量验收均应在电梯安装单位自检合格的基础上进行。

4　分项工程质量应分别按主控项目和一般项目检查验收。

5　隐蔽工程应在电梯安装单位检查合格后，于隐蔽前通知有关单位检查验收，并形成验收文件。

4　电力驱动的曳引式或强制式电梯安装工程质量验收

4.1　设备进场验收

主控项目

4.1.1　随机文件必须包括下列资料：

1　土建布置图；

2　产品出厂合格证；

3　门锁装置、限速器、安全钳及缓冲器的型式试验证书复印件。

一般项目

4.1.2　随机文件还应包括下列资料：

1　装箱单；

2　安装、使用维护说明书；

3　动力电路和安全电路的电气原理图。

4.1.3　设备零部件应与装箱单内容相符。

4.1.4　设备外观不应存在明显的损坏。

4.2　土建交接检验

主控项目

4.2.1　机房（如果有）内部、井道土建（钢架）结构及布置必须符合电梯土建布置图的要求。

4.2.2 主电源开关必须符合下列规定：

1 主电源开关应能够切断电梯正常使用情况下最大电流；

2 对有机房电梯该开关应能从机房入口处方便地接近；

3 对无机房电梯该开关应设置在井道外工作人员方便接近的地方，且应具有必要的安全防护。

4.2.3 井道必须符合下列规定：

1 当底坑底面有人员能到达的空间存在，且对重（或平衡重）上未设有安全钳装置时，对重（或平衡重）缓冲器必须能安装在运行区域的下边，并一直延伸到坚固地面上的实心桩墩上；

2 电梯安装之前，所有层门预留孔必须设有高度不小于1.2m的安全保护围封，并应保证有足够的强度；

3 当相邻两层门地坎间的距离大于11m时，其间必须设置井道安全门，井道安全门严禁向井道内开启，且必须装有安全门处于关闭时电梯才能运行的电气安全装置。当相邻轿厢间有相互救援用轿厢安全门时，可不执行本款。

一般项目

4.2.4 机房（如果有）还应符合下列规定：

1 机房内应设有固定的电气照明，地板表面上的照度不应小于200lx。机房内应设置一个或多个电源插座。在机房内靠近入口的适当高度处应设有一个开关或类似装置控制机房照明电源。

2 机房内应通风，从建筑物其他部分抽出的陈腐空气，不得排入机房内。

3 应根据产品供应商的要求，提供设备进场所需要的通道和搬运空间。

4 电梯工作人员应能方便地进入机房或滑轮间，而不需要临时借助于其他辅助设施。

5 机房应采用经久耐用且不易产生灰尘的材料建造，机房内的地板应采用防滑材料。

注：此项可在电梯安装后验收。

6 在一个机房内，当有两个以上不同平面的工作平台，且相邻平台高度差大于0.5m时，应设置楼梯或台阶，并应设置高度不小于0.9m的安全防护栏杆。当机房地面有深度大于0.5m的凹坑或槽坑时，均应盖住。供人员活动空间和工作台面以上的净高度不应小于1.8m。

7 供人员进出的检修活板门应有不小于0.8m×0.8m的净通道，开门到位后应能自行保持在开启位置。检修活板门关闭后应能支撑两个人的重量（每个人按在门的任意0.2m×0.2m面积上作用1000N的力计算），不得有永久性变形。

8　门或检修活板门应装有带钥匙的锁，它应从机房内不用钥匙打开。只供运送器材的活板门，可只在机房内部锁住。

9　电源零线和接地线应分开。机房内接地装置的接地电阻值不应大于4Ω。

10　机房应有良好的防渗、防漏水保护。

4.2.5　井道还应符合下列规定：

1　井道尺寸是指垂直于电梯设计运行方向的井道截面沿电梯设计运行方向投影所测定的井道最小净空尺寸，该尺寸应和土建布置图所要求的一致，允许偏差应符合下列规定：

1）当电梯行程高度小于等于30m时为0～+25mm；

2）当电梯行程高度大于30m且小于等于60m时为0～+35mm；

3）当电梯行程高度大于60m且小于等于90m时为0～+50mm；

4）当电梯行程高度大于90m时，允许偏差应符合土建布置图要求。

2　全封闭或部分封闭的井道，井道的隔离保护、井道壁、底坑底面和顶板应具有安装电梯部件所需要的足够强度，应采用非燃烧材料建造，且应不易产生灰尘。

3　当底坑深度大于2.5m且建筑物布置允许时，应设置一个符合安全门要求的底坑进口；当没有进入底坑的其他通道时，应设置一个从层门进入底坑的永久性装置，且此装置不得凸入电梯运行空间。

4　井道应为电梯专用，井道内不得装设与电梯无关的设备、电缆等。井道可装设采暖设备，但不得采用蒸汽和水作为热源，且采暖设备的控制与调节装置应装在井道外面。

5　井道内应设置永久性电气照明，井道内照度应不得小于50lx，井道最高点和最低点0.5m以内应各装一盏灯，再设中间灯，并分别在机房和底坑设置一控制开关。中间灯距应小于等于7.0m。

6　装有多台电梯的井道内各电梯的底坑之间应设置最低点离底坑地面不大于0.3m，且至少延伸到最低层站楼面以上2.5m高度的隔障，在隔障宽度方向上隔障与井道壁之间的间隙不应大于150mm。

当轿顶边缘和相邻电梯运动部件（轿厢、对重或平衡重）之间的水平距离小于0.5m时，隔障应延长贯穿整个井道的高度。隔障的宽度不得小于被保护的运动部件（或其部分）的宽度每边再各加0.1m。

7　底坑内应有良好的防渗、防漏水保护，底坑内不得有积水。

8　每层楼面应有水平面基准标识。

4.3　驱动主机

主控项目

4.3.1　紧急操作装置动作必须正常。可拆卸的装置必须置于驱动主机附近易接近处，紧急救援操作说明必须贴于紧急操作时易见处。

一般项目

4.3.2 当驱动主机承重梁需埋入承重墙时，埋入端长度应超过墙厚中心至少20mm，且支承长度不应小于75mm。

4.3.3 制动器动作应灵活，制动间隙调整应符合产品设计要求。

4.3.4 驱动主机、驱动主机底座与承重梁的安装应符合产品设计要求。

4.3.5 驱动主机减速箱（如果有）内油量应在油标所限定的范围内。

4.3.6 机房内钢丝绳与楼板孔洞边间隙应为20～40mm，通向井道的孔洞四周应设置高度不小于50mm的台缘。

4.4 导轨

主控项目

4.4.1 导轨安装位置必须符合土建布置图要求。

一般项目

4.4.2 两列导轨顶面间的距离偏差应为：轿厢导轨0～+2mm；对重导轨0～+3mm。

4.4.3 导轨支架在井道壁上的安装应固定可靠。预埋件应符合土建布置图要求。锚栓（如膨胀螺栓等）固定应在井道壁的混凝土构件上使用，其连接强度与承受振动的能力应满足电梯产品设计要求，混凝土构件的压缩强度应符合土建布置图要求。

4.4.4 每列导轨工作面（包括侧面与顶面）与安装基准线每5m的偏差均不应大于下列数值：

轿厢导轨和设有安全钳的对重（平衡重）导轨为0.6mm；不设安全钳的对重（平衡重）导轨为1.0mm。

4.4.5 轿厢导轨和设有安全钳的对重（平衡重）导轨工作面接头处不应有连续缝隙，导轨接头处台阶不应大于0.05mm。如超过应修平，修平长度应大于150mm。

4.4.6 不设安全钳的对重（平衡重）导轨接头处缝隙不应大于1.0mm，导轨工作面接头处台阶不应大于0.15mm。

4.5 门系统

主控项目

4.5.1 层门地坎至轿厢地坎之间的水平距离偏差为0～+3mm，且最大距离严禁超过35mm。

4.5.2　层门强迫关门装置必须动作正常。

4.5.3　动力操纵的水平滑动门在关门开始的1/3行程之后，阻止关门的力严禁超过150N。

4.5.4　层门锁钩必须动作灵活，在证实锁紧的电气安全装置动作之前，锁紧元件的最小啮合长度为7mm。

一般项目

4.5.5　门刀与层门地坎、门锁滚轮与轿厢地坎间隙不应小于5mm。

4.5.6　层门地坎水平度不得大于2/1000，地坎应高出装修地面2～5mm。

4.5.7　层门指示灯盒、召唤盒和消防开关盒应安装正确，其面板与墙面贴实，横竖端正。

4.5.8　门扇与门扇、门扇与门套、门扇与门楣、门扇与门口处轿壁、门扇下端与地坎的间隙，乘客电梯不应大于6mm，载货电梯不应大于8mm。

4.6　轿厢

主控项目

4.6.1　当距轿底面在1.1m以下使用玻璃轿壁时，必须在距轿底面0.9～1.1m的高度安装扶手，且扶手必须独立地固定，不得与玻璃有关。

一般项目

4.6.2　当轿厢有反绳轮时，反绳轮应设置防护装置和挡绳装置。

4.6.3　当轿顶外侧边缘至井道壁水平方向的自由距离大于0.3m时，轿顶应装设防护栏及警示性标识。

4.7　对重（平衡重）

一般项目

4.7.1　当对重（平衡重）架有反绳轮，反绳轮应设置防护装置和挡绳装置。

4.7.2　对重（平衡重）块应可靠固定。

4.8　安全部件

主控项目

4.8.1　限速器动作速度整定封记必须完好，且无拆动痕迹。

4.8.2　当安全钳可调节时，整定封记应完好，且无拆动痕迹。

一般项目

4.8.3　限速器张紧装置与其限位开关相对位置安装应正确。

4.8.4　安全钳与导轨的间隙应符合产品设计要求。

4.8.5　轿厢在两端站平层位置时，轿厢、对重的缓冲器撞板与缓冲器顶面间的距离应符合土建布置图要求。轿厢、对重的缓冲器撞板中心与缓冲器中心的偏差不应大于20mm。

4.8.6　液压缓冲器柱塞铅垂度不应大于0.5%，充液量应正确。

4.9　悬挂装置、随行电缆、补偿装置

主控项目

4.9.1　绳头组合必须安全可靠，且每个绳头组合必须安装防螺母松动和脱落的装置。

4.9.2　钢丝绳严禁有死弯。

4.9.3　当轿厢悬挂在两根钢丝绳或链条上，且其中一根钢丝绳或链条发生异常相对伸长时，为此装设的电气安全开关应动作可靠。

4.9.4　随行电缆严禁有打结和波浪扭曲现象。

一般项目

4.9.5　每根钢丝绳张力与平均值偏差不应大于5%。

4.9.6　随行电缆的安装应符合下列规定：

1　随行电缆端部应固定可靠。

2　随行电缆在运行中应避免与井道内其他部件干涉。当轿厢完全压在缓冲器上时，随行电缆不得与底坑地面接触。

4.9.7　补偿绳、链、缆等补偿装置的端部应固定可靠。

4.9.8　对补偿绳的张紧轮，验证补偿绳张紧的电气安全开关应动作可靠。张紧轮应安装防护装置。

4.10　电气装置

主控项目

4.10.1　电气设备接地必须符合下列规定：

1　所有电气设备及导管、线槽的外露可导电部分均必须可靠接地（PE）；

2　接地支线应分别直接接至接地干线接线柱上，不得互相连接后再接地。

4.10.2　导体之间和导体对地之间的绝缘电阻必须大于1000Ω，且其值不得小于：

1　动力电路和电气安全装置电路：0.5MΩ；

2　其他电路（控制、照明、信号等）：0.25MΩ。

一般项目

4.10.3　主电源开关不应切断下列供电电路：

1　轿厢照明和通风；

2　机房和滑轮间照明；

3　机房、轿顶和底坑的电源插座；

4　井道照明；

5　报警装置。

4.10.4　机房和井道内应按产品要求配线。软线和无护套电缆应在导管、线槽或能确保起到等效防护作用的装置中使用。护套电缆和橡套软电缆可明敷于井道或机房内使用，但不得明敷于地面。

4.10.5　导管、线槽的敷设应整齐牢固。线槽内导线总面积不应大于线槽净面积60%；导管内导线总面积不应大于导管内净面积40%；软管固定间距不应大于1m，端头固定间距不应大于0.1m。

4.10.6　接地支线应采用黄绿相间的绝缘导线。

4.10.7　控制柜（屏）的安装位置应符合电梯土建布置图中的要求。

4.11　整机安装验收

主控项目

4.11.1　安全保护验收必须符合下列规定：

1　必须检查以下安全装置或功能：

1）断相、错相保护装置或功能

当控制柜三相电源中任何一相断开或任何二相错接时，断相、错相保护装置或功能应使电梯不发生危险故障。

注：当错相不影响电梯正常运行时可没有错相保护装置或功能。

2）短路、过载保护装置

动力电路、控制电路、安全电路必须有与负载匹配的短路保护装置；动力电路必须有过载保护装置。

3）限速器

限速器上的轿厢（对重、平衡重）下行标志必须与轿厢（对重、平衡重）的实际下行方向相符。限速器铭牌上的额定速度、动作速度必须与被检电梯相符。限速器必须与其型式试验证书相符。

4）安全钳

安全钳必须与其型式试验证书相符。

5）缓冲器

缓冲器必须与其型式试验证书相符。

6）门锁装置

门锁装置必须与其型式试验证书相符。

7）上、下极限开关

上、下极限开关必须是安全触点，在端站位置进行动作试验时必须动作正常。在轿厢或对重（如果有）接触缓冲器之前必须动作，且缓冲器完全压缩时，保持动作状态。

8）轿顶、机房（如果有）、滑轮间（如果有）、底坑停止装置

位于轿顶、机房（如果有）、滑轮间（如果有）、底坑的停止装置的动作必须正常。

2 下列安全开关，必须动作可靠：

1）限速器绳张紧开关；

2）液压缓冲器复位开关；

3）有补偿张紧轮时，补偿绳张紧开关；

4）当额定速度大于3.5m/s时，补偿绳轮防跳开关；

5）轿厢安全窗（如果有）开关；

6）安全门、底坑门、检修活板门（如果有）的开关；

7）对可拆卸式紧急操作装置所需要的安全开关；

8）悬挂钢丝绳（链条）为两根时，防松动安全开关。

4.11.2 限速器安全钳联动试验必须符合下列规定：

1 限速器与安全钳电气开关在联动试验中必须动作可靠，且应使驱动主机立即制动；

2 对瞬时式安全钳，轿厢应载有均匀分布的额定载重量；对渐进式安全钳，轿厢应载有均匀分布的125%额定载重量。当短接限速器及安全钳电气开关，轿厢以检修速度下行，人为使限速器机械动作时，安全钳应可靠动作，轿厢必须可靠制动，且轿底倾斜度不应大于5%。

4.11.3 层门与轿门的试验必须符合下列规定：

1 每层层门必须能够用三角钥匙正常开启；

2 当一个层门或轿门（在多扇门中任何一扇门）非正常打开时，电梯严禁启动或继续运行。

4.11.4 曳引式电梯的曳引能力试验必须符合下列规定：

1 轿厢在行程上部范围空载上行及行程下部范围载有125%额定载重量下行，分别停层3次以上，轿厢必须可靠地制停（空载上行工况应平层）。轿厢载有125%额定载重量以正常运行速度下行时，切断电动机与制动器供电，电梯必须可靠制动。

2 当对重完全压在缓冲器上，且驱动主机按轿厢上行方向连续运转时，空载轿厢严禁向上提升。

一般项目

4.11.5 曳引式电梯的平衡系数应为0.4～0.5。

4.11.6 电梯安装后应进行运行试验；轿厢分别在空载、额定载荷工况下，按产品设计规定的每小时启动次数和负载持续率各运行1000次（每天不少于8h），电梯应运行平稳、制动可靠、连续运行无故障。

4.11.7 噪声检验应符合下列规定：

1 机房噪声：对额定速度小于等于4m/s的电梯，不应大于80dB(A)；对额定速度大于4m/s的电梯，不应大于85dB(A)。

2 乘客电梯和病床电梯运行中轿内噪声：对额定速度小于等于4m/s的电梯，不应大于55dB(A)；对额定速度大于4m/s的电梯，不应大于60dB(A)。

3 乘客电梯和病床电梯的开关门过程噪声不应大于65dB(A)。

4.11.8 平层准确度检验应符合下列规定：

1 额定速度小于等于0.63m/s的交流双速电梯，应在±15mm的范围内；

2 额定速度大于0.63m/s且小于等于1.0m/s的交流双速电梯，应在±30mm的范围内；

3 其他调速方式的电梯，应在±15mm的范围内。

4.11.9 运行速度检验应符合下列规定：

当电源为额定频率和额定电压、轿厢载有50%额定载荷时，向下运行至行程中段（除去加速加减速段）时的速度，不应大于额定速度的105%，且不应小于额定速度的92%。

4.11.10 观感检查应符合下列规定：

1 轿门带动层门开、关运行，门扇与门扇、门扇与门套、门扇与门楣、门扇与门口处轿壁、门扇下端与地坎应无刮碰现象；

2 门扇与门扇、门扇与门套、门扇与门楣、门扇与门口处轿壁、门扇下端与地坎之间各自的间隙在整个长度上应基本一致；

3 对机房（如果有）、导轨支架、底坑、轿顶、轿内、轿门、层门及门地坎等部位应进行清理。

5 液压电梯安装工程质量验收

5.1 设备进场验收

主控项目

5.1.1 随机文件必须包括下列资料：

1 土建布置图；

2 产品出厂合格证；

3 门锁装置、限速器（如果有）、安全钳（如果有）及缓冲器（如果有）的型式试验合格证书复印件。

一般项目

5.1.2 随机文件还应包括下列资料：

1 装箱单；

2 安装、使用维护说明书；

3 动力电路和安全电路的电气原理图；

4 液压系统原理图。

5.1.3 设备零部件应与装箱单内容相符。

5.1.4 设备外观不应存在明显的损坏。

5.2 土建交接检验

5.2.1 土建交接检验应符合本规范第4.2节的规定。

5.3 液压系统

主控项目

5.3.1 液压泵站及液压顶升机构的安装必须按土建布置图进行。顶升机构必须安装牢固，缸体垂直度严禁大于0.4‰。

一般项目

5.3.2 液压管路应可靠联接，且无渗漏现象。

5.3.3 液压泵站油位显示应清晰、准确。

5.3.4 显示系统工作压力的压力表应清晰、准确。

5.4 导轨

5.4.1 导轨安装应符合本规范第4.4节的规定。

5.5 门系统

5.5.1 门系统安装应符合本规范第4.5节的规定。

5.6 轿厢

5.6.1 轿厢安装应符合本规范第4.6节的规定。

5.7 平衡重

5.7.1 如果有平衡重，应符合本规范第4.7节的规定。

5.8 安全部件

5.8.1 如果有限速器、安全钳或缓冲器，应符合本规范第4.8节的有关规定。

5.9 悬挂装置、随行电缆

主控项目

5.9.1 如果有绳头组合，必须符合本规范第4.9.1条的规定。

5.9.2 如果有钢丝绳，严禁有死弯。

5.9.3 当轿厢悬挂在两根钢丝绳或链条上，其中一根钢丝绳或链条发生异常相对伸长时，为此装设的电气安全开关必须动作可靠。对具有两个或多个液压顶升机构的液压电梯，每一组悬挂钢丝绳均应符合上述要求。

5.9.4 随行电缆严禁有打结和波浪扭曲现象。

一般项目

5.9.5 如果有钢丝绳或链条，每根张力与平均值偏差不应大于5%。

5.9.6 随行电缆的安装还应符合下列规定：

1 随行电缆端部应固定可靠。

2 随行电缆在运行中应避免与井道内其他部件干涉。当轿厢完全压在缓冲器上时，随行电缆不得与底坑地面接触。

5.10 电气装置

5.10.1 电气装置安装应符合本规范第4.10节的规定。

5.11 整机安装验收

主控项目

5.11.1 液压电梯安全保护验收必须符合下列规定：

1 必须检查以下安全装置或功能：

1）断相、错相保护装置或功能

当控制柜三相电源中任何一相断开或任何二相错接时，断相、错相保护装置或功能应使电梯不发生危险故障。

注：当错相不影响电梯正常运行时可没有错相保护装置或功能。

2）短路、过载保护装置

动力电路、控制电路、安全电路必须有与负载匹配的短路保护装置；动力电路必须有过载保护装置。

3）防止轿厢坠落、超速下降的装置

液压电梯必须装有防止轿厢坠落、超速下降的装置，且各装置必须与其型式试验证书相符。

4）门锁装置

门锁装置必须与其型式试验证书相符。

5）上极限开关

上极限开关必须是安全触点，在端站位置进行动作试验时必须动作正常。它必须在柱塞接触到其缓冲制停装置之前动作，且柱塞处于缓冲制停区时保持动作状态。

6）机房、滑轮间（如果有）、轿顶、底坑停止装置

位于轿顶、机房、滑轮间（如果有）、底坑的停止装置的动作必须正常。

7）液压油温升保护装置

当液压油达到产品设计温度时，温升保护装置必须动作，使液压电梯停止运行。

8）移动轿厢的装置

在停电或电气系统发生故障时，移动轿厢的装置必须能移动轿厢上行或下行，且下行时还必须装设防止顶升机构与轿厢运动相脱离的装置。

2 下列安全开关，必须动作可靠：

1）限速器（如果有）张紧开关；

2）液压缓冲器（如果有）复位开关；

3）轿厢安全窗（如果有）开关；

4）安全门、底坑门、检修活板门（如果有）的开关；

5）悬挂钢丝绳（链条）为两根时，防松动安全开关。

5.11.2 限速器（安全绳）安全钳联动试验必须符合下列规定：

1 限速器（安全绳）与安全钳电气开关在联动试验中必须动作可靠，且应使电梯停止运行。

2 联动试验时轿厢载荷及速度应符合下列规定：

1）当液压电梯额定载重量与轿厢最大有效面积符合表5.11.2的规定时，轿厢应载有均匀分布的额定载重量；当液压电梯额定载重量小于表5.11.2规定的轿厢最大有效面积对应的额定载重量时，轿厢应载有均匀分布的125%的液压电梯额定载重量，但该载荷不应超过表5.11.2规定的轿厢最大有效面积对应的额定载重量；

2）对瞬时式安全钳，轿厢应以额定速度下行；对渐进式安全钳，轿厢应以检修速度下行。

3 当装有限速器安全钳时，使下行阀保持开启状态（直到钢丝绳松弛为止）的同时，人为使限速器机械动作，安全钳应可靠动作，轿厢必须可靠制动，且轿底倾斜度不应大于5%。

4 当装有安全绳安全钳时，使下行阀保持开启状态（直到钢丝绳松弛为止）的同时，人为使安全绳机械动作，安全钳应可靠动作，轿厢必须可靠制动，

且轿底倾斜度不应大于5%。

表 5.11.2 额定载重量与轿厢最大有效面积之间关系

额定载重量（kg）	轿厢最大有效面积（m^2）	额定载重量（kg）	轿厢最大有效面积（m^2）	额定载重量（kg）	轿厢最大有效面积（m^2）	额定载重量（kg）	轿厢最大有效面积（m^2）
100[1]	0.37	525	1.45	900	2.20	1275	2.95
180[2]	0.58	600	1.60	975	2.35	1350	3.10
225	0.70	630	1.66	1000	2.40	1425	3.25
300	0.90	675	1.75	1050	2.50	1500	3.40
375	1.10	750	1.90	1125	2.65	1600	3.56
400	1.17	800	2.00	1200	2.80	2000	4.20
450	1.30	825	2.05	1250	2.90	2500[3]	5.00

注：1. 一人电梯的最小值；

2. 二人电梯的最小值；

3. 额定载重量超过2500kg时，每增加100kg面积增加0.16m^2，对中间的载重量其面积由线性插入法确定。

5.11.3 层门与轿门的试验符合下列规定：

层门与轿门的试验必须符合本规范第4.11.3条的规定。

5.11.4 超载试验必须符合下列规定：

当轿厢载有120%额定载荷时液压电梯严禁启动。

一般项目

5.11.5 液压电梯安装后应进行运行试验；轿厢在额定载重量工况下，按产品设计规定的每小时启动次数运行1000次（每天不少于8h），液压电梯应平稳、制动可靠、连续运行无故障。

5.11.6 噪声检验应符合下列规定：

1 液压电梯的机房噪声不应大于85dB(A)；

2 乘客液压电梯和病床液压电梯运行中轿内噪声不应大于55dB(A)；

3 乘客液压电梯和病床液压电梯的开关门过程噪声不应大于65dB(A)。

5.11.7 平层准确度检验应符合下列规定：

液压电梯平层准确度应在±15mm范围内。

5.11.8 运行速度检验应符合下列规定：

空载轿厢上行速度与上行额定速度的差值不应大于上行额定速度的8%；载有额定载重量的轿厢下行速度与下行额定速度的差值不应大于下行额定速度的8%。

5.11.9 额定载重量沉降量试验应符合下列规定：

载有额定载重量的轿厢停靠在最高层站时，停梯 10min，沉降量不应大于 10mm，但因油温变化而引起的油体积缩小所造成的沉降不包括在 10mm 内。

5. 11. 10 液压泵站溢流阀压力检查应符合下列规定：

液压泵站上的溢流阀应设定在系统压力为满载压力的 140% ~170% 时动作。

5. 11. 11 超压静载试验应符合下列规定：

将截止阀关闭，在轿内施加 200% 的额定载荷，持续 5min 后，液压系统应完好无损。

5. 11. 12 观感检查应符合本规范第 4. 11. 10 条的规定。

附录A　土建交接检验记录表

表A　土建交接检验记录表

工程名称			
安装地点			
产品合同号/安装合同号		梯　号	
施工单位		项目负责人	
安装单位		项目负责人	
监理（建设）单位		监理工程师/项目负责人	
执行标准名称及编号			
检 验 项 目		检 验 结 果	
		合　格	不合格
主控项目			
一般项目			
验　收　结　论			
参加验收单位	施工单位	安装单位	监理（建设）单位
	项目负责人： 年　月　日	项目负责人： 年　月　日	监理工程师： 项目负责人： 年　月　日

附录B 设备进场验收记录表

表B 设备进场验收记录表

工程名称			
安装地点			
产品合同号/安装合同号		梯 号	
电梯供应商		代 表	
安装单位		项目负责人	
监理（建设）单位		监理工程师/项目负责人	
执行标准名称及编号			
检 验 项 目		检 验 结 果	
		合 格	不合格
主控项目			
一般项目			
验 收 结 论			
参加验收单位	电梯供应商	安装单位	监理（建设）单位
	代表： 年 月 日	项目负责人： 年 月 日	监理工程师： 项目负责人： 年 月 日

参 考 文 献

[1] 上海现代建筑设计（集团）有限公司. GB 50015—2003 建筑给排水设计规范[S]. 北京：中国建筑工业出版社，2007.

[2] 中国有色工程设计研究总院. GB 50019—2003 采暖通风与空气调节设计规范[S]. 北京：中国计划出版社，2004.

[3] 中华人民共和国公安部四川消防科学研究所. GB 50045—95 高层民用建筑设计防火规范(2005 年版)[S]. 北京：中国计划出版社，2005.

[4] 中华人民共和国公安部天津消防科学研究所. GB 50084—2001 自动喷水灭火系统设计规范(2005 年版)[S]. 北京：中国计划出版社，2005.

[5] 沈阳市城乡建设委员会. GB 50242—2002 建筑给水排水及采暖工程施工质量验收规范[S]. 北京：中国建筑工业出版社，2002.

[6] 北京市公安局消防局. DB J01—623—2006 自然排烟系统设计、施工及验收规范[S]. 北京：北京市建筑设计标准化办公室，2006.

[7] 北京市煤气热力工程设计院有限公司. CJ J94—2009 城镇燃气室内工程施工与质量验收规范[S]. 北京：中国建筑工业出版社，2009.

[8] 姜湘山. 建筑给排水·暖通·空调设计问答实录[M]. 北京：机械工业出版社，2007.

[9] 刘奎武. 制冷空调设备安装、调试与维修[M]. 北京：冶金工业出版社，2001.

[10] 龚崇实，王福祥. 通风空调工程安装手册[M]. 北京：中国建筑工业出版社，1989.

[11] 梅开乡，梅军进. 建筑电工技能实训教程[M]. 北京：机械工业出版社，2008.

冶金工业出版社部分图书推荐

书　名	定价(元)
建筑施工技术(第2版)	42.00
燃气输配工程	36.00
热能与动力工程基础	29.00
热能转换与利用	32.00
过程装备力学分析	18.00
维修电工技能实训教程	21.00
电液比例与伺服控制	36.00
液压传动与气压传动	39.00
机械维修与安装	29.00
电工与电子技术学习指导	29.00
电力拖动	21.00
工业企业供电	30.00
工程材料基础	26.00
液力偶合器选型匹配500问	49.00
液压可靠性与故障诊断(第2版)	49.00
热工仪表及其维护	26.00
工厂系统节电与节电工程	59.00
制氧技术	55.00
机械安装实用技术手册	159.00
现代润滑技术	55.00
建筑施工企业安全评价操作实务	56.00
噪声控制技术及其新进展	56.00
绿色冶金与清洁生产	49.00
安全管理技术	46.00
安全管理基本理论	46.00
除尘与分离技术	36.00
工业除尘设备——设计、制作、安装与管理	158.00
噪声与振动控制技术	22.00
水资源系统运行与优化调度	10.00
环境保护及其法规(第2版)	45.00

双峰检